DELIUS KLASING

Brian Long

MERCEDES-BENZ SL UND SLC

Die Baureihe R/C 107 von 1971 bis 1989

Delius Klasing Verlag

Die englische Originalausgabe mit dem Titel »Mercedes-Benz SL & SLC 107 Series, 1971 to 1989« erschien bei Veloce Publishing Limited, Dorchester.

Bibliografische Information der Deutschen Nationalbibliothek
Die Deutsche Nationalbibliothek verzeichnet diese Publikation in der Deutschen Nationalbibliografie; detaillierte bibliografische Daten sind im Internet über http://dnb.d-nb.de abrufbar.

1. Auflage
ISBN 978-3-7688-3422-3
Die Rechte für die deutsche Ausgabe liegen beim Verlag Delius, Klasing & Co. KG, Bielefeld

Aus dem Englischen von Dr. Marcus Würmli
Lektorat: Alexander Failing
Schutzumschlaggestaltung: scanlitho.teams, Bielefeld
Satz: Bernd Pettke · Digitale Dienste, Bielefeld
Druck: aprinta druck, Wemding
Printed in Germany 2012

Delius Klasing Verlag, Siekerwall 21, D - 33602 Bielefeld
Tel.: 0521/559-0, Fax: 0521/559-115
E-Mail: info@delius-klasing.de
www.delius-klasing.de

Inhalt

Einführung

Der Mercedes-Benz SL hatte im Frühjahr 1952 sein Debüt auf der Rennstrecke. Als die Silberpfeile zwei Jahre danach in die Grand-Prix-Szene zurückkehrten, schuf der in Serie produzierte »Flügeltürer« 300 SL eine neue Definition für Gran-Turismo-Wagen.

Während der mit einem kleineren Motor ausgestattete 190 SL dem begeisterten Fahrer die Sportwagen von Mercedes etwas leichter zugänglich machte, übernahm 1957 der 300 SL Roadster den Platz des »Flügeltürers«. Dabei bestätigte sich, dass der SL einer der spektakulärsten Autos war, die je den dreizackigen Stern trugen.

Die zweite SL-Generation hatte ihr Debüt auf dem Genfer Salon 1963 und musste hohen Erwartungen gerecht werden. Der 230 SL sah ganz anders aus als sein Vorgänger, doch es gelang ihm, die veränderte Stimmung der beschwingten Sechziger perfekt zum Ausdruck zu bringen. Wegen der besonderen, nach innen gewölbten Form des Hardtops bekam das neue Modell den Spitznamen »Pagode«. In den späten 1960er-Jahren kamen der 250 SL und 280 SL in schneller Folge auf den Markt.

Das vorliegende Buch widmet sich in allen Einzelheiten der dritten SL-Generation von Mercedes-Benz. Sie kam im Frühjahr 1971 auf den Markt und wurde im Stuttgarter Werk »Panzerwagen« genannt. Das Auto sah wunderschön aus, doch damals hätte keiner vermutet, dass es sich innerhalb seiner fast zwei Jahrzehnte währenden Produktionszeit zu einer automobilen Ikone entwickeln würde. Tatsächlich weist die Baureihe R 107 den längsten Modellzyklus in der Geschichte von Mercedes-Benz auf!

Als Schwestermodell des SL kam zum Ende des Jahres der luxuriöse viersitzige SLC auf den Markt. Bald darauf folgten die für den SL und den SLC bestimmten 4,5- und 2,8-Liter-Motoren. Anzumerken ist hier allerdings, dass das 4,5-Liter-Modell in den USA schon vorher zu bekommen war. Schließlich gab es den SLC auch mit einem 5,0-Liter-Motor, wobei dieses Modell im Rallyesport gebührende Erfolge feierte.

In den 1980er-Jahren fanden unter der Haube der Baureihe 107 größere Veränderungen statt, und Mercedes-Benz gab die Produktion des SLC Ende 1981 auf. Im Modelljahr 1986 bot man nochmals neue Motoren an und stellte schließlich im Herbst 1989 die Baureihe ein. Am Ende der 18 Jahre währenden Produktionszeit waren fast 250 000 SL und über 60 000 SLC gebaut worden.

Das vorliegende Buch will die gesamte Geschichte dieser begehrenswerten Sportwagen sowohl in Europa als auch im überaus wichtigen nordamerikanischen Markt darstellen. Berücksichtigung erfahren auch die Rennerfolge, und am Ende folgt ein kurzer Blick auf das Nachfolgemodell.

Danksagungen

In der heutigen Zeit, da der nackte Kommerz eine viel größere Bedeutung hat als der Enthusiasmus – nicht nur auf dem Autosektor, sondern auch bei den meisten Freizeitaktivitäten und im gesamten Leben – ist es ein Vergnügen, mit der Daimler AG zusammenzuarbeiten. Wie ihre Nachbarin in Stuttgart, die Porsche AG, pflegt sie ihr eigenes Erbe und behandelt Besitzer älterer Modelle mit demselben Respekt wie Neuwagen-Käufer.

Meine eigene Begeisterung für die Baureihe R/C 107 ist nicht rein akademisch, denn ich besitze seit langem einen 450 SLC und einen 300 SL. Die Wagen werden in meinem Besitz bleiben, bis ich sie an meine Kinder weitergebe. Ich hoffe, es gelingt mir mit diesem Buch, einige der Gründe mitzuteilen, warum ich diese Autos bewundere. Um aber meine eigene Begeisterung etwas im Zaum zu halten, bringe ich im Text vor allem Zitate aus verschiedenen zeitgenössischen Zeitungen und Zeitschriften.

Auf unseren Straßen fahren noch sehr viele 107er-Modelle, obwohl die Jüngsten darunter schon über 20 Jahre alt sind. Die Chancen, dass nachträglich Veränderungen vorgenommen wurden, stehen folglich ziemlich hoch. Daher bestehen fast alle Abbildungen aus offiziellen zeitgenössischen Fotos oder aus Werbematerial. Die heutigen Besitzer können mit deren Hilfe feststellen, was bei ihrem eigenen Wagen Standard war und was nicht. Die Bilder sind deswegen auch eine Hilfe bei einem möglichen Kauf. Ich bin der Daimler AG zu Dank verpflichtet, weil sie mir so viele Archivbilder zur Verfügung stellte.

Hilfe bei diesem Projekt bekam ich von verschiedenen Seiten. Meinen besonderen Dank möchte ich Dr. Hans Sproß, Gerhard Heidbrink, Maria Feifel, Florijan Hadzic und Gerald Mack von der Daimler AG in Stuttgart aussprechen – ebenso ihren Kollegen aus viel früherer Zeit, Max Gerrit von Pein und Dr. Harry Niemann. Mein Dank geht auch an Elif Yilmaz von der EVO Eitel & Volland GmbH, die sich für Mercedes-Benz Classic um ältere technische Publikationen kümmern, an Kenichi Kobayashi von der Miki Press, an Robert Halloway von Mercedes-Benz UK, an Peter Patrone, Robert Moran, Diane Vatchev und Benjamin Benson in den USA sowie an den begeisterten Sadayuki Ueno von der Hauptniederlassung in Japan, der die alten Autos liebt.

Brian Long
Chiba City, Japan

1

Der dreizackige Stern

Es gibt nur wenige Markenzeichen, die weltweit eine so große Verbreitung gefunden haben wie der dreizackige Stern von Mercedes-Benz. Die drei Zacken symbolisieren das Land, das Wasser und die Luft, und die Stuttgarter Firma hat im Lauf der Jahre jeden dieser drei Bereiche auf ihre unnachahmliche Weise erobert. Die Geschichte, die hinter dem Stern steht, ist lang. In diesem Kapitel behandeln wir kurz die Entstehung der Marke, bevor wir zu den ersten SL-Modellen übergehen.

Alles beginnt mit zwei Männern, Gottlieb Daimler und Carl Benz. Obwohl beide eminente Pioniere der Autoindustrie und auch geografisch sozusagen Nachbarn waren, lernten sie sich nie persönlich kennen. Wichtig für uns ist aber, wie ihre beiden Namen zusammentrafen.

Im Jahre 1882 richtete Gottlieb Daimler eine kleine Versuchswerkstatt auf der Rückseite seines Hauses im Stuttgarter Vorort Cannstatt ein, der 20 Kilometer westlich seines Geburtsortes Schorndorf lag. Bei ihm arbeitete Wilhelm Maybach. Daimler entwickelte eine Reihe luftgekühlter Einzylinder-Benzinmotoren und trieb damit 1885 das erste

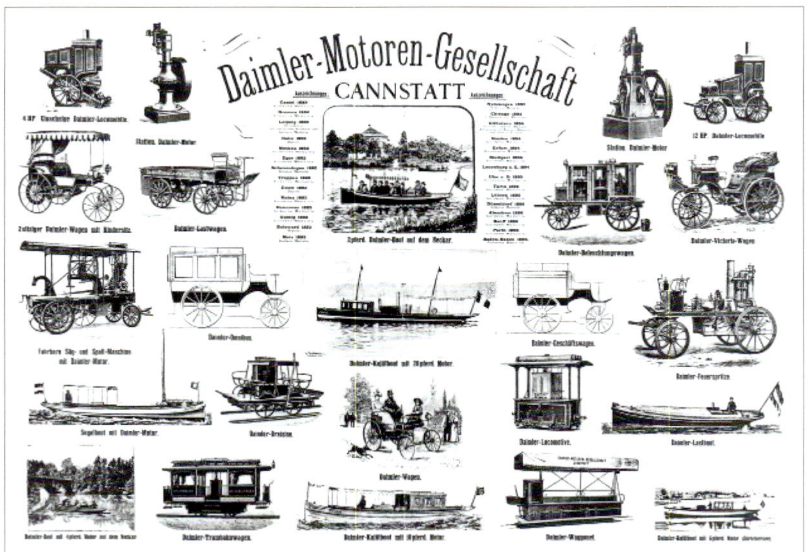

Die Produktpalette der Daimler-Motoren-Gesellschaft im Jahre 1896.

Ein Ausflug der Familie Benz. Sohn Richard fährt seine Eltern und seine Schwester Ellen in einem Benz Viktoria. Die Schwestern Clara und Thilde sitzen im leichten Benz Velo vorn. Diesen kann man als das erste in Serie gebaute Auto der Welt bezeichnen.

Motorrad der Welt an. Dazu kam eine vierrädrige Kutsche, mit der er im Herbst 1886 die ersten Versuchsfahrten unternahm. Innerhalb kurzer Zeit fanden seine Motoren zahlreiche Anwendungen zu Lande, zu Wasser und sogar in der Luft. Noch vor 1890 waren die Produkte der »Daimler-Motoren-Gesellschaft« zu einem Begriff in der Welt der Technik geworden.

Etwa zur selben Zeit arbeitete Carl Benz im 90 Kilometer weiter nördlich gelegenen Mannheim an seinen Zweitakt-Benzinmotoren, weil die Gasmotorenfabrik Deutz, für die die Firma Daimler ebenfalls arbeitete, bereits Patente am Viertaktmotor hielt. Am Ende entschied sich Benz jedoch auch für diesen und baute einen Einzylinder-Viertakter in das erste Automobil ein. Er bekam im Januar 1886 dafür ein Patent. Um 1890 war die Firma »Benz & Cie. Rheinische Gasmotorenfabrik, Mannheim« die zweitgrößte Motorenfabrik in Deutschland. Bis zur Jahrhundertwende baute sie auch die meisten Autos auf der Welt: Im Jahre 1899 waren es fast 600 Wagen.

Die Gründerväter der Marke

Gottlieb Daimler

Gottlieb Daimler wurde am 17. März 1834 in Schorndorf geboren. Nach einer Büchsenmacher-Lehre studierte er Ingenieurswissenschaften und begann 1862, als Konstrukteur zu arbeiten.

Im Jahre 1872 wurde er Werkstattleiter bei der »Gasmotoren-Fabrik Deutz AG«, die Nikolaus A. Otto gegründet hatte, der Namensgeber der Ottomotoren. Wilhelm Maybach war damals Daimlers rechte Hand. Beide entwickelten ein besonderes Interesse an den schneller laufenden, leistungsstärkeren Benzinmotoren. Darüber kam es zu einem Dissens mit der Firmenleitung, und schließlich gründete Daimler eine unabhängige Firma, die sich dieser Technologie widmen sollte.

Gottlieb Daimler.

Nach dem Bau eines zweiten Autos im Jahre 1889, diesmal angetrieben von einem wassergekühlten Zweizylinder-V-Motor, wurde klar, dass sich Daimler und Maybach auf dem richtigen Weg befanden. Daimler gründete im November 1890 die »Daimler-Motoren-Gesellschaft« (DMG) für den Bau und die Vermarktung solcher Zweizylindermotoren, die damals wie eine Offenbarung erschienen. Daimler gelang es, Lizenzen an viele Hersteller zu verkaufen. Einer der ersten war »Panhard & Levassor« in Frankreich, die für mehrere Firmen Motoren lieferten und sich selbst zu einem erfolgreichen Autoproduzenten entwickelten.

Daimler und Maybach blieben enge Freunde, selbst als letzerer die Firma in Cannstatt aufgrund von Meinungsverschiedenheiten mit neuen Investoren verlassen musste. In der Zwischenzeit erkrankte Daimler. Zusätzliche interne Konflikte mit Mitgliedern des Aufsichtsrates waren da nicht hilfreich, sodass er 1894 schließlich aus der Firma ausschied, die er selbst gegründet hatte.

Daimler und Maybach taten sich erneut zusammen und entwarfen zusammen mit Daimlers Sohn Paul einen Vierzylindermotor namens »Phönix«, der mit Maybachs innovativem Spritzvergaser ausgestattet war. Dieses Projekt bedeutete die Wiedergeburt eines »Dream-Teams«. Der Engländer Frederick Simms erwirkte schließlich die Rückkehr der beiden Konstrukteure zur DMG – zu neuen, viel günstigeren Konditionen.

Gottlieb Daimler starb am 6. März 1900. Maybach fuhr mit seiner Arbeit fort und konstruierte unter seinem Namen Flugmotoren – auch für die berühmten Zeppeline. Nach dem Ersten Weltkrieg baute er eine Reihe weltberühmter Luxusautos. Der Zweite Weltkrieg jedoch setzte seiner Produktivität ein Ende.

Carl Benz

Carl Benz kam am 25. November 1844 als Sohn eines Lokomotivführers auf die Welt. Nach dem Studium und einigen Anstellungen gründete er 1871 seine eigene Werkstatt. Nach einigen Misserfolgen wandte er seine Aufmerksamkeit 1877 den Zweitaktmotoren zu, und schon zwei Jahre später lief der erste erfolgreich.

Carl Benz.

Im Jahre 1882 zog der Motor von Benz die Aufmerksamkeit von Investoren auf sich, und Benz gründete zusammen mit zwei einheimischen Geschäftsleuten im November 1883 die »Benz & Cie. Rheinische Gasmotorenfabrik, Mannheim«. 1886 fuhr das erste Auto der Welt mit einem Benzinmotor: der dreirädrige Benz Patent-Motorwagen.

1891 wurden die ersten vierrädrigen Autos produziert, und Benz entwickelte dauernd weiter. Er entwarf Lenksysteme und schuf den Boxermotor mit waagrecht einander gegenüberliegenden Zylindern. Den kommerziellen Erfolg seiner Firma kann man daran ermessen, dass sie im Mai 1899 in eine Aktiengesellschaft umgewandelt wurde. Doch schon 1903 überwarf sich Benz mit der Geschäftsleitung und schied als Chefingenieur aus. Er behielt allerdings bis zu seinem Lebensende einen Sitz im Aufsichtsrat bei.

Drei Jahre darauf gründete Benz mit seinem Sohn Eugen eine neue Firma, die »Carl Benz Söhne« in Ladenburg östlich von Mannheim und produzierte recht erfolgreich Automobile. 1912 schied Carl Benz aus, und seine beiden Söhne Eugen und Richard übernahmen die Geschäftsleitung. Der Autobau wurde 1923 eingestellt.

Heute hat man sich auf die Schreibweise Carl – wie im Taufregister – geeinigt, obwohl Benz sich in der ersten Hälfte seines Lebens oft auch Karl schrieb. Er starb am 4. April 1929 und konnte also noch miterleben, wie aus dem »Sportgerät für Reiche« ein fast alltägliches Transportmittel wurde.

Eine gesunde Rivalität

Letztendlich waren Daimler und Benz rivalisierende Erfinder. Die Firmen, die ihre Namen trugen, konkurrierten in den Ausstellungsräumen und auf den Rennstrecken Europas. Der Kampf um die betuchte Kundschaft und um die Pokale bei Autorennen war nie so unerbittlich verlaufen wie in den Jahren vor dem Ersten Weltkrieg.

Bei Daimler führte die schnelle Expansion im August 1900 zum Kauf eines großen Grundstücks in Untertürkheim im Osten von Stuttgart. Daraus wurde schließlich die geistige Heimat der Marke Mercedes-Benz.

Den Namen »Mercedes« verwendete als Erster der Österreicher Emil Jellinek. Er verkaufte unter anderem auch Autos von Daimler an vermögende Kunden in Südfrankreich. Jellinek war ein kluger Geschäftsmann, und er schlug an den Automobilen mehrere Veränderungen vor, von denen er wusste, dass sie auf seine sportlichen Kunden attraktiv wirken würden – etwa ein tiefer gelegtes Chassis und einen längeren Radstand bei gleichzeitig größerer Motorleistung.

Jellinek versprach, eine – nach den damaligen Vorstellungen – größere Zahl solcher Autos zu übernehmen und verlangte dafür die Vertriebsrechte in Frankreich, Belgien, Österreich-Ungarn und Amerika. Er forderte auch, dass sie als »Mercédès« gekennzeichnet würden. Das war der Name seiner Tochter, den er selbst auch als Pseudonym verwendete, wenn er zu Rennen antrat.

Man kam zu einer Übereinkunft, und Wilhelm Maybach (1846–1929) machte sich zusammen mit Paul Daimler an die Konstruktion des ersten Mercédès. Das Ergebnis war ein Rennwagen, der Ende des Jahres 1900 auf den Markt kam. Er erwies sich als der Urahn des modernen Autos mit einem niedrigen Stahlrahmen, einem 35 PS leistenden 5,9-Liter-Motor, einem Bienenwabenkühler und einer Kulissenschaltung.

Dieser Mercédès fuhr bei vielen Rennen Erfolge ein. Es wurden zahlreiche Modelle produziert, angefangen bei einer 8/11-PS-Version bis zu einer Version mit einem 9,2-Liter-Motor, der 60 PS leistete. Der Mercédès gab auf dem Markt der hochklassigen Automobile den

Die Daimler-Werke im Jahre 1905. Die Firma »Daimler Motor Company Limited« von Frederick Richard Simms im englischen Coventry hatte damit nur insofern etwas zu tun, als sie in den 1890er-Jahren Daimler-Motoren in Lizenz fertigte.

Standard vor, und viele Hersteller bauten ihn in Lizenz – oder kopierten ihn einfach.

Im Jahre 1906 folgten Sechszylindermotoren, und direkt vor dem Ersten Weltkrieg kamen noch einige Modelle mit Knight-Schiebersteuerung auf den Markt. Einige Jahre nach Aufflammen des Konkurrenzkampfs hatten Technik, Metallurgie und Produktionsverfahren große Fortschritte gemacht. Der erste aufgeladene Mercédès kam auf den Markt. Im April 1923 wurde Ferdinand Porsche von Austro-Daimler abgeworben und zum Chefingenieur ernannt. Er führte bei einer Reihe außergewöhnlich eleganter, aufgeladener Modelle oben liegende Nockenwellen und Vorderradbremsen ein.

In der Zwischenzeit hatte auch Benz & Cie. Riesenschritte nach vorn gemacht, allerdings gegen den Willen von Carl Benz. Der französische Konstrukteur Marius Barbarou hatte die Autos von Benz mit konventionellen Zwei- und Vierzylindermotoren modernisiert. Firmeninterne Konflikte führten schließlich dazu, dass Carl Benz

Die Daimler-Motoren-Gesellschaft in Untertürkheim, 1908.

seinen Posten als Chefingenieur aufgab, doch er blieb bis zu seinem Tod im Aufsichtsrat. Um mehr Mitspracherecht bei der Modellpolitik zu bekommen, gründete er mit seinen Söhnen eine neue Firma, die »C. Benz Söhne«. Sie baute von 1906 bis 1923 Autos und fertigte später nur noch Teile.

Die Firma Benz & Cie. blieb bei ihrer Autoproduktion weiterhin auf einem sicheren Weg. Von 1910 an war Hans Nibel Chefkonstrukteur. Seine Liebe zum Motorsport führte zu einer Reihe interessanter Rennwagen, und er wirkte auch bei dem Auto mit, das die Grundlage für den stromlinienförmigen »Blitzen-Benz« lieferte, der viele Geschwindigkeitsrekorde holte. Jedenfalls wurde die Marke Benz bei einer reichen Kundschaft beliebt. Einer der glühendsten Anhänger der Marke war Prinz Heinrich von Preußen, der Bruder von Kaiser Wilhelm II.

Alfred Neubauer (links) und Ernst Hemminger 1924 in einem von Ferdinand Porsche entworfenen Mercédès-Rennwagen mit Achtzylinder-Reihenmotor. Dieser nahm am italienischen Grand Prix in Monza teil. Neubauer wurde später Rennleiter bei Mercedes-Benz.

Victor Héméry in einem Benz-Grand-Prix-Wagen 1908 in Moskau.

Ein attraktives Benz-Sportmodell 16/50 PS von 1925.

Zwei zeitgenössische Plakate zur historischen Fusion der beiden Firmen und Marken.

Benz brachte 1914 den ersten Sechszylinder-Reihenmotor 1914 auf den Markt und hielt nach dem Krieg fast ausschließlich an dieser Bauweise fest. Zu dieser Zeit hatte die Firma bereits einige besondere Flugzeugmotoren produziert, darunter einen aufgeladenen V12-Motor, und war auch führend auf dem Gebiet der Dieseltechnologie.

Im Hintergrund aber drehten sich die Zahnräder der Finanzwelt. So kam es, dass die Deutsche Bank aus verschiedenen Gründen eine größere Zahl von Aktien beider Firmen hielt. Am 1. Mai 1924 wurde ein Papier über die Abstimmung gegenseitiger Interessen unterzeichnet, und die Firmen gründeten ein Konsortium, um in dieser Zeit der hohen Inflation Produktionskosten einzusparen. Am 28. Juni 1926 fand die volle Fusion statt, aus der die »Daimler-Benz AG« hervorging.

Ein neuer Stern ist geboren

Obwohl die neue Firma als Daimler-Benz firmierte, wurden die Autos unter dem Markennamen »Mercedes-Benz« verkauft, wobei der Wortbestandteil Mercedes unterwegs offiziell seine Akzentuierungen verlor. Nur zwei Modelle von Benz & Cie. schafften es in das Pkw-Programm von Mercedes-Benz, und beide wurden bereits 1927 aufgegeben.

Von Oktober 1928 an gab es Achtzylinder-Reihenmotoren, und die Marke schuf Mitte der 1930er-Jahre einige wundervolle Kreationen, wobei aus den Modellen SS und SSK der 500 K und der 540 K hervorgingen. In dieser Zeit bot das Unternehmen eine Palette von Fahrzeugen an, die von bescheidenen Vierzylinder-Limousinen mit

Ein Mercedes-Benz SSK aus der Zeit um 1930.

Die Entwicklung des dreizackigen Sterns

1,3-Liter-Saugmotor im Heck bis zu spektakulären Karossen mit aufgeladenen 7,7-Liter-Achtzylindermotoren reichten.

Im Jahre 1934 hatte der erste Silberpfeil sein Debüt: der W 25. Auf ihn folgten viele weitere erfolgreiche Modelle, die Deutschland bis zum Ausbruch des Zweiten Weltkriegs zur führenden Nation im Rennsport machte. Es wurden auf der Basis dieser Grand-Prix-Wagen

Einer der legendären Silberpfeile: ein W 154 mit 470 PS beim Grand Prix von Tripolis 1938, den Hermann Lang gewann. Die Wagen waren silbern anstelle der damals in Deutschland üblichen Rennfarbe Weiß, weil Alfred Neubauer anordnete, die Lackierung zu entfernen, um Gewicht zu sparen!

auch Weltrekordfahrzeuge gebaut. Die damals neuen Autobahnen wurden dabei auf eine eher unerwartete Weise genutzt, denn sie waren perfekt für die Suche nach dem neuesten Geschwindigkeitsrekord.

Im Jahre 1939 brach der Krieg aus; erst in Europa, dann weltweit. Bei einem Bombenangriff der Alliierten im September 1944 wurde die historische Betriebsstätte in Untertürkheim vollständig zerstört. Deswegen fiel es der Firma nach dem Ende des Konflikts 1945 besonders schwer, wieder Fuß zu fassen.

Wie viele Autoproduzenten griff auch Mercedes-Benz beim Wiederaufbau auf Vorkriegsmodelle zurück und brachte im Juli 1947 mit der viertürigen Limousine 170 V (W 136) mit 1,7-Liter-Vierzylindermotor ihr erstes Nachkriegsmodell auf den Markt. Im Mai 1949 kamen

Umschlag eines Prospekts für den Typ 170 D. Es handelte sich im Wesentlichen um die Vorkriegsversion des Dieselmodells.

zwei neue Varianten des 170 hinzu. Die Produktion lief bis 1953, dann kam als Ablösung der 180 (W 120) auf den Markt.

Im April 1951 wurde mit dem Start des W 187 (220 mit 2,2 Litern Hubraum) und des W 186 II (300 mit 3 Litern Hubraum) der Sechszylindermotor wiederbelebt. Der sportliche, zweitürige 300 S (W 188) hatte sein Debüt auf dem Pariser Salon 1951. Kurz darauf wurde ein Vertrag mit dem Autoimporteur Max Hoffman unterzeichnet, wodurch die Marke in den USA Fuß fassen konnte.

Viele Autohersteller sprechen von der geschichtlichen Entwicklung ihrer Fahrzeuge. Aber nur wenige können einen Stammbaum aufweisen wie die Marke Mercedes-Benz.

Das 300 S Cabriolet A aus dem Jahre 1952. Das Auto wirkte elegant, ließ aber noch deutlich Züge des Vorkriegsdesigns erkennen. Aber grundlegende Veränderungen waren in Sicht, und die Ponton-Baureihe gab die Richtung vor.

2

Der SL – geboren auf der Rennstrecke

Das Rennteam von Mercedes-Benz genoss in den 1930er-Jahren einen legendären Ruf. Seine Silberpfeile machten in buchstäblich jedem Land, in dem sie auftraten, Schlagzeilen. Durch den Zweiten Weltkrieg löste sich die Mannschaft aber auf. Erst im März 1952 kehrte Mercedes mit einem eigens gebauten Auto und einem Werksteam zurück in die Welt des Rennsports. Dieses Ereignis bedeutete die Geburt des SL.

Nach dem Ende der Kriegshandlungen kehrten die Industrienationen Schritt für Schritt wieder zur Normalität zurück. Alfred Neubauer wollte so schnell wie möglich mit neuen Versionen der Vorkriegssportwagen vom Typ W 165 wieder Grand-Prix-Rennen fahren. Aber nachdem der Produktionsauftrag erteilt war, wurde er gleich widerrufen. Bei einem Treffen in Stuttgart beschloss die Firmenspitze Folgendes: Wenn Neubauer wieder Rennen fahren wollte, so sollte dies mit Sportwagen geschehen, die die Marke repräsentieren. Deswegen wurden alle Pläne für ein GP-Fahrzeug aufgeschoben bis zum Jahre 1954, in dem eine neue Formel eingeführt werden sollte.

Mit klassischen Glanzpunkten wie den 24 Stunden von Le Mans, der Mille Miglia und der Targa Florio waren Sportwagenrennen in der Nachkriegszeit extrem beliebt. Sie bildeten damals die ideale Werbeplattform für die Marken. Sportfans stellten bereitwillig eine Verbindung her zwischen einem siegreichen Auto und einem Modell, das sie in den Ausstellungsräumen der Händler kaufen oder von dem sie zumindest träumen konnten. Europa musste exportieren, und das führte zu einer Explosion in der Entwicklung leichter Sportwagen. England war führend auf diesem Gebiet und belieferte vor allem den amerikanischen Markt. Dieser nahm so viele Fahrzeuge auf, wie die Frachtschiffe über den Atlantik transportieren konnten.

Der Rennsport interessierte auch jene Männer, die sich bei den Autoherstellern um die Finanzen kümmerten, denn man konnte die neue Technik für Straßenfahrzeuge mit dem Budget der Rennabteilung entwickeln, testen und damit sozusagen zwei Fliegen mit einer Klappe schlagen. Der Jaguar C-Type beispielsweise, der 1951 in Le Mans gesiegt hatte, beruhte auf Komponenten des XK 120. Durch die Erfahrungen, die man beim 24-Stunden-Rennen gesammelt hatte, gelang es wiederum, eine verbesserte Straßenversion zu produzieren. Im Fall des Mercedes-Benz-Teams galt das Chassis des W 186 II als geeignete Ausgangsbasis für einen neuen Sportwagen.

W 194: Der erste SL

Das Konzept für den W 194 war mit dem des Jaguar C-Type quasi identisch: möglichst viele erprobte Serienwagen-Bauteile auf einem maßgefertigten leichten Rahmen verwenden und die Leistung im Wesentlichen über Veränderungen an Zylinderkopf und Vergaser steigern. Als »Spender« sah Mercedes-Benz den neuen, exklusiven 300. Das erschien auf den ersten Blick ungewöhnlich, aber es war der Antrieb, der wichtig war. Man darf dabei nicht vergessen, dass der Motor des Jaguar XK 120 auch Limousinen und nicht nur Sportwagen antrieb. Damit war eine weitere Parallele zwischen Stuttgart und Coventry gegeben.

Der 3-Liter-Reihensechszylinder-Motor, der als Hauptkomponente für den Bau des Sportwagens galt, und der Mercedes-Benz 300 wurden am 19. April 1951 auf der Frankfurter Automobilausstellung erstmals gezeigt. 300 S Coupé und Cabriolet mit kürzerem Radstand folgten sechs Monate darauf. Doch es bestanden schon weit fortgeschrittene Pläne für einen Sportwagen, der um die Luxuslimousine mit dem Sechszylinder herum gebaut werden sollte. Die Ingenieure des Rennteams unter der Leitung von Rudolf Uhlenhaut mussten also nicht auf die sportlichere Version warten, die später mit einem 35 PS stärkeren Motor kam, um mit ihrem Projekt beginnen zu können.

Der Sechszylinder-Motor M 186 mit einer oben liegenden

Die Schnittzeichnung zeigt neben Details der Karosserie vor allem, dass der Motor vorn liegt und die Hinterräder angetrieben werden. Die Grafik zeigt einen 300 SL aus der zweiten Hälfte der Rennsaison 1952.

Nockenwelle besaß einen Hubraum von 2996 cm^3 (Bohrung x Hub: 85 x 88 mm), zwei Solex-Vergaser und eine recht bescheidene Verdichtung von 6,4:1. Bei 4600 U/min lieferte er schlappe 115 PS. Mithilfe des überarbeiteten Zylinderkopfs und besonderer Kolben wurde die Kompression auf 8,0:1 gesteigert, und zusammen mit drei Fallstromvergasern von Solex, einem freieren Auspuffsystem und einer schärferen Nockenwelle lieferte der Motor offiziellen Angaben zufolge nun 60 PS mehr und ein maximales Drehmoment von 256 Newtonmetern.

Der Sechszylinder-Reihenmotor und sein voll synchronisiertes Vierganggetriebe saßen nicht oben auf einem Zentralrohrrahmen, sondern innerhalb eines maßgeschneiderten Gitterrohrrahmens aus Stahl, der nach den modernsten Erkenntnissen des Rennwagenbaus gestaltet war. Beim Projekt war die Antriebseinheit des 300 SL längsseitig geneigt, um trotz der Höhe des Motors eine niedrige Karosserie zu erlauben.

Schon in einem frühen Stadium verwendete man eine Trockensumpfschmierung, nachdem sich das reguläre System als ungeeignet für den Rennbetrieb erwiesen hatte. Die Zündkerzen brachte man an anderer Stelle unter, um sie schneller wechseln zu können. Zudem entstand für das Projekt ein neuer Motorblock, allerdings immer noch aus Grauguss. Nach all diesen Veränderungen erhielt der Rennwagen die Bezeichnung W 194, und ein Motor wurde M 194 genannt.

Was weitere Komponenten anbelangt, so stammte die vertraute Kugelumlauflenkung aus den anderen 300er-Modellen. Auch die Einzelradaufhängung war ähnlich wie beim Straßenmodell, vorn mit Doppelquerlenkern und in Schraubenfedern sitzenden hydraulischen Stoßdämpfern, hinten eine Schwingachse mit getrennten Federn und Teleskopstoßdämpfern.

Die ersten freigegebenen Bilder zeigten normal angeschraubte Räder, vollständig mit Radkappen. Zentralverschlüsse kamen später auf, um den Radwechsel zu erleichtern. Die 15-Zoll-Leichtmetallfelgen nahmen Rennreifen von Continental auf. Alle vier Räder besaßen Trommelbremsen mit Kühlrippen. Die Vorderradbremsen verfügten dank ihrer zusätzlichen Breite über eine größere Reibungsfläche als bei der 300 Limousine.

Die geschlossene Coupéform war strömungsgünstig und ver-

Eines der ersten Pressefotos des neuen 300 SL (oder 300 SS wie er um ein Haar genannt worden wäre). Man beachte, dass die Unterkante der Flügeltür oberhalb der Gürtellinie des Fahrzeugs liegt. Die normal angeschraubten Räder mit Radkappen bilden ein bemerkenswertes Detail für einen Rennwagen!

schaffte dem Fahrer mehr Komfort, sodass er sich auch besser konzentrieren konnte. Die Sportwagenrennen dauerten damals meist sehr lang und fanden oft bei schlechtem Wetter statt. Das Fahren in einem offenen Wagen bei hoher Geschwindigkeit ermüdet rasch, und man kann von keinem Piloten erwarten, dass er sein Bestes gibt, während er durchfroren ist und nass bis auf die Unterwäsche.

Um den Gitterrohrrahmen so stabil wie möglich zu halten, führte man Flügeltüren ein, die die Amerikaner »Gullwings« (Möwenflügel) nannten. Sie waren eine geniale Idee – dies war typisch für die Rennabteilung von Mercedes-Benz –, denn normale Türen benötigen einen tiefen Ausschnitt in einem für die Steifigkeit des Fahrgestells kritischen Bereich. Zunächst waren diese Flügeltüren nichts anderes als Fenster, die dem Fahrer Zugang zum gut ausgerüsteten Cockpit gestatteten. Doch für das Rennen in Le Mans veränderte man das Design und setzte die Türen etwas tiefer an. Das gefiel den Leuten vom Automobile Club de l'Ouest (ACO), und die Stabilitätseinbußen blieben überschaubar.

Der Radstand wurde auf 2400 Millimeter festgelegt; der 300 S kam auf 2900 Millimeter. Die Höhe von 1265 Millimeter war um 245 Millimeter geringer, was den Schwerpunkt erheblich absenkte. Auch die Spurweite vorn war geringer, damit der größte Teil der Vorderräder unter der Aluminiumkarosserie verborgen blieb, was die Stromlinienform verbesserte. Hinten war die Spurweite größer, damit die Schwingachse bei hohen Kurvengeschwindigkeiten effizient arbeiten konnte.

Rudolf Uhlenhaut

Eine Schlüsselfigur bei der Entstehung des 300 SL war Rudolf Uhlenhaut, geboren am 15. Juli 1906. Er hatte einen deutschen Vater und eine englische Mutter. Uhlenhaut übernahm 1936 die Leitung der neuen Rennabteilung bei Mercedes-Benz. Er diente dabei als Verbindungsmann zwischen Adolf Neubauers Entwicklungsabteilung und dem zentralen Designbüro. Für einen jungen Mann war das ein sehr verantwortungsvoller Posten. Uhlenhaut bewies aber schnell, dass er über das geforderte technische Wissen und sogar über außergewöhnliche Fähigkeiten hinter dem Steuer verfügte. Er brachte einen Grand-Prix-Wagen ebenso schnell ins Ziel wie die besten Mercedes-Werksfahrer. Mit seiner logischen Denkweise und seinem außergewöhnlichen mechanischen Gespür konnte er viele Probleme schnell und effizient lösen.

Rudi Uhlenhaut mit seinem Sohn Roger.

Wie sagte Stirling Moss einst: »Er konnte jedes Auto fast so schnell fahren wie wir. In den 1930er-Jahren war er so schnell, dass er einen Stammplatz im Team verdient hätte. Aber er war als Ingenieur viel zu wertvoll, um dem Risiko eines Unfalls ausgesetzt zu werden. Abgesehen von seinem großen Einfluss auf die Entwicklung der Wagen unternahm er alles, damit die Fahrer Autos bekamen, wie sie sie sich wünschten ...«

Uhlenhaut war vor dem Krieg verantwortlich für die Rennsiege der Silberpfeile. Er hauchte der SL-Reihe das Leben ein. Er sammelte all die Notizen und Zeichnungen, die er sich in zahlreichen Sitzungen mit Managern, Ingenieuren, Designern und Piloten gemacht hatte, und verwandelte die Ideen in ein Auto, das den Ausgangspunkt für eine neue Generation von Mercedes-Benz-Legenden bildete.

Die beiden Ersatzräder und der Treibstofftank wurden im Heck des Fahrzeugs untergebracht, um die Traktion zu verbessern und um wenigstens teilweise ein Gegengewicht zum Motor vorn zu bekommen. Der mit einer Alukarosserie ausgestattete 300 SL war nach gängigen Standards kaum als Superleichtfahrzeug einzustufen, aber mit 870 Kilogramm brachte er nur halb so viel auf die Waage wie ein normales 300 S Coupé.

Der erste Prototyp war im November 1951 bereit für ausgiebige Tests. Neubauer war nicht zufrieden und verlangte mehr Leistung, ein Fünfganggetriebe, größere Bremsen und 16-Zoll-Räder hinten. Durch den Mangel an Geld und Zeit waren weitere Veränderungen aber ausgeschlossen.

Im März 1952 wurde das neue Auto der Presse vorgestellt, und die Motorjournalisten ließen Neubauer mit seinen Forderungen im Regen stehen. Der begeisterte John Whitten schrieb in *Road & Track*: »Der 3-Liter-Wagen sollte allein aufgrund seiner Spezifikationen ein Siegertyp sein. Aber wenn man es mit dem Namen des Teams verbindet, das es in Rennen fahren soll, so klingt das nach einer unschlagbaren Kombination: Rudolf Caracciola! Hermann Lang! Karl Kling!«

Whitten erinnerte sich offensichtlich noch an die Männer, die in der großen Zeit des Motosports vor dem Krieg in den Silberpfeilen saßen. Es bestanden kaum Zweifel daran, dass das Mercedes-Benz-Team ein großes Potenzial besaß. Dazu kam der Vorteil, dass Alfred Neubauer es von den Boxen aus dirigierte. Neubauer gab dem 300-SL-Projekt nicht seine volle Unterstützung, aber er war kein Mann, der zuließ, dass persönliche Vorbehalte seinen Willen zum Siegen im Team beeinträchtigten.

Das erste Rennen für den 300 SL war die Mille Miglia in der ersten Maiwoche 1952. Sie führte auf italienischen Straßen über fast 1000 Meilen – genauer gesagt: 1564 Kilometer – von Brescia nach Rom und zurück. Der Wagen von Lang/Grupp musste früh aufgeben. Aber Kling/Klenk beendeten das Rennen als Zweite, weniger

Die Silberpfeile

Noch heute beschwört die Erwähnung der Silberpfeile das Bild eines goldenen Rennzeitalters in den Dreißigern herauf. Damals dominierten Mercedes-Benz und Auto Union die Grand-Prix-Szene mit ihren weit fortgeschrittenen, aber technisch ziemlich unterschiedlichen Wagen. Wie zuvor zwischen Daimler und Benz herrschte nun eine fruchtbare Rivalität zwischen Mercedes-Benz und der Auto Union, wodurch beide auch unauflösbar miteinander verbunden wurden.

Die Legende von den Silberpfeilen entstand mit dem neu konstruierten W 25. Er sollte in der neuen 750-Kilogramm-Formel der Grand-Prix-Saison 1934 eingesetzt werden. Die Autos fuhren erst mit der Weißen, für den deutschen Rennsport typischen Farbe. Dann nahm man die Lackierung ab, um Gewicht einzusparen und die Qualifikation für das erste Rennen zu bekommen. Die silbrig schimmernden Aluminiumkarosserien oder silberner Lack wurden schnell zum Kennzeichen: erst für Mercedes- und später auch für Auto-Union-Rennwagen.

Rudolf Uhlenhaut war verantwortlich für die Weiterentwicklung des folgenden, sehr erfolgreichen W 125, der 1937 viele wichtige Rennen gewann. Als die Formel wiederum geändert wurde, reagierte Mercedes-Benz mit dem W 154, angetrieben von einem aufgeladenen 3-Liter-V12-Motor. Zusammen mit den Wagen von Auto Union dominierten die Deutschen nun auf den Rennstrecken. Sogar als die Italiener die Vorschriften für den Großen Preis von Tripolis 1939 änderten, konnten sie Mercedes nicht daran hindern, mit einem W 165 mit 1,5-Liter-Motor zu siegen. Das Modell wurde innerhalb unvorstellbar kurzer Zeit aus dem Nichts gebaut.

Neben den Namen der legendären Fahrer wurde auch der von Alfred Neubauer oft genannt. Er war der perfektionistische Manager des Mercedes-Benz-Teams. Neubauer war früher selbst Rennfahrer gewesen und hatte die von Porsche entworfenen Mercédès-Modelle aus früherer Zeit gefahren. Und es gab noch mehr Verbindungen zwischen den beiden Nachbarn in Stuttgart, Porsche und Mercedes: Mercedes-Benz hatte einige der frühen Volkswagen-Prototypen gebaut, und dieser Käfer wurde eine der gefeiertsten Entwicklungen von Professor Ferdinand Porsche.

Nach dem Krieg kehrten die Silberpfeile auf die Rennstrecke zurück, zuerst mit dem Mercedes-Benz 300 SL, später mit stärker spezialisierten Versionen dieses Modells. Im Jahre 1954 wurde Neubauers Traum von einer Rückkehr in den Grand-Prix-Sport wahr, und eine weitere Ära der Dominanz begann.

als fünf Minuten hinter dem siegreichen Ferrari. Der SL von Caracciola/ Kurrle wurde Vierter. Natürlich waren alle Werkswagen silberfarben lackiert.

Das nächste Ereignis, das Sportwagenrennen vor dem Grand Prix in der Schweiz, war im Grunde genommen eine Testfahrt für die 24 Stunden von Le Mans. Es bot die Gelegenheit, beim vierten Werkswagen eine neue Türanordnung auszuprobieren. Leider hatte Caracciola einen Unfall, der seiner Karriere ein Ende setzte. Doch die restlichen Autos landeten alle auf dem Podium, sehr zum Ärger der Ferrari-Leute. Damit erhielten die tieferen Türen die Zustimmung für das 24-Stunden-Rennen.

Drei Werksfahrzeuge nahmen an der Mille Miglia von 1952 teil. Bei regnerischem Wetter wie hier waren die Fahrer froh, dass sie in geschlossenen anstatt in offenen Wagen fahren konnten.

Ein Werbeplakat nach dem Sieg in Bern.

Start zum 24-Stunden-Rennen von Le Mans 1952: vorn drei brandneue, für diese Veranstaltung gebaute 300 SL mit weiter nach unten gezogenen Türen.

Helfrich/Niedermayr und Kling/Klenk in Aktion an der Sarthe. Farbstreifen um den Lufteinlass kennzeichneten die Teams.

Das veränderte Auto, das in Bern zum Einsatz gekommen war (Fahrgestell 006/52), diente als Ersatzwagen in Le Mans. Die Hauptrolle spielten drei brandneue Wagen mit den tiefer reichenden Flügeltüren. Den Ersatzwagen nutzte man, um eine experimentelle, auf dem Dach montierte Luftbremse zu testen. Im Rennen kam sie nicht zum Einsatz, weil man noch viel daran ändern musste. Aber das Konzept stimmte, und bei späteren Rennwagen von Mercedes-Benz tauchte es wieder auf.

Der SL von Kling/Klenk fiel aufgrund von Problemen mit der Elektrik aus. Die Gefahr, die von Jaguar ausging, hielt nicht lange an, weil deren stromlinienförmige Wagen unvorhergesehene Schwierigkeiten mit der Kühlung bekamen, und den Ferraris bereitete die ungewohnt hohe Geschwindigkeit zu Beginn des Rennens Probleme. Als Pierre Levegh mit seinem Talbot-Lago in Führung lag, gab sein Motor auf. Davon profitierte das Team von Neubauer. Voran fuhr nun das Team Lang/Riess, Helfrich/Niedermayr folgten als Zweite mit einem Abstand von 14 Runden auf den nächstplatzierten Wagen. Schließlich gewann der 300 SL als erstes geschlossenes Auto die 24 Stunden von Le Mans.

Als nächstes stand ein Rahmenrennen zum Großen Preis von Deutschland auf dem Nürburgring bevor. Für Mercedes-Benz war es natürlich wichtig, vor heimischem Publikum eine gute Figur zu machen. Da es sich um ein Kurzstreckenrennen handelte, versprachen leichte und leistungsstarke Autos den meisten Erfolg, und so kam es zur Geburt des 300 SL Roadster.

Die Roadster-Version des 300 SL. Man probierte mehrere Windschutzscheiben aus. Die hier gezeigte kam bei der Carrera Panamericana zum Einsatz, wo ein Copilot erforderlich war. Wenn kein Passagier mitfuhr, wurde der Fahrgastraum mit einer Persenning abgedeckt.

Das Werbeplakat feiert den Erfolg der SL in Le Mans 1952. Die siegreichen Autos wurden nach dem Rennen einfach auf eigener Achse nach Stuttgart zurückgefahren!

Dank des Gitterrohrrahmens war es eine ziemlich leichte Aufgabe, das Coupé W 194 in ein offenes Fahrzeug umzubauen und dabei Gewicht einzusparen, denn eine weitere Verstärkung war kaum notwenig, um die Steifigkeit beizubehalten. Es wurde ein verkürztes Einzelstück (Fahrgestell 010/52) mit einem aufgeladenen M-197-Motor gebaut, doch Traktion und – anfänglich – Zuverlässigkeit bildeten ein echtes Problem, sodass die vier Werksroadster alle mit normalen Saugmotoren liefen. Lang gewann in Wagen 007/52 (dem Le-Mans-Gewinner, aber mit neuer Karosserie), gefolgt von seinen drei Teamkollegen.

In letzter Minute wurde entschieden, mit dem SL am mexikanischen Straßenrennen Carrera Panamericana teilzunehmen. Am Start standen zwei Coupés und ein Roadster, alle gefahren von erstklassigen Piloten. Die Zylinder wurden aufgebohrt, um einen Hubraum von 3105 cm^3 zu bekommen. Das ergab einige zusätzliche PS, denn bei diesem Rennen ging es hauptsächlich um Leistung. Am Ende wurde John Fitch im offenen Wagen disqualifiziert. Die Coupés überwanden anfängliche Reifenprobleme und siegten schließlich – eine überzeugende Demonstration deutscher Effizienz.

Leider wurde das Programm 300 SL lange vor Saisonbeginn 1953 gestrichen. Doch es erwies sich als nützliche Übung, vom Standpunkt der Werbung wie der Technik aus gesehen. Selbst das Debakel mit dem aufgeladenen Roadster führte noch zur Entwicklung der Schwingachse mit tiefer liegendem Drehpunkt. Sie wurde später zu einem der wichtigsten Merkmale der Straßenwagen von Mercedes-Benz. Wie sagen die Engländer? »Racing improves the breed ...« (sinngemäß: Rennen fahren bringt die technische Entwicklung voran).

Karl Kling und Hans Klenk reinigen ihr Auto, nachdem ein Geier bei der ersten Etappe der Carrera Panamericana durch ihre Windschutzscheibe geflogen war. Man beachte die Schnellheber im Bild links. Gewöhnlich verwendete man Reifen von Continental, doch gelegentlich kamen auch solche von Englebert zum Einsatz.

Hermann Lang war vom Rennwagenmechaniker zum Piloten aufgestiegen. Das Bild zeigt ihn auf dem Nürburgring im August 1952 auf dem Weg zum Sieg. Er fuhr die schnellste Runde mit 131,5 km/h. Bei diesem Rahmenrennen zum Großen Preis von Deutschland kamen Werks-SL auf die ersten vier Plätze.

Der Roadster von Fitch/Geiger schlug sich gut in Mexiko, wurde aber disqualifiziert, weil er außerhalb einer zugelassenen Wartungszone Hilfe akzeptiert hatte.

Der dritte Wagen in Mexiko war das Coupé von Lang/Grupp.

Für das Jahr 1953 plante man einen leichteren, schmaleren Wagen mit Einspritzmotor, Transaxle-Bauweise, einer veränderten Hinterradaufhängung mit einer Schwingachse mit tiefer gelegtem Drehpunkt sowie 16-Zoll-Rädern. Das Projekt wurde aber gestrichen, weil man mehr in den Grand-Prix-Wagen für 1954 und den darauf beruhenden 300 SLR investieren wollte. So wurde nur ein Prototyp mit der Fahrgestellnummer 11 gebaut.

Kling (rechts) und Klenk scheinen hier über den Vogelschlag zu sprechen. Er führte zum Einbau senkrechter Stäbe vor der Windschutzscheibe.

3

Der 300 SL und der 190 SL

In der Vorkriegszeit konnten Enthusiasten Touringversionen der Rennwagen von Mercedes-Benz kaufen: Der SSK war auf den Autobahnen und Nebenstraßen ebenso gefürchtet wie auf der Rennstrecke. Und niemand wird jemals die leichtere SSKL-Version vergessen, die eigentlich nur zu Rennzwecken gebaut wurde. Mercedes-Benz schüttelte schnellstmöglich alle Nachwirkungen des Krieges ab und modernisierte das Angebot. Und einmal mehr bot die Firma dem Kenner auch Fahrzeuge an, die man im Wesentlichen als Rennwagen für die Straße bezeichnen konnte.

Im Sommer 1953 kam die Ponton-Baureihe auf den Markt. Damit war der Auftakt zur Entwicklung einer neuen Generation von Modellen gegeben. Den Anfang machte der W 120 mit 1,8-Liter-Vierzylindermotor. Im folgenden Frühling kam eine Sechszylinderversion (W 180) mit 2,2 Litern Hubraum dazu. Zwischenzeitlich versetzte die Ankündigung zweier neuer Sportwagen auf der International Motor Sports

Der erste völlig neue Nachkriegs-Mercedes war der Typ 180 (W 120), den man oft als »Ponton« bezeichnet. Er besaß eine selbsttragende Karosserie, die die Marke hier zum ersten Mal einsetzte und ein modernes Styling, das ihre Personenwagen noch für viele Jahre nach dem offiziellen Debüt im September 1953 beeinflussen sollte.

Der 300 SL (im Vordergrund) und der 190 SL traten erstmals bei der dritten International Motor Sports Show in New York auf, die am 6. Februar 1954 eröffnet wurde. Die Wagen zeigten noch nicht genau die Spezifikationen der späteren Serienfahrzeuge, doch sie kamen dem endgültigen Design sehr nahe.

Wagen von 1952, 1953, 1954 und 1955 im Vergleich. Der 300 SLR ganz links ist ein ultra-seltenes Coupé – eines von zwei jemals gebauten.

Show in New York 1954 die Fans in Begeisterung: das 300 SL Coupé mit 3-Liter-Einspritzmotor, dessen Design sich am SL-Prototyp des Jahres 1953 orientierte, und der einfacher, bescheidener motorisierte 190 SL Roadster. Es sollte aber noch einige Zeit vergehen, bis beide bei den Händlern zu sehen waren – der zweite 300 SL W 198 beispielsweise wurde erst sechs Wochen nach dem New Yorker Salon gebaut, und dabei handelte es sich erst um einen Prototypen der Vorproduktion. Dabei war es kein Zufall, dass die beiden gerade zu dem Zeitpunkt angekündigt wurden, als der neue Formel-1-Wagen W 196 in der Grand-Prix-Szene auftauchte.

Bezeichnungen bei Mercedes-Benz

Viele Jahre lang trugen die Modelle von Mercedes-Benz als Bezeichnung einen oder mehrere Buchstaben, die die Fahrzeugklasse angaben und eine Zahl, die sich auf den Hubraum des Motors bezog. An diesem System hielt die Firma bis vor kurzem fest. Der C 350 beispielweise ist eine Limousine der C-Klasse mit einem 3,5-Liter-Motor, aber Hubraum und Zahl stimmen nicht mehr in allen Fällen überein.

Die Bezeichnung, die uns in diesem Zusammenhang am meisten interessiert, lautet 300 SL. Die Zahl »300« bezieht sich auf den Drei-Liter-Motor. Die Abkürzung SL bedeutet »Sport Leicht«.

Wenn an diese Bezeichnung ein R angehängt wurde – etwa zu SLR –, so kennzeichnete man damit ein reines Rennmodell aus einer späteren Produktreihe. Ein angehängtes »C« steht für eine Coupéversion des SL – wie beim späteren SLC. Recht oft begegnet man in Mercedes-Kreisen auch einem »K«. Es gilt bei Vorkriegsmodellen als Kennzeichnung eines kürzeren Chassis. Heutzutage kürzt man damit »Kompressor« ab.

Der 190 SL erschien in New York als unerwarteter Bonus, und so überrascht es nicht, dass der 300 SL als erster bei den Händlern auftauchte. Die Serienproduktion des W 198 startete im August 1954. Der technische Direktor von Mercedes-Benz, Fritz Nallinger, war gegen die Vorstellung eines Straßensportwagens. Aber als USA-Importeur Max Hoffman 500 Einheiten im Voraus bestellte, um das Projekt anzuschieben, traten die kommerziellen Interessen in den Vordergrund. In vielerlei Hinsicht wiederholte sich das Jahr 1900: Ein verkleideter Rennwagen diente als technologisches Vorzeigeprojekt für die deutsche Marke.

Im Vergleich zum Wagen, der in New York ausgestellt wurde, hatte der in Serie produzierte »Flügeltürer« andere Türgriffe und Seitenfenster. Hinzu kamen zahlreiche Detailänderungen im Inneren. Während der Wagen von 1953 in jeder Einzelheit wie ein Prototyp aussah oder bestenfalls wie ein funktionelles Werkzeug, war der W 198 eine ausgeklügelte Leistung des Designs mit einer fast zeitlosen Eleganz der Linien. Alle »Flügeltürer«-Coupés waren silbergrau lackiert, sofern der Kunde keine Sonderfarbe wünschte.

Der 300 SL W 198

Die normale Baureihe 300 ging auf den Meisterdesigner Hermann Ahrens zurück, der auch schon die klassischen Linien der Roadster 500 und 540 K entwickelt hatte. Die durch und durch modernen Formen der SL hingegen waren das Werk von Walther Häcker und seinem Team.

Im Vergleich mit den Rennwagen von 1952 zeigte der W 198 ein frischeres Styling mit einem neuen Kühlergrill, der einen großen dreizackigen Stern aufwies. Parallele Ausbuchtungen zu beiden Seiten der Motorhaube schafften Platz für den Motor, und die Scheinwerfer standen weiter oben als zuvor. Die schweren Stoßstangen galten für ein Straßenauto als notwendig, und die Lufteinlässe hinter den vorderen Kotflügeln hatte man beim Prototyp des Jahres 1953 (Fahrgestellnummer 11) eingefügt, um den Luftwiderstand zu verringern und eine bessere Kühlung des Motors zu gewährleisten.

Der seitliche Auspuff, der während der Rennsaison 1952 eingeführt und auf das Modell von 1953 übertragen wurde, eignete sich nicht für den Gebrauch auf öffentlichen Straßen. Deswegen brachte man eine normale Abgasanlage an, die in einem Rohr am Heck auf der Fahrerseite mündete. Die merkwürdig aussehenden Luftschlitze hinten

Ein rollendes Gitterrohrchassis des Dreiliters für Demonstrationszwecke.

wurden aufgegeben. Viele andere Details wie die Ausbuchtungen über den Radläufen und die Chromleisten an den Schwellern wurden nur hinzugefügt, um dem Auto ein gefälligeres Aussehen zu verleihen.

Als Chassis wurde ein Gitterrohrrahmen ganz ähnlich wie beim Rennwagen verwendet, allerdings mit einer zusätzlichen Versteifung und einem Radstand von 2400 Millimetern. Der größte Teil der Karosserie bestand aus Stahl, nur die Motorhaube, der Kofferraumdeckel und die Türhaut waren aus Aluminium. Zusätzlich baute man 58 Wagen ganz aus Leichtmetall und einen einzigen Prototyp aus glasfaserverstärktem Kunststoff.

Der Sechszylinder-Reihenmotor M 198 mit Trockensumpfschmierung war ein Stück Spitzentechnologie. Der 300 SL war das erste in Serie produzierte Straßenfahrzeug mit Kraftstoffeinspritzung, wie sie schon der Prototyp von 1953 aufgewiesen hatte.

Mit Treibstoffeinspritzungen hatte man im Krieg durch die Weiterentwicklung von Flugzeugmotoren viel Erfahrung gewonnen, und das galt besonders für Hans Scherenberg, der als Chefentwickler für das Projekt M 198 zuständig war. Das System von Bosch erwies sich als

Britische Werbung vom November 1955 mit dem Modellen 300 SL und 220 a.

Armaturenbrett des 300 SL, hier durch das Heckfenster gesehen. Anfänglich baute man pro Monat rund 25, später 50 Einheiten.

leistungsstark, und Vorschläge zur Verwendung eines Weber-Vergasers verschwanden schnell in der Versenkung.

Die Anordnung des Einspritzsystems erwies sich als sehr geschickt: Die Einspritzdüsen befanden sich in den ursprünglichen Zündkerzenbohrungen im oberen Teil des Sechszylinderblocks – eine Erinnerung an die Tage, bevor die Zündkerzen des SL in den neuen Zylinderkopf verpflanzt wurden. Die Luft wurde über eine wundervoll gestaltete, gegossene Ansaugbrücke zugeführt, die ein typisches Merkmal des 300-SL-Designs wurde.

Mit einer Verdichtung von 8,5:1 leistete der 2996-cm^3-Motor (Bohrung x Hub 85 x 88 Millimeter) 200 PS bei 5800 U/min, also mehr als der des ursprünglichen SL-Rennwagens. Eine noch schärfere Nockenwelle brachte weitere 15 PS, und die Autos bekamen oft auch ein höheres Verdichtungsverhältnis: ein Anstieg auf 9,5:1 lieferte weitere 10 PS.

Das voll synchronisierte Vierganggetriebe entnahm man dem Rennwagen von 1952. Es wurden verschiedene Achsübersetzungen angeboten, wobei die längste eine Spitzengeschwindigkeit von 246 km/h erlaubte – bemerkenswert für jene Zeit. An diesem Punkt übernahm man auch Steuerung, Radaufhängung und Bremssystem, allerdings mit weicheren Federn und Stoßdämpfern als bei den Rennwagen von 1952, sowie mit zusätzlichen Längslenkern hinten. Wer seinen Wagen in Rennen fahren wollte, konnte die härtere Variante wählen. Selbst die 15-Zoll-Räder wurden beibehalten anstelle der 16-Zoll-Räder, die man für den Prototyp von 1953 ausgesucht hatte. Zur Liste der Spezifikationen für das Jahr 1954 kam ein Bremskraftverstärker hinzu, sodass das Auto zivilisierter erschien.

Der Innenraum wurde bequemer gestaltet und ein klappbares Lenkrad erleichterte das Ein- und Aussteigen. Der Heizung und Lüftung wandte man mehr Aufmerksamkeit zu. Man fügte Luftschlitze vor der Frontscheibe und zwei Zwangsentlüftungen an der hinteren Dachkante ein. Der 300 SL war damit ein idealer Straßensportwagen – allerdings viel schwerer als das Auto, aus dem es hervorgegangen war, denn es wog 1226 Kilogramm. Mit einem Preis von DM 29 000 war es um rund DM 5000 billiger als der noch von Hand gebaute 300 S, aber doppelt so teuer wie ein 1,5-Liter-Speedster von Porsche.

Der Sieg von Mercedes bei der Mille Miglia von 1955 war überwältigend. Dabei bleibt oft unerwähnt, dass John Fitch mit einem regulären 300 SL in der GT-Klasse siegte und insgesamt Fünfter wurde. Olivier Gendebien wurde in einem ähnlichen Auto Zweiter bei den GTs und im Gesamtklassement Siebter.

Fitch meinte später, die Italiener hätten eine höhere Spitzengeschwindigkeit erreicht, doch der SL »sei zäh gewesen, und deswegen habe er Rennen gewonnen«. Das Auto gewann auch die Herzen des Publikums und der Journalisten. Jesse Alexander schrieb in der

Grand-Prix-Rennen und der 300 SLR

Mercedes-Benz kehrte 1954 mit dem W 196 mit 2,5-Liter-Saugmotor in den Grand-Prix-Zirkus zurück. Davon wurden stromlinienförmig verkleidete Exemplare und solche mit frei stehenden Rädern ins Rennen geschickt. Das Debüt der Autos mit Achtzylinder-Reihenmotor erfolgte im Juli in Reims. In diesem und im darauffolgenden Jahr dominierten sie viele Rennen, wie dies schon die Silberpfeile der Vorkriegszeit getan hatten.

Die Bestimmungen zu jener Zeit ließen es zu, dass Sportwagen aus GP-Fahrzeugen entwickelt wurden. Mercedes-Benz reagierte darauf, indem sie den 300 SLR in der Sportwagen-Weltmeisterschaft 1955 fahren ließ. Dieser 300 SLR (W 196 S) beruhte auf dem damaligen Grand-Prix-Wagen und hatte mit dem regulären 300 SL nichts zu tun, obwohl der 2,5-Liter-Achtzylinder bis zu einem Hubraum von 3 Litern aufgebohrt wurde. Daher stammte auch die Namensähnlichkeit. Die Karosserie integrierte die Räder – ähnlich wie bei den stromlinienförmigen GP-Fahrzeugen, die auf schnelleren Rennstrecken fuhren.

Der 300 SLR schlug sich hervorragend bei der Mille Miglia. Doch in Le Mans war einer der Wagen in einen schrecklichen Unfall verwickelt. Dies führte bei Mercedes-Benz zum Entschluss, keine Rennen mehr zu fahren. Einige Firmen-Insider meinen allerdings, dazu hätten eher die allgemeinen Bedenken von Professor Nallinger den Ausschlag gegeben. Er war der Ansicht, dass die Entwicklung von Straßenwagen zu kurz kam, weil alle Spitzendesigner und -ingenieure der Firma hauptsächlich mit Rennsportangelegenheiten beschäftigt waren. Wie dem auch sein mag, der 24. Oktober 1955 war ein trauriger Tag. Alfred Neubauer verhüllte im Beisein der Presse seine geliebten Rennwagen und weinte öffentlich. Rennwagenfans auf der ganzen Welt fühlten mit ihm.

Am 24. Oktober 1955 deckte Alfred Neubauer mithilfe von Juan-Manuel Fangio und Stirling Moss den W 196 R zu. Die stromlinienförmige Version ist im Vordergrund zu sehen, ein 300 SLR und ein 300 SL weiter im Hintergrund.

Olivier Gendebien und Jacques Washer auf der Startrampe bei der Mille Miglia von 1955. Das belgische Ass wurde Siebter in der Gesamtwertung und Zweiter in seiner Klasse.

Zeitschrift *Road & Track*: »Der 300 SL erscheint als perfektes Beispiel für den modernen Trend im Automobilbau auf dem Kontinent. Es sind schnelle, aber extrem komfortable sportliche Tourenwagen mit einer ästhetisch gefälligen, aerodynamischen, leichten Karosserie in Verbindung mit einem wenig temperamentvollen, aber effizienten Motor.«

Der altehrwürdige John Bolster von *Autosport* schloss seinen Straßentestbericht vom Januar 1955 mit der folgenden Prosa: »Der Mercedes-Benz 300 SL ist ein Auto mit wundervollem Aussehen und fast unglaublicher Leistung. Konstruktion und Fertigung sind von höchster Qualität, und das gesamte Design stellt eine technische Glanzleistung dar. Er legt im Verkehr ein perfektes Verhalten an den Tag, und man muss die schiere Freude am Fahren auf offener Straße selbst erlebt haben, um es zu glauben. Es gibt Autos, die leichter zu handhaben sind für den wenig erfahrenen Piloten. Doch für den, der genug Erfahrung hat, um das volle Potential zu nutzen, ist er eines der größten Autos der Welt.«

Die Produktion des Coupés wurde 1956 eingestellt, wobei die letzten Exemplare im darauffolgenden Jahr verkauft wurden. Insgesamt hatte man 1400 Einheiten gebaut. Vier von fünf Wagen wurden in die Vereinigten Staaten verschifft. Zu Beginn kostete der 300 SL dort knapp $ 7000, doch stieg der Preis rasch auf $ 8905. Im Jahre 1994 wurde ein 300 SL »Flügeltürer« bekannt, den ein Liebhaber in Amerika ungefähr zwei Jahre nach Produktionsende Teil für Teil zusammengekauft hatte. Bob Doehler, Designer bei Studebaker, kaufte 1961 diese Teile, konnte zu seinem Leidwesen das Projekt jedoch nicht zu Ende führen. Das Auto lagerte in halbfertigem Zustand bis zu seinem Tod 1993 ein. Muss man also der Gesamtproduktion noch eine Einheit hinzufügen?

Der 190 SL W 121 B II

Die Serienproduktion des 190 SL Roadster begann im Mai 1955, ungefähr sechs Monate später als im Zeitplan vorgesehen. Das war ziemlich merkwürdig, denn der 190 SL sollte sich in den Vereinigten Staaten stets besser verkaufen als der 300 SL. So wäre es wohl klüger gewesen, das günstigere Modell zuerst herauszubringen. Die Menschen jener Zeit dachten aber an den »Flügeltürer«, wenn sie die Bezeichnung SL hörten. Danach richtete sich die Reihenfolge der Modelle. Die schwächer motorisierte Version konnte dann von der berühmten Bezeichnung »Sport Leicht« profitieren.

Erinnerungen an die Rallye Lüttich–Rom–Lüttich von 1955.

Dieses Auto fuhr Wolfgang Graf Berghe von Trips (rechts) bei der Targa Florio 1956. Leider musste er schon in der ersten Runde aufgeben. Andere 300 SL schlugen sich besser und kamen auf den achten und zehnten Platz.

Für den Bau des 300 SL verwendete man viele Teile der regulären Straßenwagen; beim 190 SL lag der Anteil noch viel höher. Selbst das Fahrgestell beruhte auf einer verkürzten Bodengruppe des Typs 180 aus Pressstahl und nicht auf einem speziell dafür vorgesehenen Gitterrohrrahmen. Die meisten beweglichen Teile und Komponenten stammten vom 180. Das verringerte die Kosten und die Entwicklungszeit, und die Vorteile überwogen die Nachteile für den Hersteller bei weitem.

Walter Häcker besorgte die Gestaltung des endgültigen Prototyps. Dieser wurde im Frühjahr 1955 auf dem Genfer Autosalon gezeigt. Im Vergleich zum Ausstellungsstück des Vorjahrs wurden Veränderungen an der Motorhaube, den Stoßstangen und den Scheinwerfern vorgenommen. Beim Kühlergrill und den hinteren Kotflügeln näherte man sich dem 300 SL an, obwohl das Pontondesign gerade bei diesem doch noch sehr deutlich war.

Von Beginn an wurde auch ein festes Dach angeboten. Der Käufer hatte damit die Wahl zwischen einem Roadster mit Stoffverdeck und einem Hardtop mit oder ohne Stoffverdeck. Interessanterweise wurde die Hardtop-Version in offiziellen Prospekten als Coupé bezeichnet; sie hatte zusätzlichen Chromzierrat an den Schwellern und den Radlaufleisten. Die ersten Hardtops bestanden aus Aluminium; vom Frühjahr 1956 an fertigte man sie aus Pressstahl. Die Karosserie des 190 SL bestand größtenteils aus Stahl, nur die Motorhaube, der Kofferraumdeckel und die Türhaut waren aus Aluminium. Noch leichtere Türen wurden im New Yorker Pressematerial angekündigt und tauchten danach in mehreren Katalogen auf. Für diejenigen, die an den Wochenenden Rennen fahren wollten, sorgten eine leichtere Windschutzscheibe und der Wegfall der Stoßstangen für eine weitere Gewichtsreduktion.

Der 300 SL hatte dank seines übergroßen Treibstofftanks nahezu keinen Kofferraum, und eine Art Hutablage hinter den Sitzen stellte den Hauptstauraum dar. Im Gegensatz dazu hatte der 190 SL einen ausreichenden Kofferraum. Mercedes-Benz bot auch das dazu passende Gepäck an. Zusätzlich gab es für den 190 SL einen quer gestellten Notsitz hinter den beiden Vordersitzen, und als weitere Option war ein bankartiger Vordersitz erhältlich.

Der Vierzylindermotor mit oben liegender Nockenwelle hatte einen Hubraum von 1897 cm^3. Die Bohrung war dieselbe wie beim 300 SL, doch der Hub verkürzte sich auf 83,6 Millimeter. Diese Kombination von Bohrung und Hub unterschied sich deutlich von der des Typs 180. Sie brachte 130 cm^3 mehr. Ausgangspunkt waren die 1767 cm^3 der Limousine gewesen; dann folgte 1956 eine Vergrößerung beim 190 und im Jahr darauf beim Typ 180 a. Zwei Solex-Flachstrom-

Blick ins Innere des DM 16 500 teuren 190 SL des Jahres 1955. Der Hupring steuerte auch die Richtungsanzeiger – eine neue Idee. Man beachte den Entriegelungsgriff der Motorhaube an der A-Säule: Im Dezember erhielt er eine gekrümmte Form.

Der Stand von Mercedes-Benz bei der Frankfurter Automobilausstellung 1955. Nach wenigen Wochen kam das Rennprogramm, das hier auf der IAA noch so liebevoll porträtiert wurde, zu einem abrupten Ende.

Ein sehr früher 190 SL in Südamerika. Die kleinen Rücklichter verraten, dass der Wagen vor Juni 1956 gefertigt wurde. Der nordamerikanische Markt war der bei weitem wichtigste Markt für Sportwagen. Die Amerikaner konnten den importierten 190 SL zum vernünftigen Preis von $ 3998 erwerben.

Registervergaser und ein Verdichtungsverhältnis von 8,5:1 ergaben beim 190 SL 105 PS bei 5700 U/min. Ein von Hand zu schaltendes Vierganggetriebe übertrug die Kraft auf die Hinterräder.

Die Verwendung der Bodengruppe des 180 erlaubte es den Mercedes-Benz-Ingenieuren, auch die Anordnung des Vorderwagens auf den SL zu übertragen. Motor, Schaltgetriebe und Vorderradaufhängung ruhten dabei auf einer Gabel aus Pressstahl, die zur Isolierung unerwünschter Geräusche über Gummipuffer mit der Karosserie verbunden war – ein für die damalige Zeit hochmodernes Merkmal.

Der 190 SL von Douglas Steane vor der Mercedes-Benz-Vertretung in Hongkong. Steane holte sich mit diesem Wagen im November 1956 den Sieg im Grand Prix von Macau. Man beachte die Türen in Leichtbauweise.

Der 190 SL war vielleicht nicht so glamourös wie der 300 SL, aber er war ein vollendeter sportlicher Tourenwagen, deutlich preiswerter in der Anschaffung und im Betrieb.

Ein Pressefoto des 190 SL mit Hardtop, datiert Juni 1958. Für Amerika bestimmte Autos hatten schon immer Stoßstangenhörner hinten. Im Juli 1957 wurden sie verändert, um die Kennzeichenleuchten aufzunehmen, und gehörten von da an zur Standardausstattung auf allen Märkten.

Die Radaufhängung war mit Doppelquerlenkern, Schraubenfedern, integrierten Stoßdämpfern und einem Querstabilisator eher konventionell. Hinten befand sich eine Schwingachse mit niedrigem Drehpunkt und zusätzlich veränderte, ziemlich kräftige Längslenker für eine bessere Straßenlage. Die Handhabung wurde weiterhin verbessert durch 13-Zoll-Räder. Dieser für die damalige Zeit ungewöhnlich kleine Raddurchmesser verringerte die Höhe des Rollzentrums.

Die Verzögerung geschah über Trommelbremsen, die nur aus Gusseisen und nicht wie beim 3-Liter-Modell aus teuren Al-Fin-Trommelbremsen mit gerippten Leichtmetallbuchsen auf gusseisernen Trommeln bestanden. Die Trommeln verfügten trotzdem über Kühlrippen.

MAY, 1959 339 MOTOR SPORT

190 SL

SPEED—ELEGANCE—POWER

For those who love speed and power and appreciate the highest standards of comfort and safety, here is the Mercedes-Benz 190SL. A car with personality, power, and a pedigree to be proud of, the 190 SL is sturdy, speedy, and superlatively responsive. It has almost incredible roadholding and cornering capabilities, and a top speed of well over 100 m.p.h. If you like to go far and fast the Mercedes-Benz 190SL is your car.

190SL: 4-cyl., 120 b.h.p., 1.9 litre engine, power brakes, balanced suspension system; speeds up to 112 m.p.h. Hardtop version available.

Send for free illustrated literature and name of nearest dealer

MERCEDES-BENZ

MERCEDES-BENZ (GREAT BRITAIN) LIMITED
WEST END SHOWROOMS: 10 ALBEMARLE STREET, W.1. TEL: HYDE PARK 3351
HEAD OFFICE, SERVICE & SPARES DEPT: GREAT WEST RD. BRENTFORD, MIDDX. TEL: ISLEWORTH 2151

Das Hardtop, das im Oktober 1959 eingeführt wurde, gestattete eine viel bessere Sicht nach hinten. Die einzige bedeutsame Veränderung, die danach am 190 SL angebracht wurde, war die Trennung von Kofferraumschloss und -griff im Jahre 1960.

Britische Werbung für den 190 SL vom Frühjahr 1959.

Ein Bremsservo wurde anfänglich gegen Aufpreis angeboten, gelangte aber kurz nach Produktionsbeginn in die Standardausrüstung. Die Lenkung geschah, wie lange Zeit von den Stuttgarter Ingenieuren bevorzugt, über Kugelumlauf. Links- und Rechtslenker waren erhältlich – dies im Gegensatz zum 300 SL, den es offiziell nur als Linkslenker gab.

Im Verlauf der Jahre wurden eine Reihe von Detailveränderungen am 190 SL vorgenommen. Die wichtigsten führte man für das Modelljahr 1960 ein: eine Erhöhung des Verdichtungsverhältnisses auf 8,8:1, um die Motorleistung bei 105 PS zu halten, und ein verändertes Hardtop für bessere Sicht nach hinten. Als die Produktion im Februar 1963 auslief, hatte man 25 881 Einheiten des 190 SL gebaut.

Die zweite Generation der 300-SL-Modelle

Der 300 SL war ein wundervoller Botschafter der Marke Mercedes-Benz gewesen, besonders in Amerika. Natürlich war der 190 SL im Verkauf viel erfolgreicher, aber der Glamour, den der »Flügeltürer« mit sich brachte, war der Traum eines jeden Werbefachmanns. Er war teuer in der Herstellung, und die beiden SL-Linien standen sich nicht sehr nahe. Der neue 300 SL W 198 II, der 1957 auf dem Genfer Autosalon vorgestellt wurde, übernahm die meisten Merkmale des 3-Liter-Wagens und steckte sie in die Karosserie eines Roadsters. Damit entsprach man dem Wunsch des USA-Importeurs Max Hoffman, der Name »Sport Leicht« solle für alle Zeiten für offene Sportwagen gelten.

Die Serienfertigung begann im Mai 1957. Der größte Unterschied fand sich in der Karosserie. Die Flügeltüren machten einer offenen Struktur mit regulären Türen und rahmenlosen Fenstern Platz, die man voll versenken konnte. Das führte natürlich zu bedeutsamen Veränderungen in der Mitte des Rohrrahmens. Man veränderte ihn so weit, dass er – zusammen mit einem kleineren Benzintank und somit einem etwas größeren Kofferraum – ein etwas längeres Heck aufnehmen und einen leicht vergrößerte Spurweite zulassen konnte.

Obwohl die neue Generation in den meisten Punkten dem Vorläufermodell ähnlich sah, kamen bei genauer Betrachtung doch einige wundervolle neue Details ans Tageslicht: die einzigartige Leuchteneinheit mit Scheinwerfer, Nebelscheinwerfer und Blinker unter einem Deckglas, längere verchromte Zierleisten am Lufteinlass und eine schärfer konturierte Sicke an den hinteren Kotflügeln.

Während der 190 SL für sein zusammengefaltetes Stoffverdeck eine Persenning brauchte, bedeckte es beim 300 SL ein klappbares Metallpaneel – ein sehr cleveres Design, das spätere SL-Generationen übernahmen. Der Roadster kostete zu Beginn DM 32 500. Ab Sommer 1958 gab es als Extra ein abnehmbares Hardtop.

In mechanischer Hinsicht fand mit einer neuen Schwingachse mit tiefer gelegtem Drehpunkt, die eine neue zentrale Ausgleichsfeder enthielt, die größte Veränderung an der Hinterachse statt. Die Lenkung war weniger direkt als beim »Flügeltürer«, aber doch sportlicher als die im 190 SL. Zunächst baute man Trommelbremsen ein; die letzte Version bekam im März 1961 aber servounterstützte Scheibenbremsen. Der erste Mercedes mit Scheibenbremsen war der 220 SE, aber sie stamm-

Spätes Zusammentreffen der Silberpfeile

Mercedes-Benz und Auto Union waren in der Vorkriegszeit erbitterte Rivalen im Rennsport gewesen. Da erschien es als ironisches Schicksal, dass Daimler-Benz 1958 eine Mehrheitsbeteiligung an der Auto Union erwarb. Unter der Marke Auto Union hatten sich 1932 die Firmen Horch, Wanderer, Audi und DKW zusammengetan. Jede dieser Firmen besaß großen Sachverstand auf recht unterschiedlichen Marktsegmenten. Zu Ende des Krieges lagen die meisten Fabriken der Auto Union im Osten Deutschlands. Deswegen wurde nicht lange nach dem Waffenstillstand eine neue Firma in Ingolstadt gegründet; anfänglich auferstand aber nur die Marke DKW.

Daimler-Benz errang im Dezember 1959 die vollständige Kontrolle über die Auto Union und zeigte auch Interesse an einer Beteiligung an BMW. Dieser Deal gelang nicht. Die Stuttgarter Firma pflegte aber den wiederauferstandenen Namen Auto Union, bevor sie 1964 an Volkswagen weiterverkaufte. Kaum hatte die VW AG die Kontrolle über das neue Zweigunternehmen erlangt, belebte sie die Marke Audi neu. Später verschmolz Audi mit der Firma NSU, die die Rechte am Kreiskolbenmotor von Felix Wankel besaß. Dieser Motor begeisterte die Automobilbranche, und auch Daimler-Benz erlag zeitweise seiner Anziehungskraft.

Heute wird die Auto Union von der Audi AG repräsentiert. Deren Autos tragen dieselben vier Ringe wie die Rennwagen, die u.a. Ferdinand Porsche in der Zeit vor dem Krieg entworfen hatte. Audi gehört immer noch der Volkswagengruppe, die sich auch Porsche einverleibt hat. Die deutsche Autoindustrie ist eben eine kleine Welt für sich …

ten von Girling und wurden nur vorn eingebaut. Der SL hatte an allen vier Rädern ein Dunlop-System.

Wegen der zusätzlichen Versteifungen aufgrund der offenen Bauweise und wegen der luxuriösen Innenausstattung war der neue 300 SL deutlich schwerer als das geschlossene Coupé. Aus diesem Grund montierte man serienmäßig eine Sportnockenwelle, um die Leistung zu steigern. Der Motor entwickelte damit 215 PS bei 6100 U/min. Im März 1962 bekam der SL einen Leichtmetall-Motorblock, um Gewicht zu sparen. Gegossene Zylinderbuchsen verlängerten die Lebensdauer des Motors.

In der Zwischenzeit baute das Werk zwei leichte Roadster für den Einsatz in der Rennserie des SCCA (Sports Car Club of America). Diese sogenannten 300-SLS-Modelle waren im Frühjahr 1957 fertig. Sie erlaubten es dem Mercedes-Enthusiasten Paul O'Shea in der Klasse D der SCCA überlegen die Sportwagen-Meisterschaft einzufahren.

Im Frühjahr 1959 meinte die Zeitschrift *Autosport*: »Insgesamt war es eine beglückende Erfahrung, dieses wundervolle Auto fahren zu können. Nur ein Wagen, der aus dem Rennbetrieb entstanden ist, kann ein Verhalten wie der 300 SL zeigen. Und obwohl es ein paar schnellere Wagen gibt, fällt es einem schwer, sich irgendein Auto vor-

Deutsche Werbung für die Roadsterversion des 300 SL.

Schnappschüsse aus der Fertigung, Februar 1958. Im Vordergrund des Bildes oben wird an einem 300 SL Roadster gearbeitet, und vor ihm am Band steht ein 190 SL. Im Bild unten erhält der Gitterrohrrahmen eines 300 SL gerade seinen Sechszylinder-Reihenmotor.

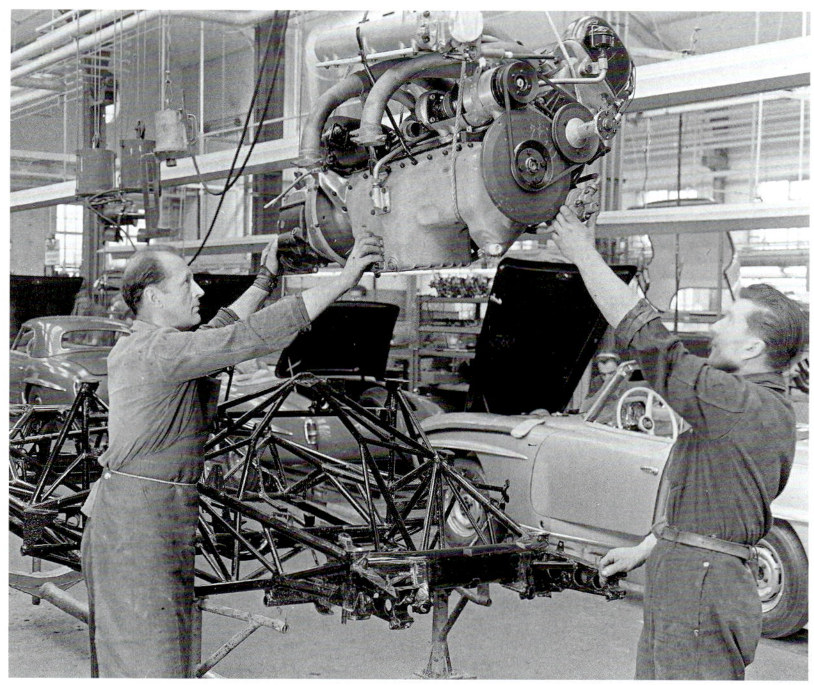

zustellen, das bei der technischen Perfektion und beim bemerkenswert hohen Standard der Verarbeitung mithalten kann.«

Wie der »Flügeltürer« wurde auch dieser zweite 300 SL zu einer Seltenheit. Bis zum Produktionsende am 8. Februar 1963 hatte man 1858 Einheiten gebaut. Sie waren in vielerlei Hinsicht historisch bedeutsam – auch deswegen, weil es sich um die letzten Personenwagen von Mercedes-Benz mit getrenntem Fahrgestell handelte.

Umschlag eines Prospekts für die Angehörigen der US-Streitkräfte in Europa, zweite Jahreshälfte 1959.

Paul O'Shea im 300 SLS, mit dem er 1957 den Titel der SSCA gewann.

Auf diesem zeitgenössischen Farbbild wirbelt ein wundervoller 300 SL Staub auf.

4

Der W 113 »Pagode«

»Mercedes-Benz ist nicht dafür bekannt, oft neue Modelle herauszubringen. Wenn es geschieht, so ist das ein bedeutender Augenblick, und man kann dann sicher sein, dass die älteste Autofirma der Welt ein technisch wundervoll entworfenes Fahrzeug auf unseren hart umkämpften Markt bringt und dabei die Wünsche einer höchst anspruchsvollen Kundschaft erfüllt. So ist es auch mit dem lange erwarteten neuen GT-Sportmodell mit der Bezeichnung 230 SL.« – Bernard Cahier, Mai 1963

Die letzten 300 SL und 190 SL wurden im Februar 1963 gebaut. Die 300 SL waren dabei kaum mehr als exotische, in geringer Zahl gefertigte Meisterstücke geblieben. Nur der 190 SL hatte sich in nennenswerter Zahl verkauft. Die nächste Generation der »Sport-Leicht«-Modelle, präsentiert auf dem Genfer Autosalon im März 1963, stellte im Wesentlichen einen Ersatz für dieses Vierzylinder-Modell dar. Es handelte sich um ein weitgehend aus bereits bestehenden Komponenten entwickeltes, »normales« Auto. Es verband ein starkes, sportliches Image mit guter Alltagstauglichkeit. Als Bonus kam ein Sechszylindermotor mit Benzineinspritzung hinzu, damit das Auto als technischer Erbe der 300er gelten konnte.

Road & Track schrieb zur Zeit der Einführung des W 113: »Der 230 SL ist in fast allen Belangen ein Mittelding zwischen dem 300 SL und dem 190 SL. Der Einspritzmotor des 230 SL mit seinen 150 PS bietet eine Leistung, die zwischen der des 190 SL (105 PS) und der des 300 SL (215 PS) angesiedelt ist. Als ›sportlicher Tourenwagen‹ bietet er gute Fahreigenschaften mit der Laufruhe einer Limousine. Die Inneneinrichtung ist eher gepflegt als luxuriös und spiegelt den Funktionalismus eines Sportwagens, obwohl sie nicht so nüchtern wirkt wie die eines echten Rennwagens.«

In der Tat: Mercedes-Benz vereinigte die beiden Extreme seiner SL-Varianten in einem Auto mit einem vernünftigen Preis. Es war ideal für die Straße, doch für ernsthafte Rennen weniger geeignet – zumindest auf Rennstrecken. Später allerdings stellte es sich heraus, dass der 230 SL ein gutes Rallyeauto war. Das typische abnehmbare Hardtop – das berühmte Pagodendach – erlaubte drei Konfigurationen der Karosserie, nämlich offen, geschlossen mit Stoffverdeck oder geschlossen mit Hardtop. Die Wahlmöglichkeit zwischen manueller und automatischer Schaltung erhöhte die Attraktivität des Modells, besonders in den Vereinigten Staaten.

Das 220 SEb Coupé war eine elegante Variante der W-111-»Heckflossen«-Limousine mit stärker abgerundetem Heck und weniger Zierrat. Die stilistischen Beziehungen zwischen diesem Modell, das im September 1960 auf den Markt kam, und dem SL W 113 liegen auf der Hand. Im September 1961 stieß eine Cabrio-Version zur Modellreihe.

Der 230 SL

Die ersten Arbeiten am Typ W 113 begannen im Oktober 1958 unter Fritz Nallinger. Kurze Zeit nach dem Debüt des neuen Wagens übernahm allerdings Hans Scherenberg die Verantwortung als Technischer Direktor. Das Karosseriedesign ging auf den talentierten französischen Stylisten Paul Bracq zurück, der unter der Leitung des neuen Chefdesigners Friedrich Geiger arbeitete. Im Lauf der Entwicklungszeit wurden zahllose kleinere Veränderungen angebracht. Einerseits, damit das Auto ästhetisch gefälliger ausfiel und moderner aussah, denn die ersten Skizzen hatten sich noch stark an den 190 SL sowie den 300 SL angelehnt, andererseits, weil das Design all die von Rudolf Uhlenhaut und Karl Wilfert geforderten technischen Punkte und die zahlreichen Sicherheitsinnovationen von Béla Barényi berücksichtigen musste.

Die Leuchten am »Sport-Leicht«-Modell spiegelten stets das baureihentypische Design jener Zeit. Deswegen waren die aufrecht stehenden Scheinwerfer keine große Überraschung. Paul Bracq, der später bei BMW berühmt wurde, leistete solide Arbeit, als er sie in die kleinere Karosserie des SL integrierte. Übrigens sahen die Leuchten der für den US-Markt bestimmten Wagen ganz anders aus.

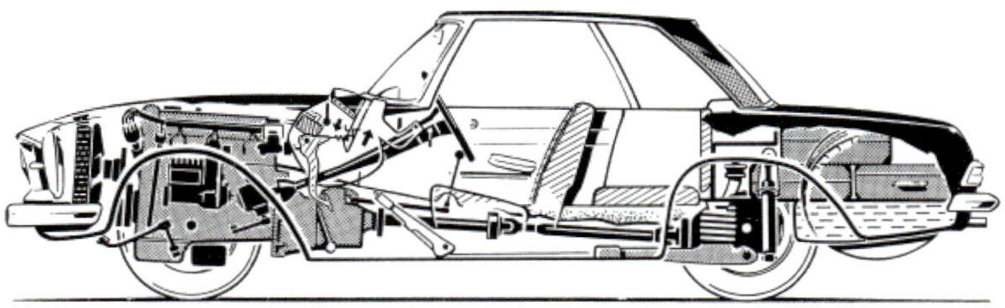

Die Grundkonstruktion des 230 SL. Die Vorserienproduktion begann im März 1963, die Serienproduktion vier Monate später im Juli. Von der Vorserie wurden für Ausstellungen, Tests und Werbezwecke 30 Stück gebaut.

Während der 190 SL die Bodengruppe und die Technik von der Limousine 180 übernommen hatte, beruhte der 230 SL auf einer verkürzten Bodengruppe des 220 SEb, der »Heckflosse«, die ihr Debüt im Sommer 1959 hatte. Die Karosserie fügte sich sehr gut in das damalige Styling der Marke ein. Mercedes-Benz-Liebhaber konnten die Ähnlichkeit zwischen dem W 113 und dem größeren 220 SEb Coupé W 111 des Modelljahres 1960 leicht erkennen. Eines fiel allen auf: wie auffällig modern dieser neue SL im Vergleich zu seinen Vorgängern aussah.

Das Frontstyling gab wohl den deutlichsten Hinweis auf die Herkunft, weil es eindeutig an den letzten 300 SL erinnerte. Vom Kühlergrill

Die Bodengruppe des W 111 gab dem 230 SL eine größere Spurweite, und obwohl das Auto niedrig und breit aussah, war es doch schmaler als der alte 300 SL. Mit verkürztem Radstand (wie W 121 B II), den größeren Rädern und den verringerten Überhängen bekam der W 113 ein viel moderneres Aussehen als seine Vorgänger.

Der SOHC-Sechszylinder-Einspritzmotor des 230 SL. Das Drosselklappengehäuse war ähnlich wie beim 300 SL über ein Sammelrohr mit sechs Saugrohren verbunden, sah aber nicht ganz so exotisch aus. Mit ihm verwendete Daimler-Benz erstmals einen Wechselstromgenerator zur Versorgung der elektrischen Anlage.

und den Leuchten an nach hinten herrschten gerade Linien vor. Die charakteristische Linienführung der W-113-Baureihe dominierte im selben Maße wie die runde Formgebung der früheren SL. Das Profil erinnerte vage an das des 220 SEb Coupé, und selbst die C-Säule am abnehmbaren Hardtop des SL war unten schmaler als oben und ahmte somit die Form von der des älteren Bruders nach. Auch das Heck folgte dem Design des 220 SEb Coupé mit den vertrauten Stoßstangen und dem Kofferraumdeckel, wobei die Oberseiten der Kotflügel dieselben »Flossen« bildeten. Auch die Rücklichter und die Verchromung fielen ähnlich aus.

Man kann durchaus sagen, dass der 230 SL vom stilistischen Standpunkt gesehen ziemlich konservativ ausfiel. Aber durch das Fehlen von Zierrat bekam das neue Auto ein sehr sauberes, funktionelles Aussehen. Da man die Bodengruppe des W 111 verwendete, ergab sich eine größere Spurweite, und nach der Verkürzung des Radstandes auf 2400 Millimeter sah der 230 SL sehr viel zielstrebiger aus als der 190 SL, den er ersetzte. Zusammen mit den verringerten Überhängen und den größeren Rädern und Reifen, die die Radkästen ausfüllten, gelang es dem neuen Auto, leichter und wendiger auszusehen als sein Vorgänger.

Wie der 190 SL eine besondere Motorversion der 180 Limousine bekommen hatte, so übernahm auch der W 113 sein Antriebsaggregat von der gleichzeitig angebotenen Limousine. Erst hatte man über einen 220 SL nachgedacht, schuf dann aber einzig und allein für den Zweisitzer einen stärkeren Antrieb. Merkwürdigerweise war der Motor des SL eine Weiterentwicklung des letzten Sechszylindermotors der Ponton-Reihe (M 127.980) und nicht so sehr ein Motor der W-111-Baureihe, denn er trug die Bezeichnung M 127.981. Der Sechszylindermotor der »Heckflosse« 220 SE hieß hingegen M 127.982. Nur der M 127.981 besaß einen Hubraum von 2,3 Litern: Man hatte ihn von 80 auf 82 Millimeter aufgebohrt, den Hub von 72,8 Millimeter aber beibehalten.

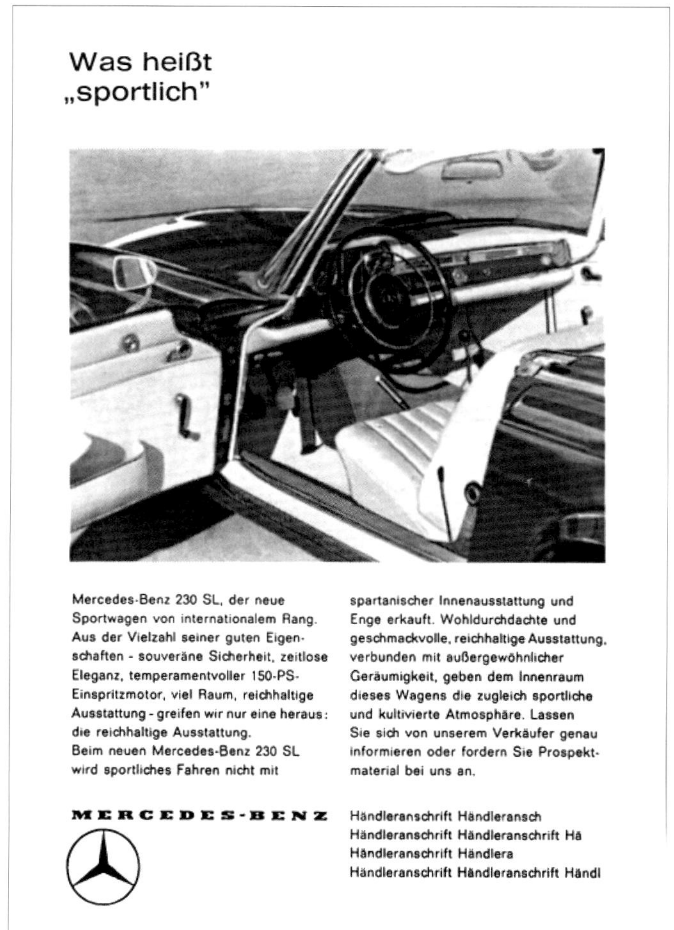

Deutsche Werbung aus der Zeit, als der 230 SL sein Debüt gab. In der Standardausstattung kostete er DM 20 300. In den USA wurde er für $ 6700 verkauft – etwa $ 2000 weniger als die Limousine 300 SE.

Das Hardtop war auf maximale Stabilität bei großer Scheibenfläche konstruiert. Die kennzeichnende und auch Namen gebende konkave Vertiefung in der Mitte (»Pagode«) verlieh dem Auto ein leichteres, kompakteres Aussehen.

Das ergab einen Hubraum von genau 2306 cm³ anstelle der 2195 cm³ der 220-SE-Modelle.

Der M 127.981 hatte einen Zylinderkopf aus Leichtmetall, der größere Ventile und einen schärfere Nockenwelle aufnahm. Der Block bestand aus Grauguss und der untere Teil des Kurbelgehäuses zur Gewichtsreduktion aus einer Aluminiumlegierung. Mit einer veränderten Bosch-Saugkanaleinspritzung mit Sechsstempelpumpe, einem modifizierten Auspuffkrümmer und einem bis auf 9,3:1 erhöhten Verdichtungsverhältnis entwickelte der 2,3-Liter-Motor 150 PS – 35 PS mehr als der M 127.980 und 30 PS mehr als der M 127.982.

Eine manuelle Schaltung mit vier Gängen war Standard, doch zum ersten Mal bei einem SL war ein Viergang-Automatikgetriebe als Extra zu bekommen. Es wies die heute berühmte gestaffelte Schaltgasse für den Wählhebel auf, die die Möglichkeit unerwünschter Eingriffe verringerte. Interessanterweise war das Layout in der gesamten W-113-Ära

Ein 230 SL aus dem Jahre 1965 am Stuttgarter Fernsehturm. Trotz Gewicht sparender Werkstoffe wie Aluminium – u. a. in den Türen – brachte der 230 SL doch noch 1295 Kilogramm auf die Waage.

Werbung für den 280 SL mit Automatikgetriebe. Wagen mit diesem Extra bekamen im Modelljahr 1965 die Plakette »AUTOMATIC« unter der normalen Modellbezeichnung.

Eines von mehreren in den Alpen geschossenen Pressefotos – hauptsächlich, um für die Limousinen der neuen Baureihe W 108 zu werben.

Der 230 SL erwies sich als gutes Rallye-Auto. Das Bild zeigt den Siegerwagen der Rallye Spa–Sofia–Lüttich von 1963, gefahren von Eugen Böhringer und Klaus Kaiser.

Szenenbild von der Rallye Spa–Sofia–Lüttich 1964, der letzten klassischen Straßenrallye. Böhringer/Kaiser wurden in ihrer Klasse Zweite und in der Gesamtwertung Dritte.

umgekehrt im Vergleich zu heute, da die Parkposition sich ganz unten in der Schaltgasse befand.

Die Radaufhängung wurde direkt dem 220 SEb entnommen. Sie sah vorn der des 190 SL ähnlich, allerdings mit einigen Verbesserungen im Detail. Auch hinten kam sie dem Betrachter ziemlich bekannt vor, allerdings zusätzlich mit einer Ausgleichsfeder (wie bei den späteren 300 SL) hinter dem Differenzial. Sie erlaubte es den Ingenieuren, weichere straßentaugliche Federn mit einer stärkeren Dämpfung für zusätzlichen Komfort und Querstabilität zu verwenden.

Durch die größere Spurweite der Bodengruppe des 220 SEb konnte man die Radialreifentechnologie voll nutzen. Sie steckte damals noch in den Kinderschuhen, wenn man die Entwicklungszeit vergleicht, die man für Diagonalreifen aufgewendet hatte. Diese kamen bei den Limousinen noch immer zum Einsatz. Den Kompromiss zwischen Fahrgefühl und Fahrverhalten optimierte Rudolf Uhlenhaut, wobei sich die neueste Schwingachse mit tiefergelegtem Drehpunkt ideal für die erhöhte Kurvensteifigkeit der Radialreifen eignete. Mercedes-Benz trat diesbezüglich an Firestone (über die Phoenix AG) und an die Firma Continental heran, die einen neuen Halbgürtelreifen produzierte. Beide sollten einen für den SL geeigneten Reifen mit verbessertem Fahrerfeedback und stabileren Seitenwänden entwickeln. Schließlich wurden die für die damalige Zeit recht großen 185-HR-14-Reifen auf 5,5-J-Stahlfelgen aufgezogen – zumindest bis Juli 1964, als eine 6-J-Felge in Gebrauch kam.

Das Servo-Bremssystem war dem Fahrer der W-111-Modellreihe vertraut: Scheibenbremsen mit einem Durchmesser von 235 Millimetern vorn, etwas kleinere Trommelbremsen hinten. Der SL allerdings besaß für zusätzliche Sicherheit getrennte Bremskreise. Die Kugelumlauflenkung war eine weitere Übernahme, wobei eine ausgewogene Servolenkung als Extra angeboten wurde.

Der Innenraum wurde mit höherem Komfort ausgestattet und das Armaturenbrett wie beim 300 SL aufgebaut: die Anzeigen der Zusatzinstrumente unter denen der Hauptinstrumente. Der Kombi-Lenkstockschalter war ein sehr modernes Merkmal. Hinten war wie beim 190 SL ein quer liegender Notsitz zu bekommen.

Der 230 SL erfuhr im Laufe seiner konstanten Weiterentwicklung Dutzende kleinerer Verbesserungen. Zu den wichtigsten gehörten der Einbau eines von 65 auf 82 Liter vergrößerten Benzintanks im November 1965 sowie Veränderungen bei der Gangschaltung und der Achsübersetzung ungefähr zur gleichen Zeit. Ab März 1966 konnte man ein manuelles ZF-Fünfganggetriebe als Sonderausstattung bekommen, doch die Lieferzeiten dafür waren lang und mit einem Preis von DM 1200 war es recht teuer. Es kostete nur noch DM 200 weniger als das Automatikgetriebe. In der Folge waren die Fünfgang-Wagen selten anzutreffen.

Der letzte 230 SL wurde im Januar 1967 gebaut. Die Vorproduktion des 250 SL begann im November 1966, die Serienfertigung einen Monat danach. Die Produktionszeiten überlappten sich also für eine kurze Zeit vor dem offiziellen Debüt des 250 SL auf dem Genfer Autosalon.

Der 250 SL

Der Genfer Autosalon des Jahres 1967 begann am 9. März und bot die ideale Plattform für den Start des 250 SL. Im Wirklichkeit gab es wenige Unterschiede zwischen dem 2,3- und dem 2,5-Liter-Wagen, da man viele später am 230 SL vorgenommene Änderungen einfach übernahm. Der größte Unterschied war mithin unter der Kühlerhaube zu finden.

Angesichts der bis in feinste Details ausgeklügelten Ingenieurskunst erstaunt es, dass die M-127-Motoren nur vier Kurbelwellenlager besaßen. Das änderte sich mit der Einführung des 250 SL, denn sein Sechszylindermotor M 129.982, der unverändert der Limousine 250 SE W 108 des Modelljahrs 1967 entnommen wurde, verfügte zugunsten höherer Laufruhe und Stabilität über derer sieben. Was die übrigen Hauptmerkmale anbelangt, so blieb im Vergleich zum 230 SL die Bohrung von 82 Millimetern unverändert. Ein auf 78,8 Millimeter verlängerter Hub erhöhte den Hubraum jedoch auf 2496 cm^3. Durch einen veränderten Zylinderkopf mit neuen Ventilen und Steuerzeiten sowie einem auf 9,8:1 vergrößerten Verdichtungsverhältnis blieb die Leistung offiziell gleich, doch das Drehmoment stieg um bemerkenswerte zehn Prozent an.

Bei den manuell geschalteten Fahrzeugen setzte man eine veränderte Achsübersetzung ein, doch die drei Getriebeoptionen blieben bestehen. Die zweite große mechanische Veränderung fand im Bremssystem statt, denn nun bekamen alle vier Räder Scheibenbremsen. Wie bei Porsche und anderen europäischen Sportwagenherstellern, die Schwierigkeiten hatten, eine effiziente Feststellbremse zu produzieren, besaßen die Scheibenbremsen hinten integrierte Trommeln ausschließlich für die Handbremse. Das war der guter Kompromiss zwischen Bremskraft bei hohen Geschwindigkeiten und Festhaltekraft im Stillstand.

Von außen konnte man den 250 SL vom 230 SL praktisch nur an der Plakette am Heck unterscheiden.

Eines der ersten Pressebilder zur Markteinführung des 250 SL. Die 2,5-Liter-Fahrzeuge besaßen wie der 2,3-Liter-SL ein doppeltes Auspuffendrohr.

Mit dem 250 SL kam auch eine interessante Variante mit der Bezeichnung »California Roadster«. Dabei entfielen das Verdeck und der Verdeckkasten; sie machten einer Rückbank Platz, die man für Kinder und für kürzere Fahrten verwenden konnte. Wenn man sie herunterklappte, stand mehr Platz für Gepäck zur Verfügung. Das Verdeck konnte auch nachträglich nicht eingebaut werden. Deswegen empfahl sich diese Version nur für Gebiete mit geringen Niederschlägen – etwa den US-Staat, der beim Namen Pate stand.

Die meisten der 250-SL-Pressewagen hatten frühe Armaturenbretter und Türverkleidungen, obwohl im Juli 1967 kleinere Veränderungen aufgrund amerikanischer Bestimmungen notwendig wurden. Ein großer Teil der Schalteranlagen und der Türverkleidungen mussten aus

Der 250 SL als sogenannter »California Roadster«. Hier ist die Rückbank umgeklappt und schafft Raum für zusätzliches Gepäck.

Sicherheitsgründen neu gestaltet werden. Es wurden auch Dreipunktgurte eingeführt, und man baute eine neue, Energie absorbierende Lenksäule ein. Der Rahmen der Windschutzscheibe erhielt Schaumstoffpolster und die Handgriffe, die das Hardtop befestigten, waren nun abnehmbar. Wagen des Modelljahres 1968 mit amerikanischen Spezifikationen erkannte man leicht an den seitlichen Blinkern an den vorderen und hinteren Kotflügeln.

Der 250 SL hatte nur eine kurze Lebenszeit, denn der letzte wurde schon im Januar 1968 gefertigt. In diesem Monat begann offiziell die Serienproduktion des 280 SL – zwei Monate nach der Vorserienproduktion. Der 250 SL blieb ein seltenes Auto: Von ihm wurden nur 5196 Einheiten gebaut.

Der 280 SL

Als Anfang 1968 der 250 SE der Modellreihe W 108 durch den 280 SE ersetzt wurde, kam auch der 280 SL als Ersatz für den 250 SL auf den Markt. Der M-130-Motor bekam eine schärfere Nockenwelle, was der SL-Version bei einer um 250 U/min höheren Drehzahl zusätzliche 10 PS einbrachte. Mit 170 PS war der 2778-cm^3-Motor (Bohrung x Hub 86,5 x 78,8 Millimeter) um 20 PS leistungsstärker als sein Vorgänger, und das Drehmoment erhöhte sich auf 240 Nm.

Der 280 SL ist leicht an seinen neuen Radzierblenden zu erkennen. Ansonsten unterschieden sich der 230 SL, der 250 SL und der 280 SL allerdings kaum voneinander.

Wie zuvor waren die folgenden Getriebe im Angebot: Viergang manuell, Fünfgang manuell und Viergang automatisch. Bei der Karosserie gab es nur geringfügige Veränderungen. Der Einsatz zahlreicher Gummimuffen ermöglichte längere Serviceintervalle, und der Reifenaufbau wurde geändert, die Reifengröße aber beibehalten.

Abgesehen von der Plakette am Heck kann man den 280 SL am schnellsten an seinen Radzierblenden erkennen. Sie bestanden nun anstatt aus einem Außenring und einer zentralen Platte aus einem Stück, dessen Mittelteil in Wagenfarbe lackiert war. Leichtmetallfelgen (6 J x 14) waren ab 1969 als Zubehör vom Händler zu bekommen und fanden ab August 1970 Eingang in die offizielle Liste der Sonderausstattungen.

Zu dieser Zeit wurden die amerikanischen Bestimmungen immer strenger, besonders auf dem Gebiet der Sicherheit und der Emissionen. Die meisten Veränderungen an der Karosserie und am Innenraum wurden schon im 250-SL-Abschnitt besprochen. Um die Abgasbestimmungen einzuhalten, bekamen die 2,8-Liter-Motoren nun ein verändertes Einspritzsystem, eine zahmere Nockenwelle für veränderte Steuerzeiten und eine Schubabschaltung, die einsetzte, wenn der Fahrer bei geringer Geschwindigkeit Gas wegnahm. Das Endergebnis war eine Leistungseinbuße von acht Prozent – doch nur wer sich an die Bestimmungen hielt, konnte Autos in die USA importieren, und die waren damals der größte Markt für europäische Sportwagen. Als Ausgleich erhielten die Autos zunächst eine kürzere Endübersetzung, doch gegen Ende 1969 gingen sie mit der europäischen Konfiguration beinahe konform.

Der letzte 280 SL wurde im Februar 1971 gebaut. Das war das Ende der Pagoden-Generation. Mit den 23 885 Exemplaren des 280 SL brachte es die Baureihe W 113 auf 48 912 Einheiten. Die nächste Generation, der das Hauptinteresse dieses Buches gilt, war noch erfolgreicher.

Innenraum des 280 SL. Man beachte das neue Lenkrad, den gepolsterten Rahmen der Windschutzscheibe, die neuen Türverkleidungen und die weiterhin verwendeten gegenläufigen Scheibenwischer – ein Designmerkmal der Baureihe W 113, einzig für diese SL-Generation.

Offizielle Bilder der »Pagode« mit aufgezogenem Stoffverdeck sind selten. Man verbarg es eingefaltet unter einer Klappe ähnlich der bei den 300-SL-Roadstern.

Heckansicht eines 280 SL Automatic auf der Teststrecke von Daimler-Benz.

5

Die Geburt des R 107

»Nach achtjähriger Produktionszeit löst ein neues Modell den Mercedes-Benz 230/250/280 SL ab: Der seit langem von Gerüchten umgebene 350 SL. Es handelt sich um ein vom 280 SL völlig verschiedenes Auto, aber sein Design zeigt eine evolutionäre Ähnlichkeit mit jener erfolgreichen Modellreihe.« *Road & Track*, Juni 1971

In den 1950er-Jahren stieg die Personenwagenproduktion bei Mercedes-Benz stetig an, besonders nachdem der SL ins Angebot aufgenommen worden war. Doch selbst im Jahre 1957, als zum »Flügeltürer« 300 SL der preiswertere 190 SL gekommen war, fanden nur etwa 3000 der 81 000 in jenem Jahr von Mercedes-Benz produzierten Wagen ihren Weg in die USA.

Zehn Jahre später wurden mehr als zehn Prozent der nun 200 470 produzierten Einheiten in Amerika verkauft. Dabei zeigte es sich, dass der SL ganz besonders zum amerikanischen Lebensstil passte, denn jeder zweite Wagen der Modellreihe W 113 überquerte den Atlantik.

Es lag deswegen auf der Hand, dass die nächste SL-Generation mit der Bezeichnung R 107 im Hinblick darauf konstruierte wurde, dass die USA fast mit Sicherheit zum größten Absatzmarkt werden würden. Die Schwierigkeit für Mercedes-Benz bestand stets darin, ein Gleichgewicht zwischen widersprüchlichen Tendenzen zu finden: dem amerikanischen Geschmack neben den dort zunehmend strengen gesetzlichen Bestimmungen und den Erwartungen der traditionellen Käuferschicht in Mitteleuropa.

Die Geburt der Baureihe 107 geschah zu einer Zeit, als auch innerhalb von Daimler-Benz viele Veränderungen stattfanden. Während Rudolf Uhlenhaut (links) noch die Personenwagenentwicklung leitete, trat Fritz Nallinger (rechts) Ende 1965 als Technischer Direktor zurück. Hans Scherenberg (Mitte) übernahm darauf die Verantwortung für alle Bereiche der Forschung und Entwicklung.

Die Hauptbesetzung

Die Baureihe 107 war mit die letzte, die vom alten »Entwickler-Dream-Team« profitierte. Dazu gehörten legendäre Ingenieure und Designer, die die Wagen von Mercedes-Benz eine ganze Generation lang entwickelt und gestaltet hatten.

Von links nach rechts: Hans Scherenberg, über ein Jahrzehnt und bis zu seiner Pensionierung im Dezember 1977 Mitglied des Vorstands und Leiter des Bereichs Forschung und Entwicklung. Karl Wilfert, berühmt geworden vor allem als Direktor im Bereich Pkw-Aufbauten, obwohl er sich noch um viel mehr als nur das Design kümmern musste. Er zog sich 1973 zurück und übergab die Zügel indirekt an Guntram Huber. Chefdesigner Friedrich Geiger, der von den Dreißigern bis in die 1970er-Jahre begeisternde Meisterstücke entwarf. Auch er ging 1973 in den Ruhestand. Rudolf Uhlenhaut – das »Gesicht« von Mercedes-Benz – war offiziell von 1955 an Chefingenieur der Pkw-Entwicklung und ging 1972 in Ruhestand.

Die Entstehung des R 107

Im Jahre 1965 begann man ernsthaft mit Designstudien. Es erscheint ironisch, dass ein Designentwurf vom November 1964 einen sehr einfachen kastenförmigen Sportwagen zeigt, der dem endgültigen Aussehen des R 107 schon sehr nahe kommt – insbesondere in der Frontpartie. Der Grund, hier von Ironie zu sprechen, liegt darin, dass offizielle Designvorschläge später oft viel kurviger und ornamentaler ausfielen.

Paul Bracq, Gérard Cardiet und Giorgio Battistella fertigten die meisten Skizzen an, doch viele Entwürfe standen entweder der Baureihe

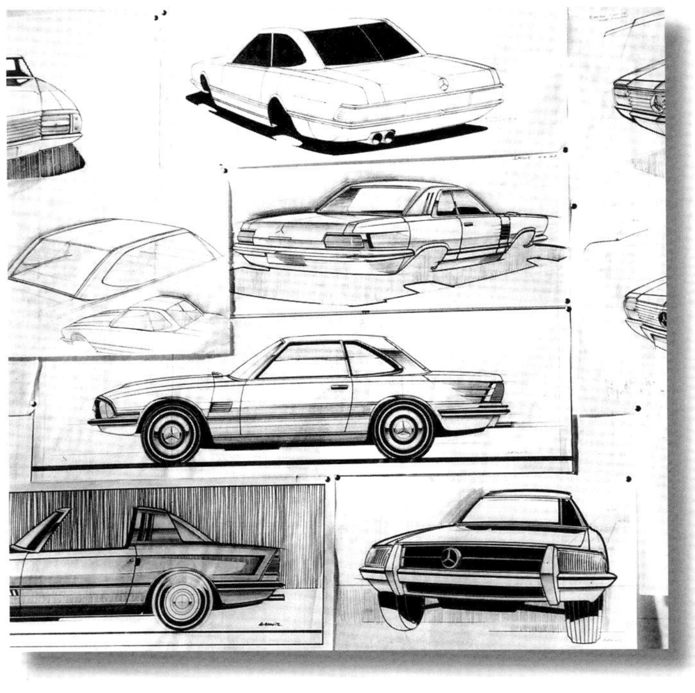

Frühe Designskizzen neigten zu einer kontinuierlichen Weiterentwicklung der W-113-Baureihe. Trotzdem zeigen diese Zeichnungen von 1967 viele Merkmale, die der R 107 übernahm, etwa die Form der Hardtopfenster und – ganz oben – die Leuchteneinheiten im Heck. Man beachte, dass zu diesem Zeitpunkt auch ein Targadach diskutiert wurde.

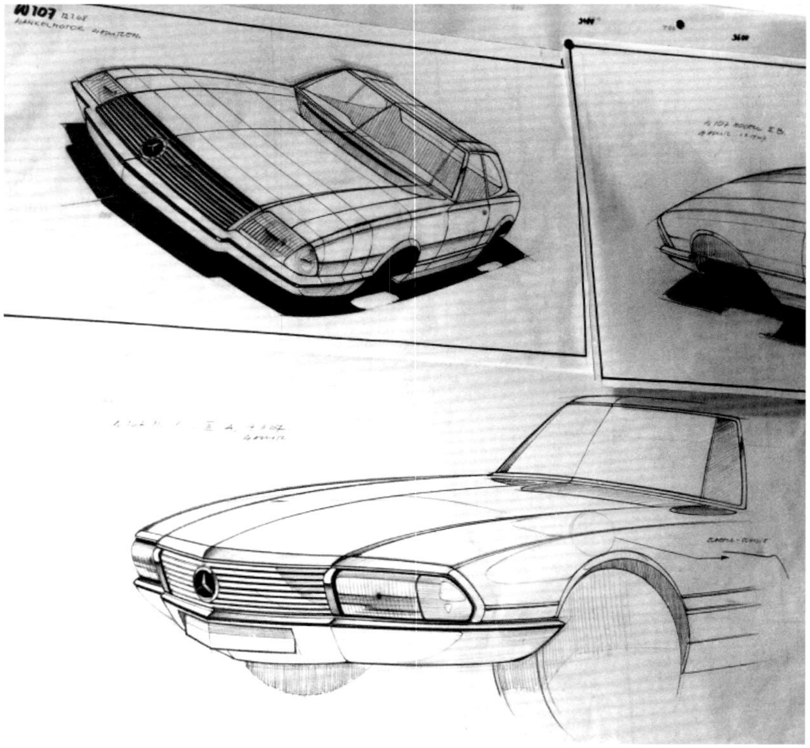

Die Zeichnung ganz oben ging vom Einbau eines Wankelmotors aus. Das war sinnvoll, denn Daimler-Benz leistete damals auf diesem Gebiet eine Menge Entwicklungsarbeit. Die Skizze fasziniert auch deswegen, weil sie eine große Ähnlichkeit zum Roadster R 129 des Jahres 1989 aufweist. Die Skizze unten von Joseph Gallitzendörfer, datiert November 1967, zeigt eine deutliche Ähnlichkeit zum späteren R 107. Nur die Stoßstange verlangte noch nach Verfeinerung.

W 113 zu nahe oder lehnten zu stark an amerikanisches Styling an. Man erkannte Anklänge an den Chevrolet Corvair, an den Prototyp AMC AMX-II (im Gegensatz zum späteren AMX/2), den Oldsmobile Toronado, den Dodge Charger (zumindest bei einer ganzen Reihe von Scheinwerferskizzen) und an die neue Riege von »Pony Cars« wie dem Ford Mustang.

Die Beibehaltung eines Mercedes-Benz-typischen Aussehens war wichtig, aber es war nicht gut, ein ganz neues Modell auf bereits existierenden Produkten aufzubauen – und das galt besonders für einen Sportwagen, der eher einen Modetrend setzen als einem hinterherhecheln sollte. Chefdesigner Friedrich Geiger erinnerte daran, dass es hier um ein europäisches Auto gehen sollte, das den Amerikanern gefiel, und nicht umgekehrt. Und so eliminierte er manchen stilistischen Schnickschnack und betonte erneut die konservative Eleganz, die man mit dieser Automarke verband. Diese Feinabstimmung sollte schließlich auch den Weg zur neu entstehenden S-Klasse weisen.

Doch bevor Geiger seine meisterliche Hand anlegen konnte, wechselte das Design mehrfach die Richtung. Auf der Grundlage von Skizzen, die eine weitere Ausarbeitung verdienten, stellte man eine Reihe von Modellen im Maßstab 1:5 her.

Niedrige Motorhauben mit zugespitzter Nase sahen toll aus, doch dabei musste die Frontpartie außergewöhnlich lang ausfallen, um das benötigte Kühlsystem aufzunehmen. Klapplichter wurden wegen ihrer Kosten, ihres Gewichts und wegen Problemen mit ihrer Zuverlässigkeit verworfen. So gewann Einfachheit langsam die Oberhand über geschmäcklerische Designstudien. Das erleichterte die Fertigung, verhinderte Rostfallen und machte den Wagen zeitlos, denn stilistische Gimmicks lassen einen Wagen sehr schnell alt aussehen, und das verringert seinen Wert auf dem Gebrauchtwagenmarkt. Ein Wagen mit einem »klassischen« Aussehen behält seinen Wert, und das schafft Kundenbindung.

In der Zwischenzeit hatte Porsche den 911/912 Targa auf der Frankfurter Automobilausstellung 1965 vorgestellt, und in einer Periode der Unsicherheit gefiel dessen unkonventionelle Konstruktion auch den Männern von Mercedes-Benz für eine Weile. Sie bauten eine Reihe von Modellen, wobei einige die »T-Bar«-Anordnung mit einem Mittelsteg zwischen zwei abnehmbaren Dachhälften übernahmen, die amerikanische und japanische Autohersteller einige Jahre lang favorisiert hatten. Doch nachdem klar geworden war, dass die Gefahr eines Verbots von offenen Wagen in den USA nicht mehr bestand, setzte sich die traditionelle Art des Designs wieder durch. Viele andere Hersteller waren derweil in Panik geraten und hatten ihr Cabrioprogramm ganz aufgegeben. Dabei war ein Großteil der traditionellen englischen Autoindustrie untergegangen.

Ende 1966 begannen einige 1:1-Modelle mit flacheren Motorhauben und Kofferraumdeckeln sowie längerem Überhang hinten, um die fußballfeldgroße Motorhaube optisch auszugleichen, eine starke Ähnlichkeit mit dem späteren Serienprodukt aufzuweisen. Ferdinand Hellhage produzierte ein besonders attraktives Modell, das die heute vertrauten Formen des R 107 mit einem Hardtop im Pagodenstil verband, wobei die Leuchten eher denen der W-113-Baureihe ähnelten.

Im Lauf des Jahres 1967 ging es fast nur noch um Veränderungen im Detail. Die letzten radikalen Differenzen hatte man bereinigt, wobei sich besonders Joseph Gallitzendörfer mit seinen Skizzen hervortat. Es gab noch Veränderungsbedarf beim Hardtop, an den Sicken auf der Motorhaube, an den Leuchten und am Kühlergrill. Anfang 1968 waren die meisten wichtigen Merkmale festgelegt.

Im Juni 1968 war die Zeit gekommen, um die endgültigen Designvorschläge miteinander zu vergleichen. Dazu zeigte das Designstudio in Sindelfingen am 18. jenes Monats drei lebensgroße Modelle. Modell I sah der endgültigen Version in der Frontpartie ähnlich, erschien aber einen Hauch weicher. Die Motorhaube hatte keine Wölbung, doch durch die starke Kante an der Gürtellinie erschien es so. Die Leuchteinheiten traten dadurch hervor, dass sie sich bis weit auf die Seite der Karosserie erstreckten, und zwischen den Heckleuchten befand sich der untere Rand des Kofferraumdeckels. Das Hardtop sah bei diesem Modell ähnlich wie das »Pagodendach« aus.

Modell II besaß eine eher »Citroën-artige« Front mit tiefer sitzenden Scheinwerfern und einem auffälligeren Design des Kühlergrills. In vielerlei Hinsicht glich das Fahrzeug dem W 113, wobei der erhöhte Lufteinlass an der Spritzwand diesen Effekt noch verstärkte. Dieses Modell besaß auch eine subtilere Sicke, die von der Oberseite der Heckleuchten über der Seitenschutzleiste bis zur vorderen Schürze verlief. Interessanterweise fiel die Oberkante der Tür auf der einen Seite des Modells ab, während sie auf der anderen Seite gerade verlief. Der Kofferraumdeckel sah ähnlich aus wie bei der endgültigen Version, ebenso die Heckleuchten, obwohl diese zu jener Zeit noch von einem

Es wurde viel Zeit und Energie aufgewandt, um den Luftwiderstand zu senken, denn auf diesem Gebiet konnte man noch viele Verbesserungen anbringen. Während der erste 300 SL eine sehr windschlüpfige Form hatte, brachte es die Baureihe W 113 nur auf einen c_W-Wert von 0,51. Der R 107 erreichte mit Hardtop 0,44, woran die schräge Windschutzscheibe gebührenden Anteil hatte. Im Bild eine frühe Version des Modells II. Die angeklebten Wollfäden geben die Windströmung an.

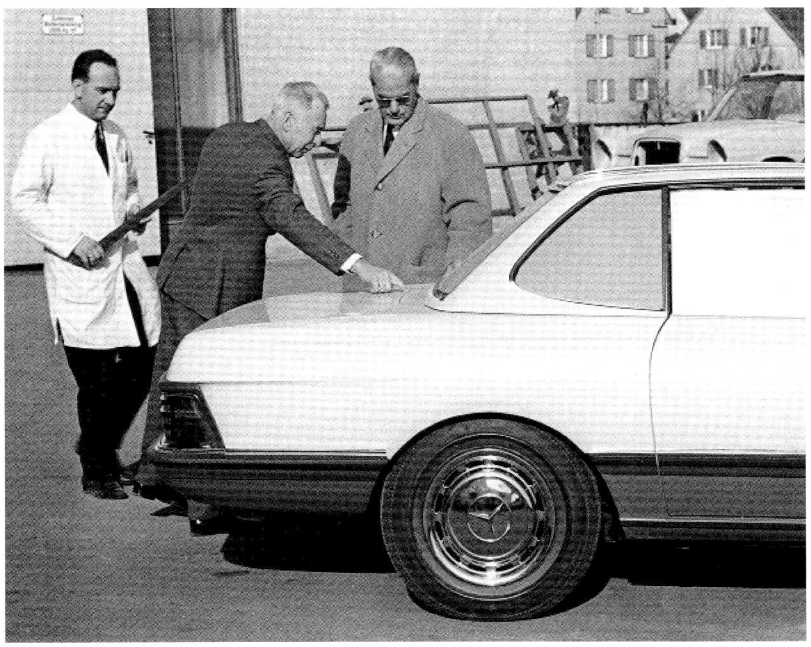

Friedrich Geiger (Mitte) studiert zusammen mit Karl Wilfert (rechts) zu Beginn des Jahres 1968 das Modell II. Chefmodellbauer Hans Jooss nähert sich gerade dem Auto, das später im Jahr seine zweifarbige Lackierung verlor. Dafür bekam es unterhalb der Seitenschutzleiste gerippte Anbauteile. Die Prototypen wiesen unterschiedliche Hardtops auf. Das hier abgebildete kam der Endfassung schon recht nahe.

Das Modell III und im Vordergrund die Evolutionsstufen des Kühlergrills von Mercedes-Benz-Pkw. Vor allem fasziniert die Größenveränderung – besonders wenn man bedenkt, dass es sich nur um Nachkriegswagen-Kühlergrills handelte. Man beachte auch die ersten Versuche zur Gestaltung von Sealed-Beam-Scheinwerfern, die zum Design passen sollten. Halogenlichter waren bis 1980 in den USA verboten.

unansehnlichen Gummistreifen eingefasst wurden. Immerhin wiesen sie schon die charakteristischen Rippen auf.

Das Modell III wurde schließlich für die Produktion ausgewählt. Es war eine klarere Version des Modells II. Kühlergrill und Scheinwerfer waren flacher, die Motorhaube stärker gewölbt, der Bereich an der Spritzwand glatt, und nur das Gebiet an den Seiten in Höhe der Heckleuchteneinheiten unterschied sich deutlich vom Serienfahrzeug. Man nahm den dort eingezogenen Teil heraus und beließ nur die Sicke an der Gürtellinie in voller Länge. Der zweite subtile Unterschied zeigte sich im lackierten Rahmen des Kühlergrills, der später einem verchromten Platz machte.

Die Dinge schritten nun so schnell voran, dass man überlegte, im Herbst 1969 eine Vorserie zu fertigen. Der neue SL wäre dann bereit für den Start im Frühjahr 1970 gewesen. Doch dann verzögerte sich das Projekt, und man wollte vor der Einführung noch mehr Marktforschung betreiben. Die Männer bei Mercedes-Benz wussten, wie wichtig der SL für sie war und dass er auf Anhieb richtig sein musste.

In Wirklichkeit war selbst Hans Scherenberg immer noch etwas besorgt wegen der amerikanischen Bestimmungen. Für ihn war ein Cabrio weiterhin am attraktivsten. Doch ein geschlossenes Coupé mit einem Sonnendach erschien anderen Mitgliedern des Vorstands als sinnvolle und sicherere Möglichkeit. Scherenberg erinnerte sich: »Das Projekt R 107 machte mir großen Spaß, aber auch viele Schwierigkeiten. Es war nicht leicht, die Entscheidung zugunsten des offenen Wagens zu treffen.«

Nach einer Reihe hitziger Debatten kam man zum Schluss, ein offenes Auto sei der richtige Weg nach vorn. Doch gleichzeitig einigte man sich auf zusätzliche Planungsarbeiten, um die exakte Positionierung auf dem Markt festzulegen. Sie würde nämlich darüber entscheiden, ob das Auto die Verkaufszahlen erreichen würde, die derart große Investitionen rechtfertigten.

In letzter Konsequenz führte die Verzögerung zur Variante C 107, einem viersitzigen Coupé mit längerem Radstand und festem Dach. Dieses Modell wurde im April 1969 endgültig abgesegnet. Es bot den Ingenieuren auch die Möglichkeit, die neue Riege von V8-Motoren in der Praxis zu erproben. Mercedes-Benz hatte zwar eine Zeitlang einen Achtzylindermotor bei den 600-Limousinen eingesetzt, aber ein V8-Aggregat mit geringerem Hubraum hatte sein Debüt erst auf der Frankfurter Automobilausstellung 1969 im 280 SE 3.5 Coupé und Cabriolet (zusammen mit der 300 SEL 3.5 Limousine) gegeben. Wenn nun Kunden diese Autos fuhren, bekamen die Händler und ihre Mechaniker wertvolles Feedback. Davon konnten die neuen Modelle der SL- und S-Klasse nur profitieren.

Die neue Karosserie

In der Vergangenheit gab es verschiedentlich Kommentare über die Bezeichnung »Leicht« bei einem derart schweren Auto, denn ein 280 SL von 1970 brachte 1360 Kilogramm auf die Waage. Er erinnerte damit eher an den legendären Mittelgewichtsboxer Carlos Monzon als an den Federgewichts-Champion jener Zeit, Shozo Saijo. Natürlich war der 280 SL im Vergleich mit anderen Mercedes-Modellen leicht, denn ein 280 SE Cabriolet beispielsweise wog 1590 Kilogramm – und dieses war 60 Kilogramm leichter als die 3,5-Liter-Version. Alles war somit relativ. Der neue SL spielte aber eindeutig in der Schwergewichtsklasse von Joe Frazier.

Einer der Hauptgründe für die Gewichtszunahme war die »Amerikanisierung« des Aufbaus. Um den dortigen Gesetzen zu genügen, wurde das Ganzstahl-Monocoque auf allen Seiten erheblich verstärkt und versteift. Es hatte ja zuvor die realistische Möglichkeit bestanden, dass in den USA offene Wagen aus Sicherheitsgründen verboten würden. Die Steifigkeit sollte auch deswegen dieselbe sein wie bei einer entsprechenden Limousine. Dank der vorzüglichen Arbeit von Karl Wilfert und seinem Team bekam der R 107 einen für ein Cabriolet sehr widerstandsfähigen Aufbau, hauptsächlich wegen der kastenförmigen Längsträger und des Tunnels für die Kardanwelle.

Die Linien der Karosserie erschienen kühn und sehr modern, und das erklärt auch mindestens teilweise, warum der Wagen so lange in Produktion blieb. Es gab allerdings einige stilistische Merkmale, die von früheren SL stammten – nicht zuletzt der große dreizackige Stern mitten auf dem Kühlergrill. Die Leuchten lagen nun, wie bei der S-Klasse W 116, die im September 1972 auf den Markt kam, waagerecht statt senkrecht. Sie saßen direkt neben der Kühlergrilleinfassung und besaßen ganz außen große Blinklichter. Diese waren von allen Seiten sichtbar, um die Forderung der US-Bundesbehörden nach an der Seite liegenden Blinkern zu erfüllen. Für diesen Markt waren auch Sealed-Beam-Scheinwerfer notwendig.

Ein R 107 nach einem Crashtest.

Die Wölbung der großen Hauben und die Linien der Kotflügel erlaubten eine Vorahnung des Designs der nächsten S-Klasse. Die seitlichen Zierleisten und die Stoßfänger waren traditionell verchromt und mit Gummieinlagen versehen. Die Spritzwand erschien hingegen ziemlich neu. Der SL besaß zwei grillartige Lufteinlässe an beiden Seiten der Windschutzscheibe. Die bisherigen gegenläufigen Wischer der Baureihe W 113 wurden durch konventionelle ersetzt, deren Ruheposition ohne Rücksicht darauf, ob der Wagen links oder rechts gelenkt wurde, links lag. Die Windschutzscheibe war viel stärker geneigt als beim Vorgänger.

Die A-Säulen berechnete man mit der Hilfe eines Computers, um eine maximale Festigkeit bei einem möglichst dünnen Rahmen für die Windschutzscheibe zu bekommen. Schließlich ging es auch darum, eine möglichst gute Rundumsicht zu gewährleisten. Mithilfe eines neuen Schweißverfahrens und einer Frontscheibe aus Verbundglas waren die hohlen A-Säulen um 50 Prozent steifer als die der Baureihe W 113. Damit bestand der Wagen den »Dachfalltest« mit Leichtigkeit – und ohne Überrollbügel. Wie die innovativen Seitenspiegel, die bei einem harten Schlag abfielen, wiesen auch die Säulen Profile auf, die nicht nur als Regenrinnen dienten, sondern gleichzeitig auch Schmutz fernhielten und damit die Sicht verbesserten.

An den Seiten verliefen auf Höhe der Stoßstangen Schutzleisten aus Chrom und Gummi zwischen den Radkästen. Darunter hielten gerippte Karosserieteile, die auch vorn und hinten unterhalb der Stoßstangen verliefen, den Straßenschmutz fern. Weitere verchromte Leisten direkt unter den Türen flankierten die Schweller, die stets schwarz waren.

Bei der Türenform herrschte eine gewisse Vertrautheit, auch wenn der verwendete Stahl doch eher gewöhnlich erschien im Vergleich zum zuvor eingesetzten Aluminium. Die Radkästen hinten waren weiter über die Reifen nach unten gezogen als beim W 113 – vielleicht wirkte da noch das Design früherer Generationen des SL nach. Die Pontonkarosserie beherbergte 14-Zoll-Räder (Stahlfelgen mit Radkappen oder Leichtmetallfelgen, wie bei den späten W 113), doch man hatte nicht den Eindruck, dass der Wagen zu kleine Räder hatte. Das zeugt von einem gut ausgewogenen Design. Heutzutage sehen die Karosserien oft zu schwer aus und müssen durch enorm große Rad-Reifen-Kombinationen optisch ausgeglichen werden.

Die dünnen Türgriffe (anfänglich voll verchromt) sahen extrem modern aus und waren auch bei vielen späteren Mercedes-Benz anzutreffen. Der Drehpunkt der Griffe befand sich anfänglich hinten. Das war elegant und bedeutete mechanisch gesehen eine direkte Einwirkung auf den Schließmechanismus. 1969 änderte man aber das Design und versetzte den Drehpunkt nach vorn, um ein zufälliges Öffnen zu verhindern. Zusammen mit aufprallsicheren Schlössern entsprach diese Anordnung allen zu jener Zeit bekannten Regulierungen, auch den zunehmend strengeren Bestimmungen der US-amerikanischen Behörden.

Ein neues Merkmal an der rechten Fahrzeugseite war die Tankklappe hinten. Die älteren Modelle des W 113 hatten einen exponierten Tankdeckel am Heck neben dem Nummernschild. Doch weil der Treibstofftank nun über der Hinterachse lag, musste auch eine neue Anordnung für den Einfüllstutzen gefunden werden. Das neue System bot gleichzeitig den bestmöglichen Schutz bei einem Unfall.

Zur weiteren Erhöhung der Sicherheit wurden in den Strukturen vorn und hinten nach Béla Barényis Prinzip Knautschzonen eingerichtet und mit einer sehr steifen Fahrgastzelle kombiniert. Da man das Fahrgestell des R 107 völlig neu konstruierte, ohne auf die modifizierte Bodengruppe einer Limousine zurückzugreifen, stieg auch deren Festigkeit. Durch die Verwendung verschiedener Wandstärken beim Stahl konnte man die Deformation bei einem schweren Unfall im Voraus bestimmen.

Das Stoffverdeck lag eingeklappt unter einer Metallabdeckung, die wie beim W 113 bündig mit der Karosserie war. Aufgeklappt sah das Verdeck deutlich besser aus als bei seinen Vorgängern. Die Ingenieure wandten viel Mühe auf, damit das schwere Stoffverdeck auch elegant

Das immer noch schwere, aber stilvolle Hardtop des R 107. Man beachte die eleganten, verchromten Türgriffe, die frühe Außenspiegelgestaltung und die Lage der Lufteinlassschlitze.

wirkte und mit den Linien des Hardtops mithalten konnte. Dabei entwickelte man eine Komfort-Raffinesse, die es dem R 107 fast möglich machte, mit dem Coupé gleich zu ziehen: Das Verdeck war straff gespannt, wasserdicht und dick gefüttert. Es erlaubte dem Wagen, in einer ganz anderen Liga zu spielen als die Cabriolets der Konkurrenz aus England oder Italien. Man konnte es auch vergleichsweise schnell ein- und ausfalten: 30 Sekunden wurden dafür angegeben, doch man brauchte schon einige Übung, um es in dieser Zeit zu schaffen.

Das Hardtop fiel nicht so markant aus wie das der W-113-Reihe, doch das Thema »Pagode«, wenn auch subtiler, stand noch im Raum. Durch die geringere Höhe des Hardtops gewann das Auto bessere Proportionen. Die C-Säulen, die eine enorme Heckscheibe tragen mussten, waren überall gleich breit. Nur deren Basis war nach vorn hin verbreitert. Obwohl immer noch sehr schwer, war das Hardtop um einen Bruchteil leichter als das des W 113 – schließlich musste es in Sachen Karosseriesteifigkeit keinerlei Rolle mehr spielen.

Das Heck hatte mit geraden Linien, Chromzierrat und einem großen dreizackigen Stern oberhalb der Unterkante des Kofferraumdeckels viel gemeinsam mit der künftigen S-Klasse. Am Heck dominierten große gerippte Leuchteneinheiten. Bei europäischen Modellen waren Nebelleuchten integriert. Wie an der Frontpartie waren diese Einheiten rundum einzusehen. Man hatte sie so gestaltet, um amerikanischen Bestimmungen zu entsprechen, ohne zusätzliche seitliche Blinker einbauen zu müssen. Die Leuchteneinheiten waren wie die Schweller stark gerippt, um so lange wie möglich sichtbar zu bleiben. Dahinter steckte die Vorstellung, dass Schlamm und anderer Schmutz sich kaum gleichmäßig über alle Oberflächen der Abdeckung legen würde. Ein Teil der Leuchteneinheit würde immer sauber bleiben und damit immer sichtbar sein. Das bewahrheitete und bewährte sich später bei zahlreichen Mercedes-Benz-Modellen. Die Plakette mit der Modellbezeichnung befand sich stets auf der linken Seite des stählernen Kofferraumdeckels. Die Auspuffrohre lagen auf derselben Seite unter der Stoßstange.

Der neue SL wurde mit einem Radstand von 2455 Millimetern gebaut; das waren 55 Millimeter mehr als bei der vorhergehenden SL-Generation. Insgesamt war das Auto 95 Millimeter länger (Gesamtlänge 4380 Millimeter) und 30 Millimeter breiter (1790 Millimeter) als der W 113. Interessanterweise war es aber auch niedriger und kam mit dem montierten Hardtop auf eine Höhe von 1290 Millimeter. Das aufgezogene Verdeck brachte zusätzliche 10 Millimeter. Die Spurweite betrug vorn 1452 und hinten 1440 Millimeter und war damit schmaler als beim 280 SL W 113, was uns heute doch verwundert.

Weitere bemerkenswerte Unterschiede zum 280 SL umfassten einen größeren Benzintank mit 90 statt 82 Litern Volumen. Diese Vergrößerung geschah auf Kosten des Gepäckraums, der dadurch rund drei Prozent verlor. Insgesamt war der Stauraum im Vergleich zum früheren 230 SL mit seinem kleineren 65-Liter-Benzintank aber um signifikante 25 Prozent gewachsen. Der Kofferraum reichte für einen Sportwagen bei weitem aus, und man konnte stets den Bereich hinter den Sitzen für zusätzliches Gepäck nutzen, wenn man keine Notsitze als Extra hatte einbauen lassen.

Das Gewicht lag nun um 200 Kilogramm höher als beim 280 SL und erreichte 1545 Kilogramm. Ein Teil dieser Massenzunahme ging auf das Konto der großzügigen Auslegung des Chassis – man wollte die strikten Sicherheitsvorschriften übererfüllen. Ein anderer Teil des zusätzlichen Gewichts ging auf die Ganzstahlkarosserie mit ihren erheblichen Wandstärken zurück. Man erwartete höhere Verkaufszahlen für die R-107-Baureihe, und da die amerikanischen Einfuhrsteuern auf Basis des Grundpreises in den USA berechnet wurden, brachte die Ganzstahlkarosserie erhebliche Kosteneinsparungen. Wenn man eine Preisliste von Karosserieteilen der Firma Mopar (u. a. für Chrysler) aus jener Zeit zugrundelegt, kommt man auf eine Einsparung von rund DM 1300 pro Wagen. Dass der R 107 in den USA zu einem Erfolg wurde, lag zu einem erheblichen Teil auch am vernünftigen Preis, denn dort waren einheimische Modelle extrem preiswert zu bekommen.

Der Antrieb

Eine Werbung von Mercedes-Benz aus der Zeit der Markteinführung des R 107 sagte: »Wenn wir einen neuen Mercedes herausbringen, dann bringen wir ein völlig neues Auto heraus.« Der SL war tatsächlich in vielerlei Hinsicht völlig neu, obwohl der V8-Motor schon seit ein paar Jahren existierte.

Wie schon erwähnt, wurde der erste V8-Motor im Jahre 1962 als Antrieb für die Limousine des Typs 600 eingeführt. Der Wolf im Schafspelz 300 SEL 6.3 folgte im Jahre 1968 – dem Jahr, in dem der zweimillionste Mercedes-Benz nach Kriegsende gefertigt wurde. Schließlich stellte man bei der Frankfurter Automobilausstellung 1969 einen kleineren 3,5-Liter-V8-Motor als Sonderausstattung für die Flaggschiffmodelle W 111 vor.

An dieser Stelle muss erwähnt werden, dass einige Zeit auch ein Wankelmotor im Gespräch war. Daimler-Benz hatte im Oktober 1961 einen Lizenzvertrag mit NSU unterzeichnet und viel Arbeit in die Entwicklung eines alltagstauglichen Aggregats investiert. Zu jener Zeit waren alle fasziniert vom Rotationskolbenmotor: Es ist wohl kein Zufall, dass Professor Wolf-Dieter Bensinger Chef der Motorenentwicklung war. Er verfügte über eine reiche Erfahrung mit dem Wankelmotor und hatte bei Felix Wankel in Lindau gearbeitet, bevor er nach Stuttgart kam.

Obwohl man auf der Frankfurter Automobilausstellung 1969 den Prototyp des C 111 mit Dreischeiben-Wankelmotor vorgestellt hatte,

Ein 3,5-Liter-V8-Motor, eingebaut in ein 280 SE 3.5 Coupé von 1969.

machte Adolf Wente Druck zugunsten des V8, weil er sich als Antrieb auf dem US-amerikanischen Markt ohne Zweifel am besten eignete.

Der Einsatz eines V8-Motors bedeutete eine völlig neue Richtung für den SL. Doch Wente schaffte es, Hans Scherenberg zu überzeugen. Die endgültige Entscheidung fiel im April 1968: Ein 3,5-Liter-V8-Motor (später 4,5 Liter für Nordamerika) sollte der Standardantrieb für den R 107 werden. Der Wankelmotor geisterte aber immer noch in den Köpfen herum. Scherenberg ließ gegen Ende seiner Amtszeit einen 350 SL mit einem Vierscheiben-Wankelmotor ausrüsten. Wentes Ablehnung erwies sich am Ende aber als richtig, weil der Wankel-Lizenznehmer Toyo Kogyo, später in Mazda umbenannt, auf eine sehr clevere Weise entscheidende, selbst entwickelte Teile patentieren ließ. Diese Patente zu umgehen, hätte Daimler-Benz viel Geld und Zeit gekostet.

Der erste V8 für den SL war der 3,5-Liter-Motor mit der Bezeichnung M 116.982. Er beruhte auf dem M 116.980, der in den Coupés und Cabriolets des W 111 zu finden war. Mit einer Bohrung von 92 Millimetern und einem Hub von 65,8 Millimetern kam er auf einen Hubraum von 3499 cm^3. Der Block bestand aus Grauguss, während die Zylinderköpfe, die jeweils eine oben liegende Nockenwelle enthielten, aus Leichtmetall gefertigt wurden. Der Motor besaß eine elektronisch gesteuerte D-Jetronic-Einspritzung von Bosch, eine Transistorzündung und ein Verdichtungsverhältnis von 9,5:1, was die Verwendung von Superbenzin notwendig machte. Die Leistung belief sich auf 200 PS, das Drehmoment auf 292 Nm. Es war ein Ölkühler eingebaut, und die Wassertemperatur wurde von einem Ventilator mit Visco-Kupplung vorn am Motor gesteuert. Autos mit Klimaanlage besaßen einen eigenen elektrisch betriebenen Lüfter.

Nicht lange nach dem Debüt des 3,5-Liter-Motors wurde für den nordamerikanischen Markt eine größere 4,5-Liter-Version angekündigt. Die Bohrung blieb dieselbe, nur der Hub vergrößerte sich auf 85 Millimeter, was einen Hubraum von 4520 cm^3 ergab. Der 3,5-Liter-Motor hatte nach den US-Emissionsbestimmungen für das Modelljahr 1972 keine ausreichende Leistung mehr: Die Ingenieure mussten ihretwegen die Verdichtung senken, das Gemisch abmagern und den Zündzeitpunkt ändern.

Der größere Motor war nicht so drehfreudig wie seine Vorgänger, aber der längere Hub ergab sauberere Abgase als eine größere Bohrung. Durch den größeren Hubraum konnte man die zwangsläufig verringerte Verdichtung ausgleichen und die Leistung einigermaßen konstant halten (M 117.982 mit 195 PS) – und das zu einer Zeit, als die meisten Hersteller auf Leistung verzichteten, um im amerikanischen Markt bleiben zu können. Obwohl der neue Motor zehn Prozent mehr Treibstoff verbrauchte als der europäische 3,5-Liter-V8, hatte er bessere Emissionswerte und erhielt bis Ende 1974 die Zertifizierung.

Interessanterweise ging auch Porsche – Nachbar von Daimler-Benz in Stuttgart – denselben Weg hin zu größeren Hubräumen, um die Motorleistung aufrechtzuerhalten. Dies geschah angesichts verstärkter Rufe nach einer Reduktion schädlicher Abgase und nach bleifreiem und niedrigoktanigem Treibstoff – besonders in den USA, dem wichtigsten Absatzmarkt für Sportwagen überhaupt.

Im Jahre 1969 entschied Mercedes-Benz, den Sechszylinder-Reihenmotor M 110 zu modernisieren. Das Timing war in diesem Fall sehr gut, weil es ermöglichte, schnell und effizient auf die Ölkrise des Jahres 1973 zu reagieren.

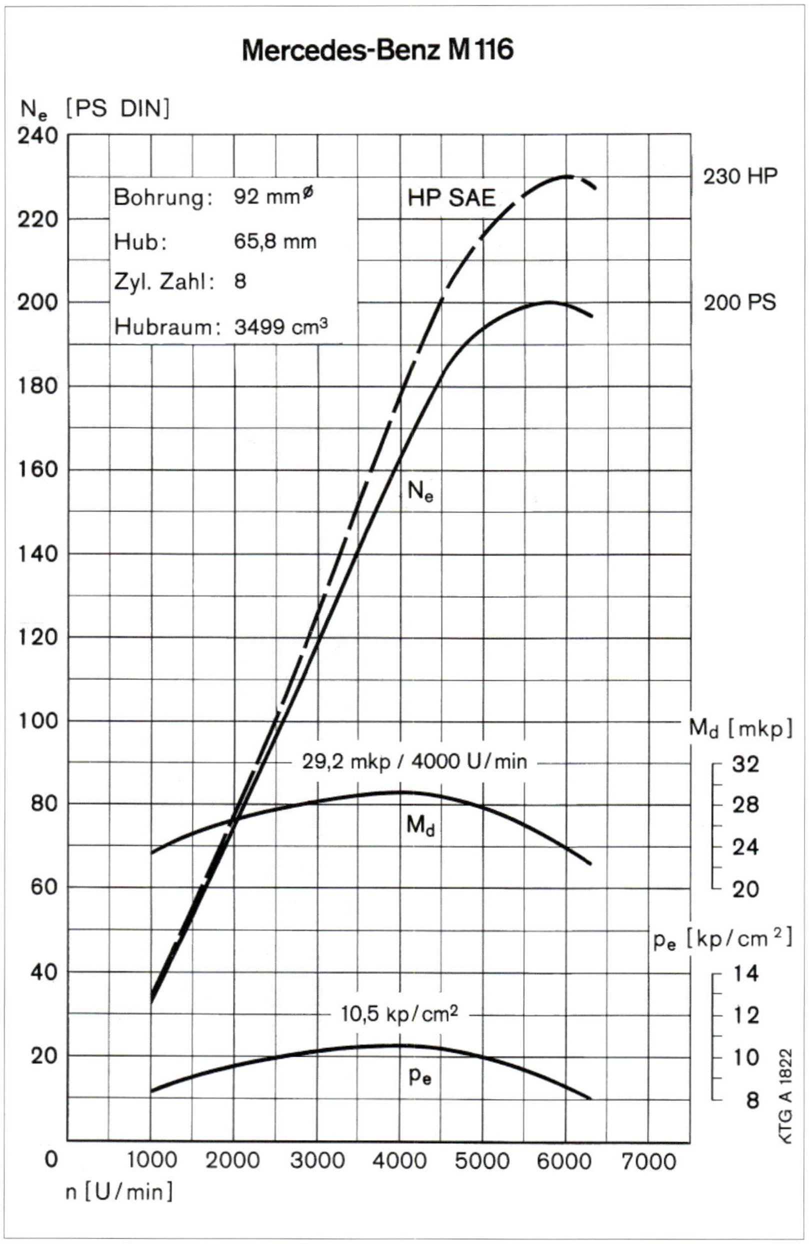

Leistungs- und Drehmomentdiagramm des M-116-Motors. 1968 führte man einige Versuche mit Rochester-Quadrajet-Vergasern durch. Für die Serie wählte man dennoch die Benzineinspritzung.

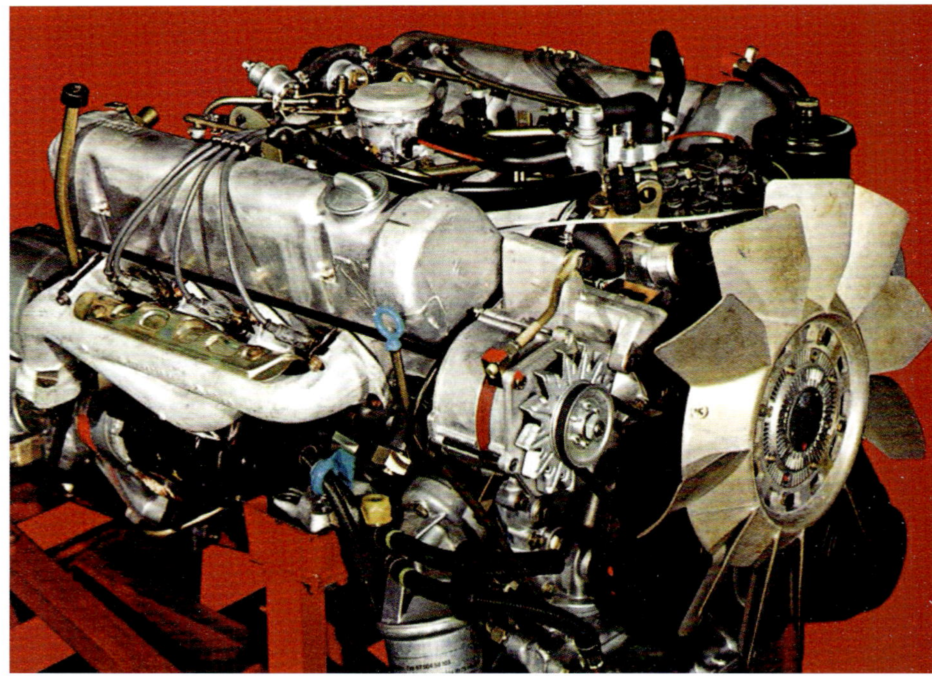

Der 4,5-Liter-V8-Motor, zunächst auf dem US-Markt eingeführt und später in den meisten Ländern der Welt erhältlich.

Der 2,8-Liter-Doppelnockenwellen-Motor M 110, eingebaut in die Baureihen 114 und 107.

Der im 280 SL eingesetzte M 110.982 hatte seine Wurzeln im legendären »Strich-Acht«. Der 280 E W 114 bekam den Doppelnockenwellenmotor M 110.981 vom April 1972 an. Er leistete 185 PS bei einer Bohrung von 86 Millimetern, einem Hub von 78,8 Millimetern und einem Hubraum von 2746 cm³. Wie die anderen 107er-Motoren war die Treibstoffeinspritzung elektronisch gesteuert, und das zu einer Zeit, als die Elektronik noch meilenweit entfernt war von den heutigen winzigen Memory Sticks mit ihren vielen Gigabytes. Man darf nicht vergessen, dass die ersten erschwinglichen Taschenrechner zu jener Zeit gerade auf den Markt kamen. Mikrocomputer mit 256-kB-RAM-Speichern wurden gerade einem faszinierten Publikum vorgestellt …

Die Wahl der Gangschaltung war ziemlich einfach: Für den 350 SL gab es anfangs das Daimler-Benz-K4A040-Viergang-Automatikgetriebe oder eine Variante des manuellen Getrag-G76-Vierganggetriebes, für den 4,5-Liter nur das W3B050-Dreigang-Automatikgetriebe. Das K4A040 hatte eine Flüssigkeitskupplung, während im W3B050 ein Drehmomentwandler arbeitete. Mitte des Jahres 1972 kam auch beim 350 SL ein automatisches Dreiganggetriebe mit Drehmomentwandler zum Einsatz, das W3A040. Auf das Getriebe der 2,8-Liter-Wagen gehen wir in Kapitel sieben ein.

Die Antriebskraft gelangte vom vorn montierten Getriebe über eine zweiteilige Kardanwelle mit Passverzahnung und einem Universalgelenk in der Mitte auf die Hinterachse. Die kompakte Form des Hinterachsgehäuses wurde möglich durch die Einzelradaufhängung hinten. Es war in zwei Stücken gegossen und mit Kühlrippen versehen. Von ihm gingen die Gleichlauf-Antriebswellen ab. Ein Sperrdifferenzial war gegen Aufpreis erhältlich.

Fahrgestellkomponenten

Wie bei den meisten Mercedes-Benz-Modellen und den deutschen Autos im Allgemeinen waren die wichtigsten Baugruppen logische Weiterentwicklungen. Dies galt in besonderem Maße für die Radaufhängung. Sie unterschied sich zwar von der früherer SL, beruhte aber auf der Form, die im »Strich-Acht« zum Einsatz kam.

Vorn zeigte der R 107 ungleich lange Querlenker, wie die Wagen der W-113-Reihe. Der obere Arm war zwar anders als bei den früheren Modellen und ähnelte einem herkömmlichen Querlenker, die separate Anordnung von Schraubenfeder und Stoßdämpfer wurden aber übernommen. Letzterer wurde mit neuen, progressiven Gummipuffern ausgestattet und lag erneut ganz nahe am Rad. Ein Querstabilisator gehörte zur Ausrüstung der Vorder- und Hinterachse (25 beziehungsweise 19 Millimeter stark), obwohl in einigen frühen Presseberichten stand, der an der Hinterachse sei ein Extra.

Tatsächlich war es die Einzelradaufhängung hinten, die technisch versierte Fans am meisten interessierte. Sie sah bei weitem gewichtiger aus als ihre Vorgängerinnen und wurde nicht mehr als Pendelachse ausgelegt. Stattdessen verwendete man kräftige Schräglenker mit breiter Basis. Sie bildeten die Auflage für die Schraubenfeder und den darin untergebrachten Stoßdämpfer. Die Antriebswellen waren hinter der Hauptaufhängung angeordnet, und der Querstabilisator stellte letztlich das hinterste Bauteil dar.

Beide Radaufhängungen waren selbst an Baugruppen befestigt, um Vibrationen und Geräusche vom Innenraum fernzuhalten. Die Bremsnickabstützung erhöhte den Fahrkomfort. Interessanterweise war die neue Radaufhängung wartungsfrei und musste damit nicht mehr geschmiert werden. Das war gut für die Besitzer, wenn ihr Wagen neu war. Für Oldtimerbesitzer hingegen ist es heute ein zweifelhafter Segen, denn es fehlen die Schmiernippel, die den längeren Einsatz originaler Bauteile ermöglichen würden.

Das Kugelumlauf-Lenksystem wurde auf der neuen, im Mai 1967 in Untertürkheim eröffneten Teststrecke perfektioniert. Servolenkung gehörte zur Standardausstattung. Eine Teleskop-Sicherheitslenksäule schützte bei Unfällen, wobei das Lenkgetriebe selbst bis zu einem gewissen Grad geschützt war, weil es hinter der Vorderachse lag.

Die Servo-Zweikreisbremsen (II-Aufteilung) wurden entsprechend verstärkt, um mit dem zusätzlichen Gewicht und der erhöhten Leistung des Wagens Schritt zu halten. Die erste Generation der ABS-Bremsen, entwickelt in Zusammenarbeit mit Teldix, stand anfangs noch nicht zur Verfügung und wurde erst im Dezember 1970 der Presse vorgeführt. Grundsätzlich bekam der Wagen innenbelüftete Scheibenbremsen vorn und Scheibenbremsen mit integrierten Trommelbremsen für die Feststellbremse hinten. Die Scheiben vorn maßen 273 Millimeter im Durchmesser, die hinten 279. Beide Bremssättel verfügten über einen Kolben auf jeder Seite der Scheibe.

Auf Stahlfelgen der Größe 6,5 J x 14 oder entsprechenden Leichtmetallfelgen saßen 205/70-Niederquerschnittsreifen, wobei die Produkte von Michelin offensichtlich am besten zu diesem Auto passten.

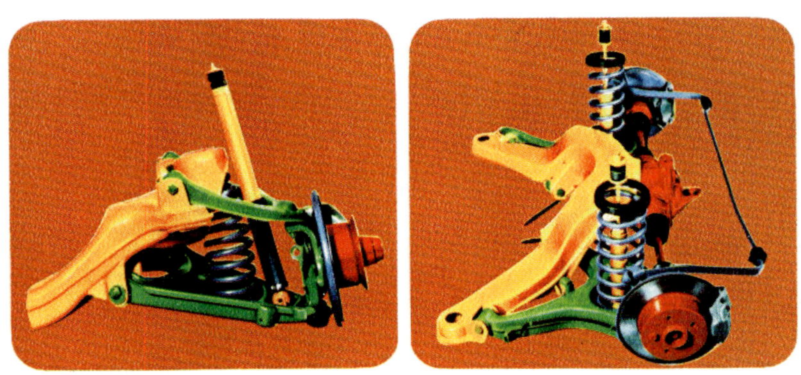

Radaufhängung vorn (links) und hinten.

Schnittzeichnung von 1980 mit der Lage der Schlüsselkomponenten aller SL-Modelle bis zum Modelljahr 1986.

Die Stahlfelgen trugen Radzierblenden ähnlich derer, wie sie bei den letzten Modellen des W 113 verwendet wurde.

An dieser Stelle sollte noch erwähnt werden, dass zu jener Zeit Rudolf Uhlenhaut die Verantwortung für die gesamte Personenwagenentwicklung innehatte. Der R 107 war somit eigentlich sein Kind – besonders, was das Fahrgefühl anbelangte.

Ein neuer Innenraum

Die Innenräume früherer Mercedes-Modelle besaßen ohne Zweifel einen gewissen »altweltlichen« Charme, aber es war klar, dass die Zeit für diese Art von Design vorüber war. Man musste nun in die Zukunft blicken und durfte auf diesem Gebiet der Vergangenheit kaum mehr Beachtung schenken.

Trotzdem plädierten die Traditionalisten zunächst für ein subtil modernisiertes Armaturenbrett des W 113 mit von senkrechten Bändern, in denen die kleineren Anzeigen Platz finden sollten, getrenntem Tachometer und Drehzahlmesser, alles von einem einzigen Rahmen umgeben. Der Wählhebel für das Automatikgetriebe sah fast genauso aus wie bei älteren Fahrzeugen, und das galt auch für den Feststellbremshebel. Nur die Mittelkonsole und das gepolsterte Lenkrad – ähnlich dem auf Seite 53 mit Karl Wilfert abgebildeten ohne scharfe Kanten und mit der Möglichkeit des späteren Einbaus eines Airbags – ließen erkennen, dass es sich um ein wirklich modernes Fahrzeug handelte.

Gegen Ende 1968 hatte sich das Design aber verändert. Die Schaltgasse für das Automatikgetriebe sah nun vertrauter aus, denn das »P« befand sich nun an deren oberem Ende. Die Uhr lag in der Mittelkonsole über dem Rundfunkgerät. Die Türverkleidungen nahmen nun zusammen mit dem großen Handschuhfach und den kugelförmigen Belüftungsdüsen an beiden Enden des Armaturenbretts Gestalt an.

Schließlich wurde die Feststellbremse zu einer fußbetriebenen Einheit. Dadurch wurde Platz auf dem Kardantunnel frei. Die Instrumente befanden sich nun alle in einem gemeinsamen Rahmen, aber jede hatte eine eigene Haube als Schutz vor reflektiertem Streulicht. Auch die zentralen Öffnungen des stark verbesserten Heizungs- und Lüftungssystems, das auch eine neuartige Türlüftung umfasste, wurden kugelförmig. Alle Lufteinlässe bekamen Schieber zur Steuerung. Wie schon früher konnte man die Temperatur auf beiden Seiten des Wagens getrennt regeln. Ein vierstufiger Ventilator sorgte für die Luftzufuhr.

Bei Detailarbeiten wanderte die Uhr zwischen die beiden zentralen Lüftungsöffnungen. Die Basis der Mittelkonsole dehnte sich in Richtung Wagenmitte aus; dadurch bekam sie ein besser integriertes Aussehen. Der vorgesehene Haltegriff für den Beifahrer verschwand wieder, und der zarte Automatik-Wählhebel bekam eine Form, die besser zum muskulösen V8-Motor passte. Merkwürdigerweise wurde die Schaltkulisse in diesem Stadium schwarz, dann bei den allerersten Serienwagen wieder verchromt, um schließlich wieder ein für alle Mal schwarz zu werden. Es gab auch einen sehr schönen neuen Drehknopf für das Licht, versenkt montiert im unteren Teil des Armaturenbretts.

Die Sitze waren von der typischen Mercedes-Bauart und eigentlich große Sessel. Doch irgendwie boten sie mehr Halt, als auf den ersten Blick möglich erschien. Einige Prototypen wiesen hintere Notsitze wie der Porsche 911 auf. Bei den Serienfahrzeugen wurden sie als Extra angeboten und eigneten sich auf kurzen Strecken besonders als Sitzgelegenheiten für Kinder.

In das Sicherheitskonzept nahm man Automatikgurte auf, deren oberer Teil aus Gründen des Kopfschutzes und der Optik in die B-Säule zurückgezogen wurde. Der zweite Verankerungspunkt wurde in das Sitzgestell eingebaut, was zur Folge hatte, dass die Sitzeinstellung keinen Einfluss auf die Lage des Gurtes hatte. Weitere Sicherheitsmaßnahmen umfassten das gepolsterte Vierspeichen-Lenkrad, das wir schon zuvor erwähnt haben, sorgfältig gestaltete Schalteinrichtungen mit superber Ergonomie und hervorragend ablesbaren Instrumenten sowie ausgedehnte Schaumstoffpolsterungen am oberen und unteren Rand des Armaturenbretts.

Das endgültige Layout des Armaturenbretts umfasste drei Anzeigen im zentralen Teil mit einer Kombinationsanzeige (Treibstoffstand, Kühlwassertemperatur und Öldruck) links, dem Tachometer in der

Mitte und dem Drehzahlmesser rechts. Die Uhr lag zwischen den beiden zentralen Lufteinlässen. Die Bedienelemente für Radio und Klimaanlage lagen darunter in der Mittelkonsole. Autos ohne Radio hatten, wie schon bei den früheren SL, an dessen Stelle eine Plakette mit der Modellbezeichnung.

Zwei Dinge kamen in letzter Minute zur Liste der Ausstattungen hinzu: auf der Fahrerseite ein Schalter für die elektrische Verstellung des Außenspiegels (offenbar europaweit eine der ersten) sowie eine neuartige Handschuhfachbeleuchtung – eigentlich eine Taschenlampe, die man überall einsetzen und im Auto auch aufladen konnte. Leider gab es sie nur bei den ersten Wagen, obwohl man diese wundervolle Idee auch heute noch schätzen würde.

Die Ära im Überblick

In den Jahren zwischen 1965 und 1971, in denen die Modelle der Baureihe 107 Form annahmen, geschah sehr viel. Ludwig Erhard löste im Herbst 1963 Konrad Adenauer als Bundeskanzler ab. 1969 wurde Willy Brandt Bundeskanzler. Es waren schwierige, vom Terrorismus der RAF geprägte Zeiten für Deutschland.

In den Vereinigten Staaten zog Lyondon B. Johnson nach John F. Kennedys Ermordung 1963 ins Weiße Haus ein und sah sich bald mit dem Vietnamkrieg verwickelt. Der Verbraucherschutzanwalt Ralph Nader wies in seinem Buch *Unsafe at any Speed* auf Sicherheitsmängel in Autos hin. Dies führte 1966 zu einem US-Gesetz zur Sicherheit von Kraftfahrzeugen und zu zahlreichen neuen Bestimmungen, von denen viele keine oder nur geringe Bedeutung für das tägliche Leben hatten. Aber sie brachten die Autohersteller in große Schwierigkeiten. Richard Nixon wurde im Januar 1969 als Präsident vereidigt, und ein paar Monate später betrat der erste Mensch den Mond.

In Großbritannien kämpften Regierungen der Rechten wie der Linken darum, ihre Wähler zufrieden zu stellen. Der Übergang zu einem dezimalen Währungssystem im Februar 1971 verursachte zunächst ein Chaos und half gleichzeitig mit, Preisaufschläge auf zahlreichen

Ein »Erlkönig« für Testfahrten auf öffentlichen Straßen vor der Markteinführung. Man beachte den C 111 im Hintergrund und auch die neuesten Scheibenwischer. Sie wischten nicht weniger als 70 Prozent der Frontscheibe. Der Fahrer konnte sie auch bei Linkslenkern wegen der Gestaltung des Armaturenbretts praktisch nicht sehen, wenn sie nicht in Funktion waren. Der Wagen zeigt eine Ravensburger Nummer, wohl zur Verschleierung der Stuttgarter Herkunft – obwohl dieser Landkreis ebenfalls in Baden-Württemberg liegt.

Kurz vor der Markteinführung: letzte Testfahrten auf dem Hockenheimring.

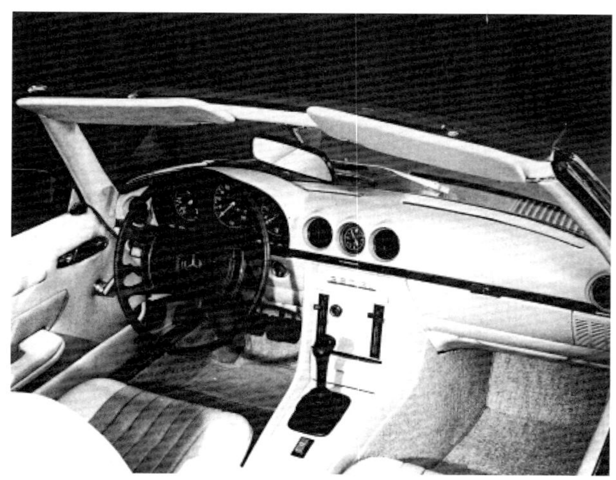

Gebieten zu maskieren. Studentenunruhen in Frankreich und Italien ließen einen verbreiteten Unmut gegenüber der herrschenden Klasse erkennen. In der Zwischenzeit war Japan zu einem Industriestaat mit wachsenden Exporten von Kameras, Elektronik und Autos geworden. Ein technischer Triumph für Europa aber wurde die »Concorde«.

Die ersten Pressereaktionen

Trotz der tumultuösen Zeiten schien die Automobilpresse stets geneigt, ein neues Mercedes-Modell mit offenen Armen aufzunehmen. Mochte es eine Limousine oder ein Sportwagen sein, die Markteinführung eines neuen Mercedes-Benz galt stets als ein Grund zum Feiern, denn man ging davon aus, dass die Firma zuvor viel Geld und Zeit investiert hatte. Damit hielt sie ein hohes technisches Niveau, das außerhalb Deutschlands nur allzu selten anzutreffen war. Mit diesem Ruf waren die gestellten Erwartungen natürlich entsprechend hoch.

Gegen Ende 1970 wurden insgesamt 16 Prototypen gebaut. Einige davon wurden Fachjournalisten zur Verfügung gestellt, als das Auto am

Rechts und gegenüberliegende Seite: eine Auswahl früher Pressefotos, aufgenommen in einem Studio. Man beachte die subtil konkave Form des Kofferraumdeckels, die mit der des Hardtops übereinstimmt.

BB-A-716

Szene von der Präsentation für die europäische Presse auf dem Hockenheimring.

Eines der Vorserienfahrzeuge auf dem Umschlag von »in aller Welt«, der Hauszeitschrift der Marke Mercedes-Benz. Trotz des reichlichen Chromzierrats, mit dessen Hilfe man ein Auto recht leicht datieren kann, blieb dieser SL wegen seiner zeitlosen Linien nach Mercedes-Benz-Maßstäben lange in Produktion.

Ein Prototyp des 350 SL mit einigen seiner illustren Vorgänger.

14. April 1971 sein Debüt auf dem Hockenheimring gab. Einige dieser Fahrzeuge waren mit dem ABS von Teldix-ATE ausgestattet.

Der SL war mit jeder Generation weicher und komfortabler geworden. Diese Tatsache blieb nicht unbemerkt. Tatsächlich schrieb Jerry Sloniger: »Der Mercedes SL ist ein großartiges Auto in der ›Gran-Turismo‹-Tradition … Er ist kein ›Flitzer‹, sondern für jene, die ihn sich leisten können, eindeutig ein Fahrzeug für die ›große Tour‹.«

Weitere Artikel beschrieben die elastische Kraftentfaltung, die Art und Weise, wie die Radaufhängung die Unebenheiten der Fahrbahn und Geräusche absorbierte – obwohl der Hockenheimring nicht gerade die holprigste Fahrbahn hat, um einen solchen Test durchzuführen. Die gute Lenkung wurde gelobt zusammen mit dem sicheren und sanft untersteuernd ausgelegten Fahrwerk, auch die Bremsen, die gut gestalteten Bedienelemente und die Klimaanlage. Dieses Komfortniveau hatte man von einem solchen Sportwagen nicht erwartet. Der allgemeine Eindruck war der hoher Qualität. Die Türen schlossen sich mit der Sicherheit und dem satten Klang des Panzerschranks in einer Schweizer Bank. Überdies fehlten jegliche Klappergeräusche, und das Auto verwindete sich nicht – bei einem offenen Wagen eine durchaus beachtliche Ingenieursleistung.

Das Schlusswort hatte ein deutsches Renn-Ass: Hans Herrmann. Er sagte: »Er ist leistungsstark, aber nicht protzig. Er strahlt Souveränität und Männlichkeit aus.«

6

Der SLC

»Wenn Sie eine Liste aller bisherigen Mercedes-Modelle haben und dann erfahren, dass die Firma eine neues Coupé herausbringt, kommen Sie dann auf die Idee, dass es auf einem SL basieren wird? Um nichts in der Welt! Doch das Auto, das auf diese Weise entstanden ist, wirkt so stimmig, dass es der Ausgangspunkt für die Entwicklung des SL hätte sein können.« – *Wheels*, Februar 1973

Mercedes-Benz hatte eine lange Reihe eleganter Coupés, die aus zeitgenössischen Limousinen entstanden waren, und diese waren bei den Kunden stets beliebt. Noch heute wirken sie attraktiv. Oldtimerfreunde sind gerne bereit, viel Geld für ein solches Exemplar auszugeben. Doch im Angebot zu Beginn der 1970er-Jahre fehlte ausgerechnet diese für das Image bedeutsame Modellvariante, und das Produktionsende für die Modelle, die auf dem 280 SE beruhten, war für 1971 vorgesehen.

Glücklicherweise hatte der Vorstand in der Zwischenzeit die Produktion des C 107 abgesegnet. Es handelte sich um ein viersitziges Coupé, das einen großen Teil seiner Komponenten dem R 107 verdankte. Es war das erste Mal, dass Mercedes-Benz als Ausgangspunkt für ein Oberklasse-Coupé einen SL nahm und nicht eine Limousine. Am Ende war es auch gleichzeitig das letzte Mal, aber die Bedeutsamkeit des SLC lässt sich nach über 60 000 verkauften Einheiten nicht bestreiten.

Der Prototyp des C 107 im Designstudio. Man beachte die Seitenfenster und die ungewöhnliche Plakette »280 SLC 3.5« am Heck.

Die Geburt des C 107

In vielerlei Hinsicht kann man den SLC als logischen Plan zur Absicherung betrachten: Die Zukunft des Cabriolets ganz allgemein war während der Entwicklungszeit des R 107 keinesfalls gesichert. Wenn man die Plattform und die meisten Komponenten auch für ein Coupé verwendete, könnten die Kosten für Entwicklung und Produktion besser verteilt werden. Aus Sicht des Marketings hatten die Mercedes-Benz-Händler damit jedenfalls einen Imageträger – wie die Entscheidung der amerikanischen Behörden auch ausfallen würde. Und die Ingenieure konnten sich auf eine neue Generation der S-Klasse konzentrieren, die nur geschlossene Fahrzeuge umfassen würde. Auch auf diese Weise wurden Kosten gespart. Karl Wilfert und sein Team in Sindelfingen hatten im Hintergrund bereits an einem Coupé auf der Grundlage des SL gearbeitet, sozusagen als Designstudie. Als sie grünes Licht für den C 107 erhielten, befand sich das Projekt schon in einem fortgeschrittenen Stadium. Guntram Huber und Joseph Gallitzendörfer arbeiteten daran weiter, milderten die noch kräftige C-Säule ab und gestalteten die Heckscheibe etwas weicher. Werner Breitschwerdt wachte über die Fortschritte und koordinierte die Details mit dem existierenden R 107.

Am 30. April 1969 beschloss man die Produktion des C 107. Das einzige Designmodell in Sindelfingen mit der Bezeichnung 280 SLC 3.5

zeigte Unterschiede auf beiden Seiten: auf der Fahrerseite waren Leichtmetallfelgen montiert und geteilte hinteren Seitenscheiben mit den charakteristischen »Jalousien«, auf der Beifahrerseite Stahlfelgen mit Radkappen und durchgehende hintere Seitenfenster. Es reichte aus, um den Vorstand davon zu überzeugen, dass sie einen potenziellen Siegertyp an der Hand hatten.

Die Unterschiede

Von vorn konnte man die Unterschiede zwischen einem SL mit Hardtop und einem SLC leicht übersehen. Die praktisch einzige Differenz lag in der Dachform. Sie fiel beim Coupé runder aus, während das pagodenartige Hardtop eckiger erschien und in der Mitte leicht konkav war.

Die andere Seite eines Prototyps mit veränderten hinteren Seitenfenstern. Die Lamellen lagen noch hinter getönten Scheiben.

Detailaufnahme des Lamellenfensters am SLC. Diese »Jalousien« unterbrachen die lange seitliche Scheibenreihe. Ihre Anordnung erlaubte dem Fahrer weiterhin eine sehr gute Sicht nach hinten. Zusätzlich verstärkte diese Lösung auch die Dachkonstruktion.

Crashtest des neuesten Coupés. Professor Guntram Huber notierte: »Ganz vorn an der Spitze unserer Bemühungen stand zu jener Zeit die Sicherheit bei einem frontalen Zusammenstoß und bei einem Auffahrunfall.«

Von der Seite gesehen fällt die Unterscheidung viel leichter. Dank des mit 2815 Millimetern längeren Radstands des C 107 – im Vergleich: 2455 Millimeter beim R 107 – wirkt der SLC hinter der Tür länger. Wie seine Vorgänger besaß er hintere Seitenfenster, die man dank der Fensterteile mit den Lamellen vollständig öffnen konnte. Letztere waren so angewinkelt, dass sie dem Fahrer die bestmögliche Sicht gewährten. Traditionell verzichtete man auf B-Säulen, und das doppelt verglaste Lamellenfenster half mit, das Dach zu verstärken.

Das gekrümmte Heckfenster war viel größer als beim SL. Zusammen mit den feinen Unterschieden in der Dachform und der größeren Gesamtlänge wurde eine strömungsgünstigere Form erreicht. Diese verbesserte Aerodynamik erlaubte es dem Wagen, dieselbe Spitzgeschwindigkeit wie der SL zu erreichen, obwohl er rund 50 Kilogramm mehr auf die Waage brachte. Wie beim SL hielt man weitere Zusätze wie Spoiler und Schürzen zur Verbesserung der Strömungseigenschaften angesichts der Leistung, die das Fahrzeug erbrachte, für unnütz.

Am Heck besaß der Kofferraumdeckel ein flacheres Profil – der SL zeigte an der Hinterkante eine leicht konkave Form, die mit der

Scheinwerfer-Wisch-Waschanlagen wurden beim SLC und ab Oktober 1971 auch beim SL als Extra angeboten.

Letzter Windkanalversuch mit dem SLC.

Die Neuorganisation der Produktionsstätte Untertürkheim wurde 1971 abgeschlossen. Die Motorproduktion hatte hier ihren Sitz, während die Kraftübertragung in Stuttgart-Hedelfingen und die Achsen in Esslingen-Mettingen gefertigt wurden. Der Großteil der Aggregate wurde in Esslingen-Brühl montiert.

Ein 350 SLC auf der Teststrecke in Untertürkheim.

Das Karosseriewerk und die Montageanlage in Sindelfingen in der Zeit, als die Baureihe 107 auf den Markt kam. Alle SL und SLC liefen in diesem Werk vom Band.

Eines der ersten Pressebilder des 350 SLC. Der berühmte britische Motorjournalist Leonard J. K. Setright nannte den SLC einst »den schönsten Wagen im gesamten Angebot von Mercedes-Benz und sicher eines der schönsten Autos weltweit«.

des Hardtops korrespondierte. Doch davon und von der Form des Heckfensters mit dem umgebenden Zierrat abgesehen waren die Autos gleich. Der Inhalt des Kofferraums war beim SLC allerdings um 20 Prozent größer und wurde mit 303 statt 252 Litern angegeben.

Die Karosserie des SLC sah ohne Zweifel wundervoll aus. In ihrer Januarausgabe des Jahres 1972 ging die Zeitschrift *Road Test* so weit, von »einem der bestproportionierten Autos« zu sprechen, »das Mercedes nach dem Krieg angeboten hat«.

Auch im Inneren gab es nur sehr geringe Unterschiede zum Roadster, obwohl die Vordersitze über einen eigenen Kippmechanismus verfügten, um den Zugang zur hinteren Sitzreihe und zur Hutablage zu ermöglichen. Der SL verfügte über herkömmliche Hebel, um die Rückenlehne der Sitze vorklappen zu können; der SLC hingegen verwendete ein magnetgesteuertes Schloss, das nur zusammen mit dem Motor und den Türen funktionierte. Die Rücksitze waren ebenfalls einzigartig und bildeten eine Sitzbank über die ganze Breite. In der Mitte befand sich eine Armlehne, und an den Seiten lagen Fensterkurbeln und Aschenbecher. Ein interessantes Merkmal des C 107 war eine Mulde unter dem Heckfenster für die Aufnahme eines Verbandkastens – dieser allerdings war ein kostenpflichtiges Extra.

Die mechanischen Spezifikationen waren dieselben wie beim SL. Die erste Präsentation des 350 SLC erfolgte auf dem Pariser Autosalon des Jahres 1971, der am 7. Oktober eröffnet wurde. Der Verkauf startete vier Monate darauf.

Ein früher SLC am Daimler-Benz-Hauptgebäude in Stuttgart. Er war mit 1330 Millimetern etwas höher als der SL. Damit glich er optisch die größere Länge aus.

7

Frühe Serienmodelle des R/C 107

»Der 350 SL 4.5 ist der ultimative zweisitzige Luxuswagen. Durch sein hohes Gewicht, seine luxuriöse Ausstattung und das obligatorische Automatikgetriebe ist er kein Sportwagen für das reine Fahrvergnügen. Doch wenn man schnell mit höchstem Komfort fahren und die Schwerfälligkeit einer großen Limousine umgehen will, dann gibt es keine bessere Wahl als den [neuen] SL.«
***Road & Track*, Oktober 1971**

Kurz nach der Pressevorstellung im April 1971 wurde der einheimische Markt mit den ersten Wagen beliefert, wobei jedem Händler ein einziger 350 SL garantiert wurde. Im Jahre 1971 gab es 15 Millionen Autos in Deutschland. Deswegen konnte man auf eine ansehnliche Zahl von Verkäufen im Inland hoffen.

Der 350 SL kostete einschließlich Steuern zunächst DM 29 970. Als Antrieb hatte er den in Kapitel fünf beschriebenen V8-Einspritzmotor (M 116.982) mit 3,5 Litern Hubraum und 200 PS. Mit ihm verbunden war ein manuelles oder ein automatisches Vierganggetriebe. Das manuelle Getriebe G76/27A kam auf ein Übersetzungsverhältnis von 3,96 im ersten, 2,34 im zweiten, 1,44 im dritten und 1,00 im vierten Gang. Das automatische Getriebe K4A040 mit seinen Planetenrädern wies ähnliche Übersetzungen von 3,98, 2,39, 1,46 und 1,00 auf. Beide Modelle hatten eine Endübersetzung von 3,46:1.

Die imponierende Front des 350 SL von 1971.

Zur Grundausstattung auf dem heimischen Markt zählten: manuelle Gangschaltung, Servolenkung, Gürtelreifen, Halogenscheinwerfer, Nebelleuchten, Frontscheibe aus Verbundglas, Außenspiegel an der Fahrerseite, Polsterbezüge aus Kunstleder »MB-Tex«, Drehzahlmesser, Quarzuhr, Funkentstörung, herausnehmbare Handschuhfachleuchte und ein Licht im Kofferraum.

Zur Sonderausstattung gehörten Hardtop (DM 1460, mit Heckscheibenheizung zusätzlich DM 266), Metallic-Lackierung (DM 594 für die Karosserie, zusätzlich DM 222 für das Hardtop), geschmiedete Leichtmetallfelgen (DM 1332), Automatikgetriebe (DM 1443), Sperrdifferenzial (DM 216), Klimaanlage (DM 2098), getönte Scheiben (DM 105), Lederpolsterung (DM 1049), Automatik-Sicherheitsgurte (DM 133), orthopädische Sitze vorn (DM 55), Kopfstützen (DM 67–100 pro Seite, je nach Ausstattung), Notsitz hinten (DM 283–461, je nach Ausstattung), Audioanlage mit manueller oder elektrisch ausfahrbarer Antenne (DM 55–305), Zentralverriegelung (DM 205), Verbandkasten (DM 28, eingebaut), Feuerlöscher (DM 44), passende Koffer (schwarzes Kunstleder, DM 361–516 pro Set, auch Einzelstücke erhältlich), Skiträger (DM 233) und einen Aufbewahrungsbehälter für das Hardtop (DM 283). Ein weiteres für die damalige Zeit faszinierendes Extra war das Autotelefon, das für unglaubliche DM 9935 zu bekommen war – das entsprach fast einem Drittel des Kaufpreises für die Basisversion!

Besondere Lackierungen (Serienlack, ein- oder zweifarbig), Polsterbezüge aus Stoff und verschließbarer Tankdeckel galten als nicht kostenpflichtige Extras. Audiofans hatten die Wahl zwischen den folgenden Becker-Radios: Europa Mono (DM 494), Europa Stereo (DM 794), Grand Prix (DM 666) und Mexico Cassette (DM 1088). Diese Geräte baute der Händler ohne weitere Kosten ein. Im Oktober 1971

Heck des 350 SL. Man beachte das Fehlen einer Verrippung an der Heckschürze. An den Heckschürzenseiten ist sie aber vorhanden, um mit der an der Fahrzeugseite übereinzustimmen. Dieses Gestaltungselement wurde während der gesamten Produktion beibehalten.

Der Innenraum eines sehr frühen 350 SL mit dem ursprünglichen Wählhebel des Automatikgetriebes und der Anordnung P-R-N-4-3-2 in der verchromten Schaltgasse. Die Beschriftung wurde bald in P-R-N-D-S-L für das in Amerika verwendete Dreigang-Automatikgetriebe abgeändert. Sie blieb für alle Märkte in Verbindung mit der späteren schwarzen Schaltgasse bestehen, die im Januar 1972 erst beim 450 und im März beim 350 eingeführt wurde.

Einer der Wagen, der für die Pressepräsentation im April 1971 eingesetzt wurde. Er hatte Leichtmetallfelgen von Fuchs, wie man sie schon am letzten SL der Baureihe W 113 gesehen hatte. Nun waren sie allerdings etwas breiter.

gelangten zwei weitere Extras auf die Preisliste der frühen SL, nämlich elektrische Fensterheber (DM 438) und eine Scheinwerfer-Wisch-Waschanlage (DM 327).

Bei seinem Debüt auf dem 58. Pariser Autosalon, der vom 7. bis 17. Oktober 1971 dauerte, wurde an Stand 63 ein silberfarbener SLC mit Leichtmetallfelgen gezeigt. Im selben Monat erschien die erste Preisliste, wobei die Extras ungefähr gleich viel kosteten wie beim 350 SL. Der Einführungspreis lag bei DM 33 688, Steuern inklusive. Die serienmäßige Polsterung war aus Stoff und nicht aus Kunstleder; Velours und Leder wurden als Sonderausstattung angeboten (DM 1048 beziehungsweise 960).

Die meisten Extras für den SLC waren identisch mit denen für den SL. Die Metallic-Lackierung fiel wegen der größeren Karosserie allerdings teurer aus (DM 844 einfarbig, DM 1010 zweifarbig), und entsprechendes galt auch für die getönten Scheiben (DM 183–505). Der Skiträger hingegen war günstiger, weil er leichter anzubringen war. Ein paar Sonderausstattungen waren von ihrer Natur her dem Coupé vorbehalten, etwa das elektrische Sonnendach (DM 977), elektrische Fensterheber (DM 438 für die Fenster vorn wie beim SL, DM 788 für alle vier Fenster), Heckscheibenheizung (DM 266). Einen Außenspiegel auf der Beifahrerseite gab es für DM 72. Im Januar 1972 tauchte er auch auf der Liste der Sonderausstattungen für den SL auf.

Interessanterweise waren beim SLC die Radiogeräte Europa Stereo und Mexico Cassette um DM 188 teurer. Der Grund lag in den beiden zusätzlichen Lautsprechern im Fond. Den SLC konnte man auch mit einem Überblendregler für die hinteren Lautsprecher für zusätzliche DM 111 bekommen.

Eines der ersten Pressefotos des viersitzigen 350 SLC in Sandbeige metallic mit Stoffpolsterung in Mahagoni. Das modische Outfit der Dame hilft bei der Datierung des Fotos.

Heck des 350 SLC. Man erkennt das mächtige Heckfenster und das flache Profil des Kofferraumdeckels. Man beachte auch die Mulde für Verbandzeug in der Hutablage. Beim SL fand es in einem Beutel an der Beifahrersitzlehne Platz.

Innenraum desselben SLC mit der seltenen Handschaltung und H-förmiger Anordnung der vier Gänge, Rückwärtsgang links oben. Man beachte auch das frühe Lenkrad, das im November 1972 verändert wurde, und die Abdeckplatte bei Wagen ohne Radiogerät. Die an der Mittelkonsole angebrachten Schieber für die Belüftungsöffnungen waren hier schon größer, die weißen Pfeile kamen jedoch erst zu Beginn des Modelljahres 1973 dazu. Der rote Bereich des Drehzahlmessers beginnt übrigens bei 6300 U/min. Das war die Grenze für die 3,5-Liter-Modelle, rund 200 U/min weniger als bei den frühesten 107ern.

Ein 350 SLC mit einem vorbeifahrenden 350 SL im Hintergrund.

Motorraum eines frühen 350 SLC. Weil der positive Pol der Batterie keine Schutzhülle trägt, kann man das Auto auf die Zeit vor November 1971 datieren.

Die Bezeichnungen der Farben in diesem Buch folgen den offiziellen Farbtabellen. Die in Klammern gesetzten Codenummern waren auf der ganzen Welt gleich. Die ersten Wagen wurden übrigens in denselben Farben angeboten wie der 280 SL W 113.

In dieser Zeit wurde noch ein pergamentfarbenes Verdeck angeboten, aber eine warnende Notiz auf der Preisliste besagte, es sei schwer sauber zu halten. Genau aus diesem Grund verschwand dieses Extra im Frühling 1972 wieder von der Liste. Die übrigen drei Verdeckfarben inklusive ihrer Farbcodes blieben während der gesamten Produktionszeit des SL der Baureihe 107 dieselben.

Zweifarbige Lackierungen waren während der gesamten 1970er-Jahre zu bekommen, wobei man eine unterschiedliche Hardtopfarbe mit einer Serienlackierung verband. Das Hardtop in Dunkelrotbraun hielt sich nur wenige Monate.

Uni-Lackierungen bis Mai 1972
Schwarz (040), Weiß (050), Arabergrau (124), Weißgrau (158), Anthrazitgrau (173), Hellbeige (181), Dunkelgrün (268), Dunkelolive (291), Horizontblau (304), Mittelblau (350), Tabakbraun (423), Dunkelrot (542), Signalrot (568), Rot (576), Hellelfenbein (670), Papyrusweiß (717), Beigegrau (726), Blau (903), Dunkelblau (904)

Metallic-Lackierungen bis Mai 1972
Anthrazitgrau (172), Silbergrau (180), Blau (387), Mittelblau (396), Bronzebraun (461), Beige (462), Sandbeige (467), Rot (571), Beigegrau (728), Moosgrün (834), Graublau (906)

Verdeckfarben bis Mai 1972
Schwarz, Pergament, Dunkelblau, Dunkelbraun

Verdeckfarben von Mai 1972 an
Schwarz, Dunkelblau, Dunkelbraun

Zweifarbige Lackierungen für den SL bis Mai 1972
Weiß, Arabergrau, Weißgrau, Dunkelgrün, Tabakbraun, Dunkelrot, Signalrot, Rot, Hellelfenbein, Papyrusweiß, Beigegrau, Blau, Anthrazitgrau metallic, Beige metallic, Rot metallic, Beigegrau metallic oder Moosgrün metallic mit einem schwarzen (040) Hardtop; Hellelfenbein mit einem dunkelgrünen (268) Hardtop; Weißgrau, Hellbeige und Hellelfenbein mit tabakbraunem (423) Hardtop; Sandbeige metallic mit einem dunkelrotbraunen (460) Hardtop; Horizontblau, Papyrusweiß oder Graublau metallic mit einem dunkelblauen (904) Hardtop.

Polsterung: Farben und Materialien
Mittelstreifen der Sitzflächen und der Rückenlehnen aus Stoff in Schwarz (061), Blau (062), Mahagoni (063), Beige (064) oder Pergament (065); Mittelstreifen der Sitzflächen und der Rückenlehnen aus Leder (erste Zahl Zusatz 2) oder Kunstleder »MB-Tex« (erste Zahl Zusatz 1) in Schwarz (61), Blau (62), Mahagoni (63), Beige (64), Pergament (65), Olivgrün (66), Hellbraun (67) oder Rot (68). Seitenteile und Rückseiten der Sitze in Leder oder »MB-Tex« in derselben oder einer ähnlichen Farbe, bei Stoffpolsterung aus passendem »MB-Tex«. SLC mit voller Velours-Polsterung in Anthrazitgrau (961), Blau (962), Mahagoni (963), Beige (964), Pergament (965) oder Olivgrün (966) anstatt in Kunstleder »MB-Tex«. Teppiche in Dunkelanthrazit, Dunkelblau, Braun, Beige, Pergament, Olivgrün, Hellbraun oder Rot.

Im Januar 1972 begann der Verkauf des C 107. Damals stiegen die Preise für den SL und den SLC um rund fünf Prozent – und das galt auch für die Extras. Nur einige wenige wie das Automatikgetriebe und die Leichtmetallfelgen b ieben davon unberührt. Damals bot Mercedes-Benz auch Allwetterreifen ohne Aufpreis an, und die Roadstermodelle erhielten eine Aluminiumblende für die Auspuffendrohre.

Drei Monate später kam eine Anhängerkupplung auf die ausgedehnte Liste der Extras (DM 361 für beide Modelle), und die Maße der Koffer änderten sich (nun DM 677 für das Coupé). Sonst blieben die Preise unverändert.

Vom Frühjahr 1972 an war der SLC nicht mehr in Zweifarblackierung zu bekommen. Dafür gehörte nun der abschließbare Tankdeckel zur Serienausstattung des C 107, und der Käufer konnte ein Set aus vier Automatik-Sicherheitsgurten für DM 266 bestellen. Der Aufbewahrungsbehälter für das Hardtop des SL tauchte nicht mehr auf in der Werks-Optionenliste, sondern war auf die Liste der Extras gewandert, die der Händler anbot.

Die ersten Wagen in Amerika

Die Produktion für die USA begann im Juni 1971. Der neue SL wurde bei einer besonderen Veranstaltung an der Rennstrecke von Indianapolis der Presse vorgestellt. Anfang August gelangten die Wagen in die Vorführräume; sie gehörten bereits dem Modelljahr 1972 an. Die Autos zeigten mehrere Unterschiede im Vergleich zu den einheimischen Modellen. Das begann bei sofort sichtbaren Merkmalen wie der Beleuchtung und reichte bis zur Kraftübertragung.

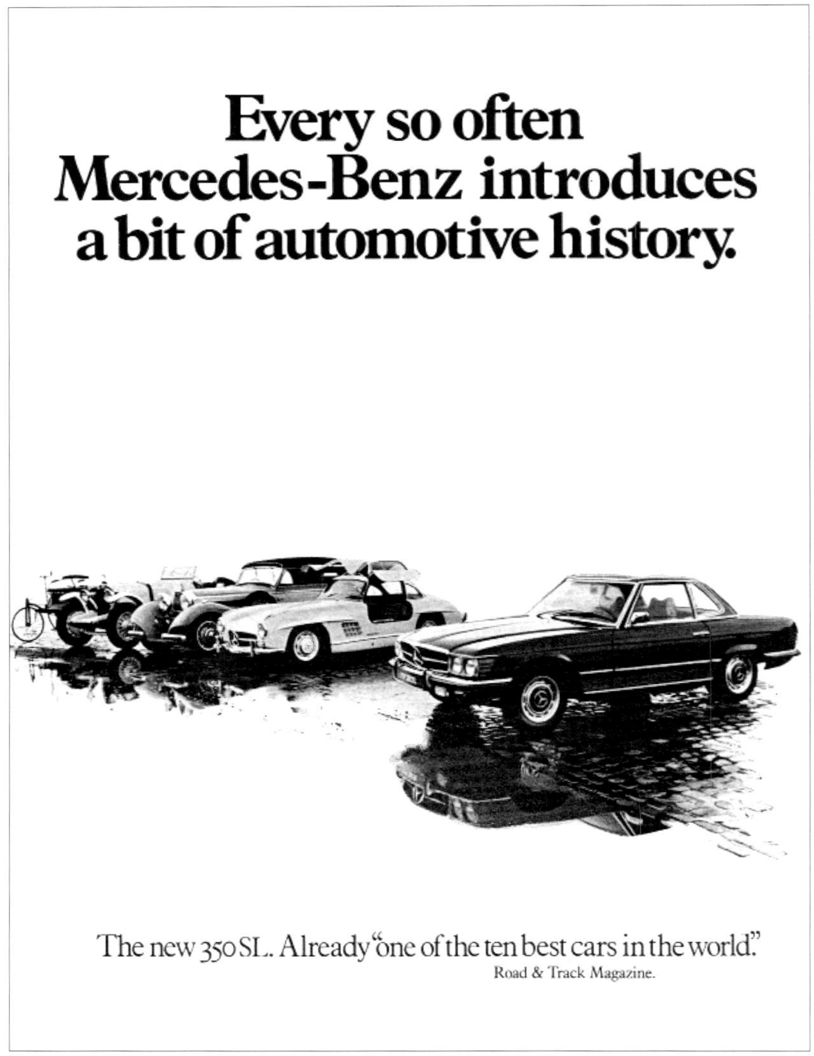

Diese amerikanische Werbung verweist darauf, dass die Zeitschrift »Road & Track« im Sommer 1971 den SL als »eines der zehn besten Autos der Welt« bezeichnete.

Der 350 SL 4.5, wie er mit unterschiedlichen Leuchten und Schutzleisten ganz zu Beginn in den USA aussah. Vier Rundscheinwerfer waren typisch für amerikanische Wagen. Alle anderen Länder hatten Autos mit Breitbandscheinwerfern. (Foto: MB USA)

Wie schon in Kapitel fünf ausgeführt, verlangte der US-Markt nach einem Motor mit einem größeren Hubraum, um die Abgasnormen zu erfüllen. Deswegen bekamen die amerikanischen Käufer den 4,5-Liter-V8-Motor M 117.982. Er hatte dieselbe Bohrung wie der 3,5-Liter-Motor, aber einen längeren Hub. Er besaß eine elektronische Bosch-D-Jetronic-Benzineinspritzung und Transistorzündung. Die Verdichtungsrate wurde auf 8,0:1 reduziert. Dies ergab eine Leistung von 195 PS, was ungefähr den 200 PS des 3,5-Liter-Motors für Europa entsprach. Im Sommer 1971 bestätigte Mercedes-Benz, dass der 4,5-Liter-V8-Motor des SL auch in Limousinen eingesetzt werden würde.

Mit dem Motor verbunden war ein Dreigang-Automatikgetriebe mit Drehmomentwandler. Diese Art der Kraftübertragung vom Typ W3B050 war ziemlich neu für Daimler-Benz. Die Wahl war wegen der Motorcharakteristik mit ihrem breit angelegten Drehmoment gefallen. Die Übersetzung betrug im ersten Gang 2,31, im zweiten 1,46 und im dritten 1,00. Zudem wählte man eine lange Endübersetzung von 3,07:1.

Anfänglich hatte man auch eine manuelle Schaltung in Betracht gezogen. Aber weil sich nur wenige Mercedes-Käufer in der Vergangenheit für eine solche entschieden hatten, sparte man sich die Extrakosten für Entwicklung und Zertifizierung.

Für das amerikanische Sealed-Beam-System waren Doppelscheinwerfer notwendig. Die Designer machten einen guten Job, indem sie diese Anordnung der des europäischen Vorbilds weitestgehend annäherten. Ein orangefarbener Bereich lag in der Leuchteneinheit vorn und ein roter in der Heckleuchteneinheit. Fahrlichter mit Blinkern lagen unter den Stoßfängern vorn, direkt unterhalb der Scheinwerfer. Sie passten in den unteren Lufteinlass.

Amerikanische Fahrzeuge besaßen auch Stoßstangenhörner an beiden Enden des Autos: kleine senkrecht stehende und mit Gummi überzogene Schutzvorrichtungen, die den vorderen Stoßfänger in drei ungefähr gleich große Abschnitte unterteilten. Hinten lagen die Hörner etwas weiter innen von den Heckleuchten. Sie verlängerten das Auto nur geringfügig und sahen auch einigermaßen elegant aus. Leider drehte die amerikanische Gesetzgebung kurz danach durch und zerstörte das raffinierte Aussehen des SL und des SLC, nur um den Versicherungsgesellschaften ein paar Dollar einzusparen.

Im Innenraum bestand der größte Unterschied darin, dass der Tacho die Geschwindigkeit in Meilen pro Stunde (mph) angab – maximal 160 mph statt 240 km/h. Der Öldruckmesser verwendete als Maß psi (pound per square inch) anstelle von bar. Doch auch hier vergrößerte sich im Lauf der Jahre der Graben aufgrund weitgehend sinnloser Bestimmungen amerikanischer Bundesbehörden.

Der »längere und exklusivere« R 107 wurde von Mercedes-Benz of North America Inc., Fort Lee, New Jersey verkauft. Man erwartete einen Preis von rund $ 10 000. Bei der offiziellen Markteinführung am 2. August 1971 kostete der sogenannte 350 SL 4.5 in der Serienausführung schließlich $ 10 540 – inklusive Servolenkung, Klimaanlage und abnehmbarem Hardtop.

Unmittelbar darauf erklärte die Zeitschrift *Road & Track* das Auto zu einem der zehn besten der Welt und stellte weiter fest: »Das ist ein ›persönliches‹ Auto, ein Transportmittel der obersten Klasse für jeden Tag. Sie können damit jahraus, jahrein fahren, weil sich die traditionelle Qualität des Mercedes-Benz-Designs und der Konstruktion auf lange Frist gesehen immer stärker bemerkbar macht. Der 350 SL ist für den Fahrer bestimmt, der mehr Interesse daran hat, in Wirklichkeit schnell voranzukommen als nur so auszusehen. Der Wagen ist so komfortabel und sicher, wie ein Auto es nur sein kann.«

Auch *Car & Driver* war ähnlich beeindruckt: »Das ist von vorn bis hinten ein durch und durch solides Auto, und dieses Gefühl kann man sich nur mit Geld kaufen. Der Wagen spiegelt nicht Qualität vor, er verkörpert sie.«

Trotzdem hatte das Magazin am Motor und an der Kraftübertragung etwas auszusetzen. Beide waren nicht viel besser als das, was auch Detroit im Angebot hatte, und beim Testwagen funktionierten die Bremsen nicht richtig. Für die nächste Saison erwartete man ABS-Bremsen, aber sie ließen dann doch noch einige Jahre auf sich warten.

Der Wagen beschleunigte von 0 auf 96 km/h in 9,5 Sekunden, die Viertelmeile passierte er knapp 7 Sekunden später. Damit war der 1670 Kilogramm schwere Wagen schneller als der 280 SL, aber er spielte nicht in derselben Liga wie die Chevrolet Corvette. Er war auch erheblich teurer als sein Vorgänger und verbrauchte mehr Treibstoff.

Car & Driver fasste den eigenen Beitrag wie folgt zusammen: »Wenige Autos verdienen einen Preis von über $ 10 000, aber der SL gehört zu ihnen – nicht wegen einer Illusion von Leistung, sondern aufgrund seiner Qualität und Verarbeitung.«

Road & Track brachte im selben Monat (Oktober 1971) ebenfalls einen Testbericht. Das Design wurde als »sauber und modern, mit einem aggressiven, seriösen Aussehen auf Kosten von Frische und Spritzigkeit« beschrieben.

Der Artikel führte weiter aus: »Die beiden Einzelsitze sind ungefähr dieselben wie beim Vorgängermodell – ziemlich solide, ziemlich weit über dem Boden und recht bequem für die meisten Menschen … Die Bedienelemente in diesem Auto sind die besten, die wir je erlebt haben.«

Die Klimaanlage von Behr bedeutete eine gewaltige Verbesserung gegenüber dem alten Heiz- und Lüftungssystem. Dass die Luft auch über die Tür ins Innere geleitet wurde, empfand man als sehr angenehm, obwohl dieses noch auf dem Papier als unnütz bewertet wurde. Auch die Qualität der Verarbeitung wurde gepriesen (»fast unglaublich gut«), ferner die Fahreigenschaften, die Bremsen, das »neutrale« Handling und die »außergewöhnliche« Lenkung. Auch diese Zeitschrift verglich die Leistung mit der eines amerikanischen V8-Wagens, wobei sich diese als nicht so verschieden erwiese – besonders mit dem neuen Dreigang-Automatikgetriebe.

Kleinere Verbesserungen wurden dauernd an allen Serienfahrzeugen vorgenommen, und die meisten davon waren so geringfügig, dass sie keiner Erwähnung wert sind. Einige waren US-spezifisch, etwa ein neue Tankentlüftung und ein verändertes Warnblinklicht mit Beschriftung anstelle des dreieckigen Symbols.

Im Dezember 1971 folgten weitere Veränderungen, darunter Seitenaufprallschutz, H4-Glühlampen für die Scheinwerfer, ein neues Sitzgestell für den Fahrersitz, veränderte Schlösser, Dreipunktgurte serienmäßig und ein Warnlicht mit Summer bei nicht angelegtem Sicherheitsgurt.

Im Jahre 1971 wurden insgesamt 904 SL in den Staaten verkauft – ein ausgezeichnetes Ergebnis, wenn man bedenkt, dass der Wagen erst kurze Zeit auf dem Markt war. Alles zusammengenommen importierte Mercedes-Benz of North America in jenem Jahr 35 156 Fahrzeuge, die meisten darunter 2,8-Liter-Modelle der S-Klasse.

Die Rechtslenker-Märkte

Die ersten Verkäufe in Großbritannien wurden für den Spätsommer 1971 zu Preisen um £ 6000 erwartet. Doch die britischen Käufer hatten dann gleich zwei Gründe zur Zufriedenheit: Die ersten SL trafen früher ein, und das Auto war am Ende preiswerter. Der 350 SL mit 200 PS wurde ab Juli 1971 nach Großbritannien importiert und kostete £ 5475, Steuern eingeschlossen. Das bedeutete eine signifikante Erhöhung um £ 1009 gegenüber dem Auslaufmodell 280 SL. Für das Automatikgetriebe musste man weitere £ 235 bezahlen, für das Hardtop ungefähr gleich viel.

Trotz dieser Ausgaben gewann der R 107 eine größere Anhängerschaft. Einer der ersten Käufer war Colin Chapman von Lotus. Nachdem er ungefähr ein Jahr lang den 350 SL gefahren hatte, erklärte er, er traue es sich nun zu, einen eigenen raffinierten GT-Wagen zu produzieren. Letztlich beeinflusste das die Entwicklung des »Elite« und des »Eclat« in Hethel.

Die Zeitschrift *Autocar* maß die Spitzengeschwindigkeit eines Wagens mit Viergangautomatik mit 202 km/h. Die Beschleunigung von 0 auf 100 km/h enttäuschte wegen des hohen Gewichts. Die Viertelmeile wurde in genau 17 Sekunden zurückgelegt, und das war nicht weit von der Leistung eines Aston Martin DBS entfernt. Den Spritverbrauch schätzten die Journalisten auf 19,3 Liter pro 100 Kilometer – ein bisschen hoch, selbst im Vergleich mit dem gleichwertigen Sechszylinder-Jaguar.

Über die einzigartige Funktionsweise des Verdecks wurde schon berichtet. Sie war im Vergleich zum 280 SL erheblich verbessert. Wenn das Verdeck heruntergeklappt war, spürte man kaum Windstöße und hörte auch kaum Geräusche. Mit aufgezogenem Verdeck hatte man das Gefühl, in einer Limousine zu sitzen. Viele Käufer kamen deswegen zum Schluss, dass das £ 225 teure Hardtop kaum notwendig war – besonders, weil »zwei starke Männer« notwendig waren, um es anzubringen.

Die Zeitschrift *Motor* testete das Fahrzeug im Dezember 1971 und fasste die Ergebnisse in den ersten beiden Abschnitten ihres Artikels zusammen: »Eine zweisitzige Limousine erscheint wie ein Widerspruch in sich, doch diese allgemeine Beschreibung passt sehr gut auf den Mercedes 350 SL. Er ist eigentlich zu groß und zu schwer für einen Sportwagen, obwohl er besser zu handhaben ist und eine bessere Straßenlage – insbesondere auch bei Nässe – aufweist als viele, die sich selbst als Sportwagen bezeichnen. Nach dem Produktionsende des 300 SL hat Mercedes die sportliche Natur ihrer Zweisitzer immer mehr in den Hintergrund gedrängt. Obwohl der 350 SL ein bisschen schneller ist als sein Vorgänger 280 SL und auch ein besseres Fahrverhalten zeigt, liegt die Betonung doch eher auf Sicherheit, Komfort, Luxus, Raffinesse und viel Platz als auf schierer Leistung und Fahrspaß.«

Interessanterweise beschreiben die Journalisten den 3,5-Liter-V8-Motor als »einen der geschmeidigsten, den wir je gefahren sind, Wankelmotoren inbegriffen«. Dies zeigt, wie viel Laufkultur bei den für die USA bestimmten Motoren verloren ging. Sie hatten Mühe mit dem überaus mageren Gemisch.

Abgesehen von der schön gestalteten Schaltgasse kritisierte die Zeitschrift die Viergang-Automatik. Die Ingenieure waren allerdings gerade dabei, die Flüssigkeitskupplung aufzugeben, und ein Dreigang-Automatikgetriebe mit einem Drehmomentwandler folgte in der Mitte des Jahres 1972. Damit erfolgte die Kraftübertragung wie bei den Modellen für die USA.

Japan wurde zu einem zunehmend wichtigen Markt. Der 350 SL war hier von Ende 1971 an zum Preis von Yen 6 420 000 zu bekommen. Im Oktober 1971 wurde der erste 350 SL nach Australien geliefert. Bei einem Preis von AU-$ 15 620 und nur mit Automatikgetriebe erhältlich kostete er rund AU-$ 4300 mehr als das Grundmodell des 280 SL W 113 – und nicht weit vom Doppelten des Preises für einen Jaguar E-Type entfernt.

Die Rechtslenker wiesen einen entscheidenden Unterschied gegenüber den Linkslenkern auf: Sie besaßen die herkömmliche Hebel-Handbremse. Diese lag zwischen den Sitzen. Damit entfiel die zentrale Ablage oberhalb des Kardantunnels. Diese Autos hatten das Kombi-Bedienelement und den Lichtschalter auf der rechten Seite der Lenksäule anstatt auf der linken.

Der einheimische Markt

Im Juli 1972 bot man als neues Extra für den SLC eine selbsttätige Niveauregulierung an – ein ziemlich einfaches hydraulisches System, das nur auf die Hinterachse wirkte. Es war für sehr vernünftige DM 588 zu bekommen. Der 350 SL kostete zu diesem Zeitpunkt immer noch DM 31 413 und besaß nun ein verbessertes Verdeckfutter. Für den 350 SLC musste man DM 35 631 investieren.

Im Juli erhielten beide das Automatikgetriebe W3A040 mit hydraulischem Drehmomentwandler. Das Übersetzungsverhältnis war im ersten Gang 2,31, im zweiten 1,46 und im dritten 1,00. Die Endübersetzung wurde mit 3,46:1 angegeben. Als die neue S-Klasse W 116 zunächst als 280 S, 280 SE und 350 SE zwei Monate später auf den Markt kam, stieg der Preis des Automatikgetriebes auf DM 1544, und die Kopfstützen wurden nur noch paarweise angeboten.

Im Oktober des Jahres verkleinerte man den Durchmesser des Querstabilisators der Hinterachse bei allen Wagen der Baureihe 107 von 19 auf 18 Millimeter. Im Dezember erhielten die vorderen Bremsen größere Scheiben von 278 statt 273 Millimetern Durchmesser – wie bei den Limousinen der S-Klasse.

Die Produktion betrug in dieser Zeit rund 70 SL und 10 SLC pro Tag. Schnell wurde klar, dass das ABS-System, das man bei der Markteinführung des R 107 versprochen hatte, so schnell nicht eingeführt werden würde. Dieses System hatte Daimler-Benz in Zusammenarbeit mit Teldix (einer Verbindung von Telefunken und Bendix) entworfen und entwickelt. Es erwies sich als seiner Zeit weit voraus.

Fertigung in Stuttgart mit einem europäischen (rechts) und einem für Amerika bestimmten SLC. Die Aufnahme zeigt gut, welche Unterschiede durch lokale Gesetze zustande kamen.

Ein 350 SL von 1972. Alle 3,5-Liter-Modelle bekamen im Juli jenes Jahres ein neues Dreigang-Automatikgetriebe.

Uni-Lackierungen von Mai 1972 bis Juli 1975
Schwarz (040), Pastellweiß (131), Herbstbeige (430), Karneolrot (514), Hellelfenbein (623), Phantomgrau (733), Grün (860), Aquablau (917), Tiefblau (920)

Anmerkung: Hellelfenbein (623) wurde mit dem Modelljahr 1974 zu einer Sonderlackierung.

Sonderlackierungen von Mai 1972 bis Juli 1975
Weiß (050), Dunkelolive (291), Dunkelrot (542), Signalrot (568), Ahorngelb (606), Gelb (624), Papyrusweiß (717), Beigegrau (726), Blau (903) und Dunkelblau (904)

Metallic-Lackierungen von Mai 1972 bis Juli 1975
Anthrazitgrau (172), Blau (387), Ikonengold (419), Byzanzgold (422), Beige (462), Rot (571), Astralsilber (735), Silbergrün (861), Piniengrün (862), Graublau (906)

Verdeckfarben
Schwarz, Dunkelblau, Dunkelbraun

Zweifarbige Lackierungen für den SL von Mai 1972 bis Juli 1975
Weiß, Pastellweiß, Dunkelolive, Herbstbeige, Karneolrot, Dunkelrot, Signalrot, Ahorngelb, Hellelfenbein, Gelb, Papyrusweiß, Beigegrau, Phantomgrau, Anthrazitgrau metallic, Ikonengold metallic, Byzanzgold metallic, Beige metallic, Rot metallic, Astralsilber metallic, Silbergrün metallic und Piniengrün metallic mit einem schwarzen Hardtop; Hellelfenbein mit einem tabakbraunen Hardtop; Papyrusweiß, Blau, Tiefblau, Blau metallic, Graublau metallic mit einem dunkelblauen Hardtop; Hellelfenbein, Beigegrau, Grün, Silbergrün metallic und Piniengrün metallic mit einem Hardtop in Dunkelolive; Blau mit einem Hardtop in Graublau metallic; Aquablau mit einem tiefblauen Hardtop.

Polsterung: Farben und Materialien von Mai 1972 bis Juli 1975
Mittelstreifen der Sitzflächen und der Rückenlehnen aus Stoff in Schwarz (061), Blau (062), Mahagoni (063), Beige (064), oder Pergament (065); Mittelstreifen der Sitzflächen und der Rückenlehnen aus Leder (erste Zahl eine 2) oder Kunstleder »MB-Tex« (erste Zahl eine 1) in Schwarz (61), Blau (62), Mahagoni (63), Beige (64), Pergament (65), Olivgrün (66), Hellbraun (67) oder Rot (68). Seitenteile und Rückseiten der Sitze aus Leder oder »MB-Tex« in derselben oder einer ähnlichen Farbe, bei Stoffpolsterung aus passendem »MB-Tex«. SLC mit voller Velours-Polsterung in Anthrazit (961), Blau (962), Mahagoni (963), Beige (964), Pergament (965) oder Olivgrün (966) anstatt in Kunstleder »MB-Tex«. Teppiche in Dunkelanthrazit, Dunkelblau, Braun, Beige, Pergament, Olivgrün, Hellbraun oder Rot.

Die dazu benötigte Computertechnik war noch nicht verfügbar, und man konnte die gewünschte Zuverlässigkeit bei maximal 15 Regelvorgängen pro Sekunde nicht erreichen. Es ging auch darum, das System zu vernünftigen Preisen anbieten zu können und den unvermeidlichen Toleranzen der Massenfertigung anzupassen.

Von Anfang März 1973 stiegen die Preise. Die Basisversion des 350 SL kostete nun DM 32 911, und für den 450 SL, ausschließlich mit Automatikgetriebe, musste man DM 36 630 bezahlen. Der SLC kostete in der 3,5-Liter-Version DM 37 296, in der 4,5-Liter-Version DM 41 014.

Die Vorserienfertigung des 450 SL und 450 SLC begann im Februar, die Serienfertigung im April. Die neuen Topmodelle hatten ihr öffentliches Debüt auf dem Genfer Autosalon vom 15. bis 25. März 1973 – zusammen mit den Limousinen 450 SE und 450 SEL W 116.

Szene vom Genfer Autosalon 1973. Insert: das zugehörige Plakat.

Der Innenraum eines 450 SLC vom Frühjahr 1973, hier mit der beliebten Velourspolsterung. Man beachte das neue Lenkrad, die schwarze Schaltgasse, die neue für das Modelljahr 1973 eingeführte Frischluftversorgung und die weißen Pfeile auf den Schiebern der Belüftungsöffnungen. Der gesamte Innenbereich des Lenkrads – und nicht nur wie früher zwei einzelne Schalter – diente der Betätigung der Hupe.

Der für Europa bestimmte 4,5-Liter-Motor trug die Bezeichnung M 117.982 und leistete dank einer höheren Verdichtung von 8,8:1 und eines sehr viel freieren Auspuffsystems 225 PS. Das Getriebe und die Endübersetzung waren identisch mit der der amerikanischen 4,5-Liter-Version. Tatsächlich waren die inneren Zahnräder des Getriebes W3B050 dieselben wie in den 3,5-Liter-Modellen, doch eine Endübersetzung von 3,07:1 und ein bulligerer Wandler machte den Unterschied zu den beiden 450ern.

In Wirklichkeit kann man die 350er- und 450er-Modelle erst auseinander halten, wenn man einen unverstellten Blick auf das beschriftete Heck hat. Vorn bemerkt man bei genauem Hinsehen beim 450 SL und 450 SLC einen kleinen Frontspoiler am unteren Ende der Frontschürze,

Ein 450 SL, ein 450 SLC, ein 450 SE und ein 450 SEL auf der Teststrecke in Untertürkheim. Man muss genau aufpassen, denn es existieren ähnliche Bilder mit unterschiedlichen Fahrzeugen – einige mit Leichtmetallfelgen und wiederum andere mit neueren Modellen.

Deutsche Werbung für die neuen 4,5-Liter-Modelle. Die deutsche Regierung schenkte dem sowjetischen Generalsekretär Leonid Breschnew, als er 1973 zu einem Staatsbesuch in Deutschland weilte, einen 450 SLC. Der Wagen wurde bei einem Unfall beschädigt: Die Ölwanne ging kaputt, als Breschnew beim Zurücksetzen auf einen Stein fuhr. Willy Brandt sandte dem russischen Führer einen Ersatzwagen. Scheinbar hatte Breschnew die Gewohnheit, exotische europäische Wagen mit Doppelnamen kaputtzufahren – 1980 verkürzte er beispielsweise einen Rolls-Royce Silver Shadow ganz erheblich.

Handbuch für die frühen V8-Modelle.

der zusätzliche Luft zum Kühler leitet. Da das Teil schwarz ist, kann man es kaum erkennen, doch für den Kenner stellt es ein eindeutiges Kennzeichen dar. Selbst einige der ersten Kataloge zeigen Bilder von 350ern, die so retuschiert waren, dass sie wie 450er aussahen. Das kleine Detail ermöglicht auch heute noch eine sichere Identifizierung.

In der Zwischenzeit stiegen die Preise der Extras parallel zu denen der Autos. Abgesehen vom Getriebe waren die Sonderausstattungen für den 350 dieselben wie für den 450. Kopfstützen vorn und Automatik-Sicherheitsgurte gehörten nun zur serienmäßigen Ausstattung, und wer auf der Rückbank ein solches Set haben wollte, musste DM 133 Aufpreis bezahlen. Das Cassettenradio kostete in Stereo DM 178 mehr als das gewöhnliche Gerät, das bei Cassettenbetrieb über Stereo und beim Radiobetrieb nur über Mono verfügte. Ab Anfang 1974 wurde nur noch die Vollstereoversion angeboten.

Sechs Monate später, im September, entfernte man die Uhr aus dem Bereich der zentralen Belüftungsdüsen und legte sie unter den Drehzahlmesser. Die Klimaanlage wurde verbessert, Autos mit manueller Schaltung erhielten einen neuen Schalthebel mit neuem Balg. Man baute neue Dachhimmel ein, und der SLC erhielt einen neuen Deckel mit eigener Entriegelung für den Verbandkasten sowie verbesserte Fensterdichtungen. Zusätzlich wanderte die Radioantenne auf den hinteren Fahrerseiten-Kotflügel; zuvor hatte sie vorn an der Fahrerseite nahe der Spritzwand gestanden. Die meisten für die USA bestimmten Wagen wiesen die neue Antennenposition erst für das Modelljahr 1975 aus.

Im selben Monat wurde der Preis für das Automatikgetriebe der 350er-Modelle erneut angehoben: auf DM 1665. Bis zum Februar 1975 änderte sich dann nichts mehr. Dann stieg der Preis für die Basisversion des 350 SL auf DM 34 999. Der 450 SL kostete nunmehr DM 38 284, und die Preise für beide SLC stiegen um rund DM 1800.

In der Zwischenzeit hatte eine Ölkrise die westliche Welt erschüttert. Ende 1973 hatte sich die Situation im Nahen Osten verschärft, worauf die OPEC-Staaten ein Handelsembargo für Öl verhängten. Mercedes-Benz wusste – wie auch andere europäische Firmen – eine Antwort darauf und gab einfach schwächer motorisierte Versionen ihrer Modellreihen heraus. Auf diese Weise entstanden der 280 SL und der 280 SLC.

Die 2,8-Liter-Modelle

Infolge der Ölkrise entschied sich Jaguar für einen 3,4-Liter-Reihensechszylinder, um seine Modellreihe mit 4,2- und 5,3-Liter-Motoren abzurunden. Aber die Engländer konnten das Aggregat erst im April 1975 auf den Markt bringen. Mercedes-Benz hingegen besaß bereits einen – zeitweise auf Eis gelegten – 2,8-Liter-Motor im Entwicklungsprogramm des R/C 107. Doch das reichte aus, um viel schneller reagieren zu können.

Diese und die folgende Doppelseite: die wichtigsten Seiten aus englischen Prospekten vom Juni 1973 für den SL und den SLC. Jeder Prospekt enthielt 36 Seiten, teilweise allerdings doppelte Informationen.

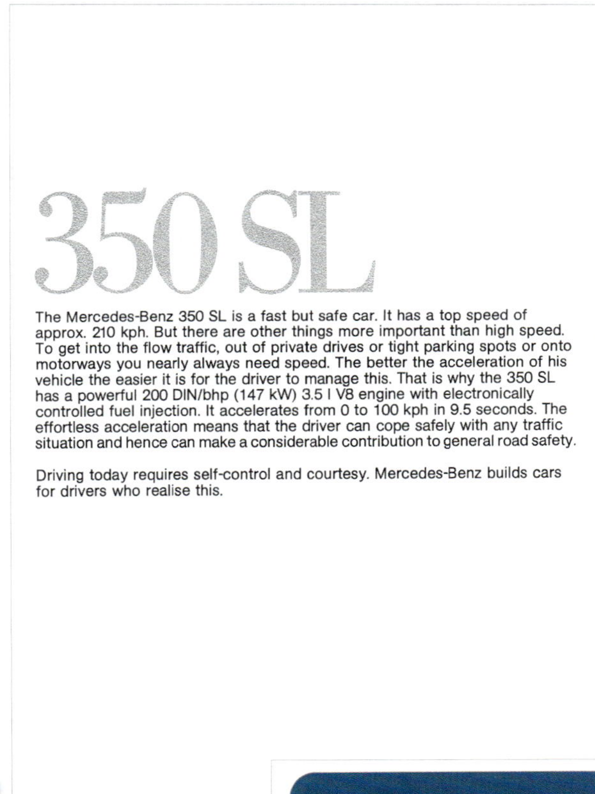

350 SL

The Mercedes-Benz 350 SL is a fast but safe car. It has a top speed of approx. 210 kph. But there are other things more important than high speed. To get into the flow traffic, out of private drives or tight parking spots or onto motorways you nearly always need speed. The better the acceleration of his vehicle the easier it is for the driver to manage this. That is why the 350 SL has a powerful 200 DIN/bhp (147 kW) 3.5 l V8 engine with electronically controlled fuel injection. It accelerates from 0 to 100 kph in 9.5 seconds. The effortless acceleration means that the driver can cope safely with any traffic situation and hence can make a considerable contribution to general road safety.

Driving today requires self-control and courtesy. Mercedes-Benz builds cars for drivers who realise this.

≋ Ample space for two, the solid construction, safety and comfort of a large saloon and the performance of a sports car – these are the outstanding features of the internationally acclaimed SL models.

The space behind the two folding seats is easily acessible and can be used as additional luggage room. Two children's seats can be fitted on request.

Pictures and text marked ≋ apply to both models described in this catalogue – 350 SL and 450 SL.

≋ An air duct connects the doors to the heating and ventilation system.

≋ The rounded instruments at the top of the safety instrument panel can be taken in at a glance.

≋ The outside mirror is adjustable from inside the car with the windows closed.

V8 engine with overhead camshafts, electronically controlled fuel injection and transistorised ignition.
350 SL: 200 DIN/bhp at 5,800 rpm
147 kW at 5,800/min

≋ In a split second the electronic control unit determines the correct amount of fuel according to the speed and operating condition of the engine.

≋ All four wheels have turbo blades for additional cooling.

Manual transmission and floor shift are standard fittings on the 350 SL. An automatic 3-speed transmission with torque convertor can be fitted on request.

450 SL

Externally the 450 SL only differs from the 350 SL in the name on the boot. There are, however, marked differences which would be noticed on a test drive. You select instead of changing gear. An automatic 3-speed transmission with torque convertor is fitted as standard on the 450 SL. You can devote your whole attention to the traffic instead of being destracted by having to change gear.

The 225 DIN/bhp (165 kW) 4.5 l V8 engine with electronically controlled fuel injection offers the best means of making maximum headway in traffic with due consideration for other road users. This engine is particularly powerful in the middle speed range. Maximum torque, 38.5 mkp (378 Nm), is reached at 3,000 rpm. This guarantees brisk acceleration.

The rear axle provides starting torque compensation and hence is adapted to the increased torque. The semi-trailing arms, wheel suspension and anti-roll bars are arranged to prevent the rear end from dipping when accelerating. On braking the rear end is forced down a little. However, spring travel is not affected and hence driving safety and comfort are increased.

Both SL models are supplied with a standard roadster hood which can be folded back and completely concealed beneath a cover. Then either the optional coupé roof can be fitted or the car can be left open.

Children's seats can be fitted in the back on request.

The two-speed windscreen wipers with intermittent control are correctly placed in the air stream on the windscreen so they do not lift at high speeds.

Both seats can be moved backwards and forwards and the angle of the backrest can be adjusted, the driver's seat is also adjustable for height.

All knobs, switches and levers are either flexible or recessed. There is one central switch for headlights, parking lights, fog lamps, rear fog lamps and

350 SLC

The clean, clear lines of Mercedes-Benz cars, uncluttered by short-lived fashionable accessories, will last for years without ever becoming outdated. The body of the 350 SLC is slightly wedge-shaped, low and sleek. The front and rear windscreens strongly inclined; the frameless side windows wind right down emphasizing the elegant proportions of the vehicle.
Getting in and out is easy. Functional high-quality interior fitments and maximum comfort are further advantages.

The 350 SLC is driven by a powerful 3.5 l V 8 200 DIN/hp (147 kW) engine with electronically controlled fuel injection. Its effortless acceleration is most impressive. Mercedes-Benz famous quality naturally means that the rest of the technical equipment matches the engine performance.

Mercedes-Benz power steering is a standard fitting on the 350 SLC and the 450 SLC. The hydraulic boost increases with the number of turns required, for example, when cornering or negotiating sharp bends. Complete feel of the road is constantly maintained. The front wheels immediately and accurately respond to the slightest movement of the steering wheel. The electric window winders are controlled by switches built into the central console between the front seats. They are an optional extra.

Pictures and text marked apply to both models described in this catalogue: 350 SLC and 450 SLC.

Wide doors and front seats which tip forward make it easy for passengers in the back to get in and out.

All knobs, switches and levers are flexible or flush-mounted. One central switch for headlights, parking lights, foglamps, rear f

Two-speed windscreen wipers with intermittent control. Correctly located in the air flow on the screen, there is

The interior of the SLC models is spacious but the overall dimensions are compact and suited to modern traffic conditions. The seats give adequate support and have firm sides. They are the result of exhaustive research and are anatomically correct. Head rests and inertia reel safety belts on the front seats are standard fittings. The velours upholstery is optional.

The front seat back rests tip forward. They can be fixed by a vacuum locking device and can only be released by pressing a knob.

Mercedes-Benz safety steering with large padded boss on the steering wheel, impact absorber under the padded boss; telescopic steering column; steering box located well behind the front axle.

Frameless side windows offer a clear all-round view.

450 SLC

Obvious differences between the 450 SLC coupé and the 350 SLC coupé are greater horse power, 225 DIN/bhp, 165 kW, automatic 3-speed transmission with torque convertor and a rear axle which has been adapted to the higher torque. The only external difference is the type designation on the boot lid.

The 4.5 l V8 engine is packed with power; effortless acceleration – from 0 to 100 kph in 8.8 seconds – reduces risks when overtaking.

Mercedes-Benz 450 SLC proves that driving does not have to be exhausting. The physical and mental strain on the driver are minimal, his reactions remain sharp, even on long journeys. The rear axle provides starting torque compensation and hence is adapted to the higher torque, 38.5 mph/378 Nm at 3,000 rpm. The semi-trailing arms, wheel suspension and anti-roll bar are so arranged that dipping of the rear end on acceleration is completely eliminated. On braking the rear end is forced down a little. However, spring travel is not affected and hence driving safety and comfort are increased.

Tests have shown that in 30 minutes driving in town traffic clutch and gears are operated about 110 times. The automatic 3-speed transmission with torque convertor, which is a standard fitting on this model, takes care of this for you and hence your full attention can be devoted to the traffic. Changing gear and operating the clutch is a thing of the past.

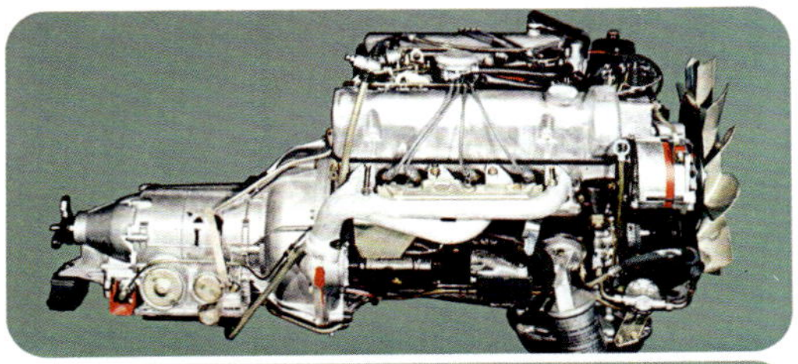

4.5 l V8 engine with electronically controlled fuel injection and transistorised ignition. 225 DIN/hp at 5000 rpm, 165 kW at 5000/min.

The rear axle of the 450 SLC now provides starting torque compensation and hence is adapted to the increased engine performance. This prevents dipping of the rear end on acceleration.

Two of the eight injection elements of the V8 engine.

The automatic 3 speed transmission with torque convertor and floor shift are standard fittings on the 450 SLC.

Dual circuit power braking system with disc brakes on all four wheels. Internally ventilated discs at the front.

Deutsche Werbung von Ende 1973. Sie zeigt, wie viele neue Modelle in den vergangenen Monaten auf den Markt kamen (links).

Heck des 450 SL.

Der 350 SL von 1973 trat in zahlreichen Werbefotos auf.

Ein 450 SLC von 1973. Von diesem Blickwinkel aus erkennt man den Frontspoiler am unteren Ende der Frontschürze, der Luft auf den Kühler leitet.

Instrument Cluster

1 Coolant temperature gauge (° F)
Red marking: Maximum permissible temperature for an antifreeze-blended fill protecting down to –22° F (–30° C)

2 Fuel gauge with reserve warning light (red)
Fuel reserve for approx. 40 km (25 miles)
For capacity, refer to page 97 and last page

3 Oil pressure gauge

4 Total mileage counter

5 Trip mileage counter

6 Knob for clock pointers
(press in for adjustments)

7 Electric clock

8 Revolution counter

9 Red mark on revolution counter:
Maximum permissible engine revolutions

10 Turn signal indicator light, right (green)

11 Brake pad wear indicator (red):
Light comes on while braking and driving if the front wheel brake pads are worn down.
Refer to page 48.

12 Control knob for instrument lights (continuous)

13 Resetting knob for trip mileage counter
(push button)

14 Brake warning light (red):
Illuminated if the parking brake is engaged or if the brake fluid level in the reservoir is low

15 Main beam indicator light (blue)

16 Charge indicator light (red):
Illuminated when the steering lock key is switched to driving position „2„ and must go out when the engine is running at idle

17 Turn signal indicator light, left (green)

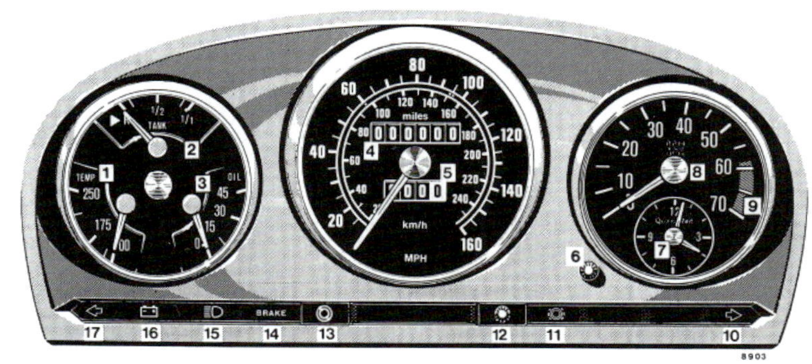

Die Instrumente für das Modelljahr 1974 im offiziellen englischen Handbuch. Die Uhr lag nun direkt unterhalb des Drehzahlmessers. Ihr ursprünglicher Platz wurde durch eine weitere Kugeldüse belegt. Man beachte auch die Symbole in der unteren Leiste. Manche Länder wie die USA verlangten an deren Stelle eine Beschriftung in Worten.

Heck eines 450 SLC aus dem Jahre 1974. Das zeitgenössische Farbbild zeigt die Leuchtenanordnung für den heimischen Markt.

Dieser Einspritzmotor war Mercedes-Benz-Enthusiasten bereits bekannt, denn er wurde im 280 E und 280 CE W 114 vom April 1972 an eingesetzt. Der 280 SE folgte einige Monate später. Übrigens wurde für den 280, den 280 C und den 280 S auch eine Vergaserversion mit 160 PS hergestellt.

Den Sechszylinder-Reihenmotor M 110.982 gab es nur für europäische SL- und SLC-Modelle. Der Doppelnockenwellenmotor mit 2746 cm^3 und einem Verdichtungsverhältnis von 9,01:1 entwickelte saubere 185 PS und ein Drehmoment von 238 Nm.

Zur Basisausstattung gehörte ein manuelles Vierganggetriebe Getrag G76/18B mit Übersetzungsverhältnissen von 3,90, 2,30, 1,41 und 1,00. Die Endübersetzung wurde mit 3,68:1 angegeben. Eine Fünfgangversion (G76/27-5) kostete DM 777; ihre Übersetzungsverhältnisse waren 3,96, 2,34, 1,44, 1,00 und 0,88 bei einer Endübersetzung von 3,92. Eine weitere Option bildete das Automatikgetriebe W4B025 mit vier Gängen (Übersetzungen 3,98, 2,39, 1,46 und 1,00), einem Drehmomentwandler und einer Endübersetzung von 3,69:1.

Es gab noch weitere Veränderungen: Die 280er hatten Reifen vom Typ 185 HR 14 anstelle von 205/70 VR 14 wie bei den V8-Wagen.

Ein 2,8-Liter-Motor mit Treibstoffeinspritzung und doppelter oben liegender Nockenwelle als Ausstellungsobjekt. In der Serienfertigung wurde der Zylinderkopfdeckel nicht poliert. Im Vergleich mit früheren SOHC-Motoren brachte dieses Aggregat 20 Prozent mehr Leistung und gab 15 Prozent weniger Kohlenwasserstoffe und zehn Prozent weniger Kohlenmonoxid ab.

280 SLC

A new model has been added to the sporty but extremely comfortable 350 SLC and 450 SLC coupés: Mercedes-Benz 280 SLC.
The three models look the same – apart from the lettering on the boot lid – but each has a different engine output.
The 280 SLC is fitted with the well-proven 6 cylinder, twin camshaft engine which is one of the most modern reciprocating engines in the world.
The crankshaft is bedded in seven bearings; twelve counter weights ensure precise balancing – this guarantees exceptionally quiet running. A two-mass vibration damper at the end of the crankshaft absorbs even the slightest vibrations.
This revvy 6 cylinder engine runs as smoothly as an 8 cylinder engine.
The excellent design of the combustion chamber – cylinder head with hemispherical combustion chamber and V-shaped valve arrangement – results in a very good performance/consumption ratio and produces low-pollutive exhaust emissions.
Output: 185 DIN/bhp (136 kW) at 6,000/min.
From 0 to 100 km/h: 10.1 s.
This guarantees good acceleration and the ability to cope with any traffic situation.
The engine is equipped with the proven electronically controlled fuel injection system, as used in the 3.5 and 4.5 litre V 8 engines, which keeps fuel consumption to a minimum: 12.5 litres per 100 km according to DIN 70030.

Eine zusätzliche Prospektseite zur Einführung des 280 SLC. Das Bild befand sich in einer Prospektmappe vom Jahresende 1974. Man hatte sie auf den letzten Stand gebracht, und sie zeigte das neue Armaturenbrett mit der Uhr an der neuen Stelle.

Beide jedoch wurden auf 6,5-J-Felgen montiert. Stahlfelgen waren Standardausführung, Leichtmetallfelgen gab es als Extra. Übrigens wurden damals auf Leichtmetallfelgen schlauchlose Reifen verwendet. Bemerkenswert war auch, dass in die 2,8-Liter-Wagen eine Batterie mit 55Ah eingebaut wurde. Die Wagen mit größeren Motoren hatten Batterien mit 66 Ah. Dank diesen Veränderungen waren die 280er 40 Kilogramm leichter als die entsprechenden 3,5-Liter-Autos und 80 Kilogramm leichter als die 4,5-Liter-Modelle.

Eines der ersten Werbefotos des 280 SL. Man beachte die neue Position der Antenne. Man hatte sie für das Modelljahr 1974 von vorn auf der Fahrerseite auf das hintere Seitenteil verlegt. Übrigens brauchte der 280 SL rund 9,5 Sekunden für die Beschleunigung von 0 auf 100 km/h. Man konnte ihn also nicht gerade als Geschoss bezeichnen.

Erneut der 280 SL. Auf dieser Dreiviertelansicht erkennt man die Plakette und die schmaleren Reifen, mit deren Hilfe man die kleiner motorisierten Wagen von ihren Stallgefährten mit V8-Motor unterscheiden kann. Der einzige Unterschied innen fand sich beim Drehzahlmesser; der rote Bereich begann bei 6500 U/min.

Als Teil eines Forschungsprogramms über alternative Kraftstoffe produzierte Mercedes-Benz einen 450 SL, den man auch mit Methanol betreiben konnte. Das Innere sah eher einem Labor als einem Luxussportwagen ähnlich, doch der Motor leistete mit diesem Treibstoff nicht weniger als 252 PS.

Der deutsche Fußballheld Gerd Müller mit seinem 450 SLC im Jahre 1974. Der Spieler von Bayern München gewann mit der Nationalelf die Weltmeisterschaft und schoss dabei das entscheidende Tor.

Das Sperrdifferenzial wurde in der Liste der Extras für den 350 und den 450 aufgeführt, fehlte aber für die 2,8-Liter-Modelle. Die Funkentstörung für das Radio kostete für beide 280-Versionen DM 89. Im Vergleich mit den 350- und 450-Modellen bestand der einzige Unterschied in der Liste der Sonderausstattungen im Fehlen der Scheinwerfer-Wisch-Waschanlage für den 280 SL. Für den 280 SLC konnten die Käufer sie hingegen ordern, wenn sie das Bedürfnis danach empfanden.

Mit dem Bau der Vorserie der begann man im Mai 1974, gerade als Willy Brandts Regierung mit der Guillaume-Affäre beschäftigt war. Die volle 280er-Produktion setzte drei Monate später ein. Durch ihr Erscheinen auf der Preisliste vom Juni 1974 gelang es mindestens

280 SLC 350 SLC 450 SLC

The Mercedes-Benz range now includes special models – the SLC coupés – which were particularly designed for those drivers who appreciate the spacious interior, comfort and quietness of Mercedes-Benz saloons but do not want to forgo the unique, sporty qualities of the SL Models. There is a noticeable difference between these coupés and the sporty SL-two seater. In profile it looks sleeker, the rear and side windows larger. This is no illusion. The wheelbase, vehicle length and interior are larger. These coupés have ample room in the back. They are comfortable touring cars and can seat four. The 280 SLC is driven by a well proven and powerful 185 DIN/hp (136 kW) 6-cylinder twin overhead camshaft engine.

The 350 SLC has a powerful 3.5 l V 8 200 DIN/hp (147 kW) engine with electronically controlled fuel injection. Its effortless acceleration is most impressive. Mercedes-Benz famous quality means that the rest of the technical equipment matches the engine performance. Mercedes-Benz 350 SLC proves that driving does not have to be exhausting. The physical and mental strain on the driver are minimal, his reactions remain sharp, even on long journeys.

Obvious differences between the 450 SLC coupé and the 350 SLC coupé are greater horse power (225 DIN/bhp, 165 kW), automatic 3-speed transmission with torque convertor and a rear axle which has been adapted to the higher torque. Th 4.5 l V 8 engine is packed with power; effortless acceleration – from 0 to 62 mph in 8.8 seconds – reduces risks when overtaking, e.g. on highways. The rear axle provides starting torque compensation and hence is adapted to the higher torque (38.5 mph/378 Nm at 3,000 rpm). The dipping of the rear end on acceleration is completely eliminated.

280 SL 350 SL 450 SL

The Mercedes-Benz's SL models – exclusive two seaters with a roadster hood or slightly dished coupé roof – are by no means run of the mill, everday cars. Ample space for two, the solid construction, comfort and safety of a large saloon and the performance of a sports car. In designing the SL models we have put even more emphasis on driving comfort. Improved, redesigned running gear, high engine performance and superb interior appointments have made it possible to achieve a hitherto unprecedented degree of comfort. The 280 SL is fitted with the well proven 6 cylinder, twin overhead camshaft engine. Performance: 185 DIN/hp (136 kW).

The Mercedes-Benz 350 SL is a fast but safe car. It has a top speed of approx. 210 kph. But there are other things more important than high speed. To get into the flow traffic, out of private drives or tight parking spots or onto motorways you nearly always need speed. The better the acceleration of his vehicle the easier it is for the driver to manage this. That is why the 350 SL has a powerful 200 DIN/bhp (147 kW) 3.5 l V 8 engine. It accelerates from 0 to 62 mph in 9.5 seconds. Driving today requires a controlled smooth driving style and courtesy. Mercedes-Benz builds cars for drivers who realise this.

The name on the boot is the only external distinguishing feature. There are, however, marked differences which would be noticed on a test drive. An automatic 3-speed transmission with torque convertor is fitted as standard on the 450 SL. You can therefore devote your whole attention to the traffic. The 225 DIN/bhp (165 kW) 4.5 l V 8 engine offers the best means of making maximum headway in traffic with due consideration for other road users. The rear axle provides starting torque compensation and hence is adapted to the increased torque. The semi-trailing arms, wheel suspension and anti-roll bars are arranged to prevent the rear end from dipping when accelerating.

All three standard SL models are roadsters (with folding hood). The roadster hood folds down completely into a covered recess. The car can now be driven without a hood or with the coupé roof supplied as an optional extra.

Ausschnitte aus einer englischen Broschüre vom Januar 1975.

teilweise, den Preisanstieg innerhalb der Baureihe 107 zu verbergen. Mitte des Jahres 1974 kostete die Basisversion des 280 SL DM 32 445, der 350 SL schlug mit DM 35 824 zu Buche und der 450 SL mit DM 39 839. Coupés waren wie folgt ausgepreist: 280 SLC DM 37 218, 350 SLC DM 40 615 und 450 SLC DM 44 666.

Mit dem Beginn der Sommermonate wurde für alle Wagen eine Sitzheizung als neues Extra verfügbar. Sie kostete vorn pro Sitz DM 200 und DM 400 für die Rücksitze im SLC. Zu jener Zeit konnte man für den C 107 auch Armlehnen vorn für DM 133 bestellen.

Die amerikanische Gesetzgebung, die eher von den Versicherungsgesellschaften als von der Sorge um die Sicherheit bestimmt wurde, verlangte 1974 für die in die Staaten exportierten SL und SLC ein neues Stoßfängerdesign. (Foto: MB USA)

Trotz einiger Kosten sparender Maßnahmen, etwa dem Ersatz des metallenen Sterns auf dem Kühlergrill durch ein verchromtes Plastikteil, stiegen die Preise im Februar 1975 erneut. In der gesamten Baureihe 107 betrug der Aufschlag knapp sechs Prozent. Damit kostete das Flaggschiff 450 SLC nunmehr DM 47 264. Zu jener Zeit wurde das optionale Becker-Grand-Prix-Stereoradio durch deren Cassettenradio-Modell Monza ersetzt. Allwetterreifen wurden zu einem kostenpflichtigen Extra, und für den 280 SL gab es nun auch die Scheinwerfer-Wisch-Waschanlage.

Obwohl es sich nicht um ein Modell der Baureihe 107 handelte, sollten wir doch noch das Modell 450 SEL 6.9 erwähnen. Es kam im Mai 1975 auf den Markt – später als erwartet, denn die meisten Autobauer dachten damals, kleiner sei angesichts der Ölkrise besser. Dieses Flaggschiff der S-Klasse W 116 bekam einen mächtigen V8-Motor mit 6834 cm^3 Hubraum, der 286 PS leistete. Es war mit einer speziellen hydropneumatischen Federung ausgestattet.

Die US-amerikanische Szene

Die große Neuigkeit für Amerika im Jahre 1972 bestand in der Markteinführung des 350 SLC 4.5. Er kam im Juli in die Showrooms. Angetrieben wurde er wie der SL, der in den USA schon großen Eindruck gemacht hatte, vom Motor M 117.982. Das Auto hatte ein Automatikgetriebe, Servolenkung, Lederpolster, Klimaanlage, Zentralverriegelung, elektrische Fensterheber, getönte Scheiben rundum, ein beheizbares Heckfenster mit automatischer Abschaltung, Stereoradio Becker Europa mit elektrisch ausfahrbarer Antenne, zwei Außenspiegel und Nebelleuchten vorn serienmäßig. Die einzigen wirklichen Sonderausstattungen gegen Aufpreis waren nur noch Metallic-Lackierung, Leichtmetallräder, ein Sperrdifferenzial und ein Sonnendach.

Road & Track vermerkte, wie gut die Männer bei Mercedes-Benz die Abgasnormen einzuhalten geschafft hatten. Ihr Motor war gleichzeitig sehr geschmeidig und laufruhig: »Die elektronische Treibstoffeinspritzung verringert frühere Probleme auf ein Minimum. Vom Stillstand aus startet das Auto eher gemütlich. Doch wenn der Motor eine Drehzahl von 3000 U/min erreicht hat, fühlt er sich stark an und lässt bis zum Erreichen der Obergrenze von 5800 U/min einen schön kraftvollen, aber gedämpften Sound erklingen.«

Großes Lob gab es für das Dreigang-Automatikgetriebe, das Fahrgefühl, das Handling und die Bremsen. Der Treibstoffverbrauch galt als hoch, wenngleich die Zeitschrift als Erste zugab, dass »geringe Treibstoffersparnis der Preis ist, den wir alle für weniger Abgase und niederoktanige Triebstoffe zahlen müssen«.

Die Redaktion mit Sitz in Kalifornien fasste ihren Testbericht folgendermaßen zusammen: »Das Auto macht einen guten Job … Für $ 15 000 darf man viel erwarten und bekommt es mit dem SLC auch.«

Ein 450 SLC mit amerikanischer Spezifikation auf der Montagelinie in Sindelfingen.

Dieser Ansicht schloss sich auch das Magazin *Motor Trend* an, das dazu meinte: »Das Hauptproblem des 350 SLC 4.5 ist, dass die meisten von uns ihn niemals besitzen werden.«

Nur wenige Monate nach der Markteinführung, in der ersten Novemberhälfte 1972, wurde der 350 SLC 4.5 in 450 SLC umbenannt, und aus dem 350 SL 4.5 wurde der 450 SL. Den Besitzern der ersten Wagen wurde mitgeteilt, man würde ihnen die entsprechende Plakette mit der Aufschrift »450 SL« oder »450 SLC« zusenden und sie sollten sie einfach austauschen. Das war eine einfache Arbeit, weil der Zusatz »4.5« nur auf Papieren, nicht aber in der Plakette auf dem Auto auftauchte.

Zu diesem Zeitpunkt hatte die Firma Mercedes-Benz of North America ihr Hauptquartier von Fort Lee in größere, eigens errichtete Gebäude nach Montvale, ebenfalls in New Jersey, verlegt. Die Wagen des Modelljahres 1973 kamen am 11. September 1972 bereits von dort und hatten mehrere Bauteile, darunter auch die Sonnenblenden, nun aus neuem, schwer entflammbarem Material. Eine größere Seitenleiste, neue Sicherheitsgurte und neue Kopfstützen wurden als Standard eingebaut.

Der 450 SL hatte einen Listenpreis von $ 12777. Der 450 SLC als Flaggschiff der Serie kostete $ 16498. Die Sealed-Beam-Scheinwerfer erhielten im Frühjahr Glühlampen mit 50 statt 40 Watt und kurze Zeit darauf gab es auch eine Scheinwerfer-Waschanlage für die US-amerikanische Leuchteneinheit.

1972 war mit 41556 verkauften Fahrzeugen ein Rekordjahr. Davon machten der 450 SL 6657 und der 450 SLC 332 Einheiten aus.

Amerikanische Werbung aus dem Jahre 1975.

Die Verkaufszahlen blieben 1973 beim SL ähnlich, während der SLC in seinem ersten vollen Verkaufsjahr auf 2332 Einheiten zulegte.

Ein Tempomat kam rechtzeitig für die Saison 1974 auf den Markt – Amerika bekam ihn als erster Kontinent. Die frühesten Versionen hatten Schalter auf der Mittelkonsole neben den Bedienelementen für die Klimaanlage. Ab 1976 lag die Steuerung an einem zusätzlichen Lenkstockhebel. Außerdem bekamen die kalifornischen Autos für das Jahr 1974 ein neues Unterboden-Hitzeschutzblech, um Waldbrände zu verhüten.

Im September 1973 erschien die Preisliste für das Modelljahr 1974. Der 450 SL kostete nun \$ 15 450, und zur Grundausstattung gehörte auch das Hardtop. Der 450 SLC war für \$ 19 450 zu bekommen. Nicht lange danach veränderte sich das Aussehen der für die USA bestimmten Autos für alle Zeiten, denn es wurde die sogenannte »Crash«-Stoßstange eingeführt, der die Gesamtlänge eines europäischen R/C 107 um volle 250 Millimeter vergrößerte. Im letzten Augenblick, im Januar 1974, verlangten die Behörden auch noch neue Nebelscheinwerfer und neue Blinker. Diese wanderten weiter nach oben und weiter nach vorn, näher zu den Stoßstangen hin.

Sportwagen erhielten eine Frist von einem Jahr, um diese neuen Stoßstangen einzuführen. Doch die Baureihe 107 hielt sich wie auch der Porsche 911 an den ursprünglich vorgegebenen Zeitplan. Andere Fahrzeuge wie der Porsche 914 nutzten die neue Frist, und das erklärt, warum einige Autos diese hässlichen Verlängerungen früher als andere bekamen, obwohl sie aus demselben Land stammten und auf demselben Markt verkauft wurden.

Road & Track verglich in der Februarausgabe 1974 »fünf ausgefallene offene GTs«: den 450SL, den Porsche 911, den Jaguar E-Type, den Ferrari Dino und die Chevrolet Corvette. Die Autoren waren zu Recht genervt von den neuen »scheußlichen Sicherheits-Stoßfängern« und fragten sich, warum man nicht mehr unternommen hatte, um sie ästhetisch ansprechender zu gestalten.

Der Mercedes war das langsamste Auto in dieser Gruppe, gewann aber im Bereich Ergonomie und wurde Zweiter bei der Fahrdynamik. Ein faszinierendes Detail trat bei den Tests zutage: Der SL erwies sich bei 112 km/h mit heruntergeklapptem Verdeck als ruhiger als mit aufgezogenem. Ob die Fenster heruntergekurbelt waren oder nicht, machte kaum etwas aus. Der Dino und der 911 galten als Favoriten bei den reinen Sportwagen, während die Corvette und der E-Type als besonders preiswert galten. Den SL betrachteten die Autoren als »eine Klasse für sich: nicht als einen Sportwagen – doch schnell genug für fast alle Ansprüche und ein wundervoller Zweisitzer für jemanden, der sich Qualität, nicht aber unbedingt ein aufregendes Fahrerlebnis wünscht«.

Übrigens sah es so aus, als sei bei kalifornischen Fahrzeugen die Leistung in dieser Zeit auf 190 PS zurückgegangen. Doch der Grund lag in anderen Maßangaben (SAE statt DIN). Der 4,5-Liter-Motor brachte weiterhin eine Leistung von 195 PS. Im Sommer 1974 gelangten allmählich die ersten »Anti-Smog«-Autos auf den kalifornischen Markt, und diese hatten dann tatsächlich eine geringere Leistung.

In Zusammenhang mit der zweiten Ölkrise und vielleicht auch mit Richard Nixons Rücktritt infolge des Watergate-Skandals gingen die US-Verkaufszahlen von Mercedes-Benz zurück, von 42 405 auf 38 826 Einheiten. Bei der Baureihe 107 fielen die Verkäufe 1974 auf knapp unter 6000 SL und 2000 SLC.

Im September 1974 wurden die Modelle des Jahres 1975 vorgestellt. Der SL kostete damals \$ 17 653, der SLC \$ 4400 mehr. Diese Autos wiesen eine große Zahl von Veränderungen auf, um die kalifornischen Umweltbestimmungen für das Jahr 1975 zu erfüllen. Die auffälligste war der Einbau von Katalysatoren, die zu diesem Zeitpunkt noch im Motorraum lagen. Das war eine gewaltige Aufgabe für die Ingenieure von Mercedes-Benz. Sie mussten dazu sogar die Batterie in den Kofferraum verlegen und mehrere andere Teile ändern. Der Motor mit den kalifornischen Spezifikationen leistete wegen des Kats und der Abgasrückführung nur noch 180 PS und erhielt die Bezeichnung M 117.983.

Trotz der Rezession hatte Mercedes 1975 ein Rekordjahr in den USA und verkaufte 45 259 Einheiten. Es wurden 6015 Wagen des Typs 450 SL und 1563 Wagen des Typs 450 SLC abgesetzt – deutlich mehr als die halbe Jahresproduktion der Baureihe 107. Von den sparsamen, dieselgetriebenen 240 D und 300 D nahmen die Amerikaner allerdings 16 500 Stück ab, und das zeichnet wohl ein realistischeres Bild von der Wirtschaft in den USA seinerzeit.

Die Rechtslenker-Märkte

Großbritannien blieb weiterhin ein lukrativer Exportmarkt für Mercedes-Benz. Im Juni 1972 kostete der 350 SL £ 5361 und £ 5578 mit Hardtop. Der 350 SLC stieß im darauffolgenden Monat zur Angebotspalette und kostete happige £ 7395. Aber die Basisversion umfasste dabei auch Automatikgetriebe, Metallic-Lackierung, Kopfstützen und Heckscheibenheizung.

Die Preise stiegen danach deutlich an. Mitte des Jahres 1973 musste man für den 350 SL £ 6798 und für den 350 SLC £ 8898 bezahlen – und das zu einer Zeit, als die Basisversion der 220 Limousine nur £ 3263 kostete. Damit waren die Kunden jedenfalls auf den hohen Preis der 450er mit 225 PS vorbereitet, die im Juli jenes Jahres auf den Markt kamen. Der offene Wagen kostete £ 8598, der geschlossene £ 10435.

Ohne Zweifel hätte das Timing besser sein können, denn die Benzinrationierung begann im November 1973, und ein teurer »Benzinsäufer« war wohl das letzte, was sich die meisten Käufer damals wünschten. Das erklärt wahrscheinlich, warum beim Wechsel zum Jahr 1974 nur der Preis der 3,5-Liter-Modelle erhöht wurde.

Ein 350 SL mit Rechtslenkung von 1972 für den britischen Markt. Nebelleuchten vorn gehörten zur Standardausrüstung.

Der 350 SLC wurde für das Frühjahr 1972 in Großbritannien erwartet, stand aber erst im Juli bei den Händlern. Zu jenem Zeitpunkt war der erwartete Preis von £ 7000 um rund £ 400 zu gering angesetzt.

Die V8-Modelle verkauften sich in Großbritannien überraschend gut. In den frühen 1970er-Jahren stand das Vereinigte Königreich tatsächlich an zweiter Stelle der Verkaufsstatistik.

Mercedes-Benz UK Ltd. siedelte sich im Januar 1974 in Brentford, Middlesex, an. Damals bekamen alle für Großbritannien bestimmten Wagen Automatikgurte und Kopfstützen als Standardausrüstung. Vom selben Monat an erhielten auch alle Autos weltweit ein zusammenlegbares Warndreieck.

MotorSport testete im Mai 1974 den 450 SL. Clive Richardson war alles andere als erfreut, dass er £ 378 für Leichtmetallfelgen, £ 46 für ein Sperrdifferenzial, £ 679 für eine Klimaanlage und getönte Scheiben, £ 133 für elektrische Fensterheber, £ 312 für das Becker-Stereoradio Europa (£ 116 für die Mono-Ausführung) und £ 105 für zusätzliche Sitze hinten bei einem Auto ausgeben musste, dessen Preis ohnehin schon hoch war. Der Grund lag teilweise an den Devisenkursen, teilweise an Importsteuern. Trotzdem gab er zu: »Abgesehen von seiner Exklusivität, Schönheit und Eleganz, die ihn überall zu etwas ganz Besonderem machen, und auch abgesehen von seiner Anpassungsfähigkeit an das Wetter zahlt der Kunde vor allem für exzellente Ingenieurskunst und Sicherheit – passiver wie aktiver Art.«

In der Liste der Modelle für das Jahr 1975 tauchte der 350 SLC nicht mehr auf. Der 350 SL stand mit £ 6868, der 450 SL mit £ 8442 und der 450 SLC mit £ 10246 parat. Die Palette der Preise bei Mercedes reichte damals von £ 3823 bis zu £ 20571 (für die 600 Limousine mit langem Radstand).

Die Zeitschrift *Classic Cars* testete für ihre Märzausgabe 1975 einen 450 SLC, und Michael Bowler schrieb dazu: »Irgendwie ist für deutsche Wagen die nahezu absolute Stille, die das Ziel der britischen Luxusautos darstellt, nicht so wichtig. Es ist immer irgendein mechanisches Geräusch zu hören, das einem sagt, dass der Motor noch funktioniert.« Jedenfalls schienen die Reifen die größte Lärmquelle zu sein.

Er fuhr fort: »Das Fahrgefühl ist für Mercedes-Verhältnisse eher sportlich als touristisch, denn man spürt Unebenheiten der Fahrbahn, und die Dämpfung erscheint fest. Aber sie ist immer noch viel besser als bei einer üblichen Mittelklasse-Limousine und insgesamt sehr bequem.« Nach dem Lob für die Bedienung und die Bremsen und die vielen »originellen Besonderheiten« des Designs bezeichnete Bowler den 450 SLC als »einen superben Wagen mit einem wundervollen Erbe an Ingenieurskunst im Rücken.«

Auch *Autocar* testete den 450 SLC, der damals serienmäßig Scheinwerfer-Wisch-Waschanlage und ein Sonnendach besaß. Die Zeitschrift hielt fest, dass das Auto mehrere Dinge zu bieten habe, etwa »luxuriöse Höchstleistung für vier Personen mit wundervollem Komfort, ein hohes Niveau bei der Straßenlage, der Bedienung und beim Fahrgefühl sowie gute Bremsen«. Und obwohl der Wagen viel Geld koste, sei er »wundervoll ausgereift – ein Auto für den Kenner«. Auf der Schattenseite stand der »nicht abzustreitende Durst des Wagens nach Superbenzin [98 Oktan]«. Das Testteam ermittelte einen Verbrauch von 20,1 Litern auf 100 Kilometer.

Als Spitzengeschwindigkeit maß man 218 km/h, und von 0 auf 100 km/h brauchte er genau 9 Sekunden. Diese Zahlen wurden mehr oder minder von einem Test der Zeitschrift *Motor* einige Monate später bestätigt. Sie gab bei einem Vergleich mit dem Jaguar XJ-S mit V12-Motor als Höchstgeschwindigkeit 214 km/h und als Zeit für die Beschleunigung von 0 auf 100 km/h 8,5 Sekunden an. Der Treibstoffverbrauch fiel bei diesem Test mit 18,8 Litern auf 100 Kilometer günstiger aus – 22,2 Liter auf 100 Kilometer übrigens für die »große Katze«.

In Japan kostete der 350 SL im Jahre 1973 Yen 6670000; der 350 SLC kam auf Yen 7400000. Die 1973er-Modelle hatten eine Vorrichtung gegen Kraftstoffverdunstung. Ende des Jahres wurden nur noch 450er mit 225-PS-Motoren nach europäischer Spezifikation importiert; der SL kostete Yen 7200000, der SLC 8000000. Ein

Ein britischer 450 SLC des Modelljahrs 1975.

Ein 450 SL des Modelljahres 1974, der an mehreren Tests in Großbritannien teilnahm und auch 1975 in einigen internationalen Katalogen abgebildet wurde.

Ein 350 SL mit britischer Spezifikation, Leichtmetallfelgen und farblich kontrastierendem Hardtop.

Werbung eines Tokioter Händlers für den 350 SLC, Mitte 1973. Japanische Wagen hatten amerikanische Blinker an der Seite und europäische Scheinwerfer.

Der renommierte japanische Autoimporteur Yanase gab im Oktober 1974 diese attraktive Broschüre heraus.

Umschlag einer japanischen Broschüre vom September 1975, herausgegeben von Yanase. Unten der Innenraum aus demselben Prospekt. Es war das letzte Modell mit einem 225-PS-Motor.

Geschwindigkeitswarnsystem wurde im Frühjahr 1975 in das Armaturenbrett der japanischen Modelle eingebaut. Damals kostete der 450 SL 8070000 Yen und damit 25 Prozent mehr, als man für den 350 SL genau drei Jahre zuvor hatte bezahlen müssen.

Australien begann im Modelljahr 1973 mit dem Import des 350 SLC Automatik; er kostete AU-$ 22197 im Vergleich zu AU-$ 16814 für den 350 SL. Vom März 1974 an kamen der 450 SL und der 450 SLC zum Angebot hinzu. Wie die 3,5-Liter-Autos wurden auch diese damals von Motoren mit europäischer Spezifikation angetrieben. Trotzdem beschrieb der Journalist Peter Robinson den 450 SL als »zweisitzige Limousine«. Er war von der Gesamtleistung des Wagens emotional nicht berührt, obwohl dieser alle Aufgaben außergewöhnlich gut bewältigte. Die Preise stiegen wegen der Devisenkurse dauernd in »Down Under«, und Ende 1974 kostete der 350 SL AU-$ 18 260, der 350 SLC AU-$ 22708, der 450 SL AU-$ 19287 und das Flaggschiff 450 SLC gewaltige AU-$ 23917. Einige Monate später lag das Spitzenmodell schon bei über AU-$ 30000!

Neuheiten aus Deutschland

Aus Deutschland gab es wenig zu berichten, abgesehen von neuen Lackfarben und ein paar zusätzlichen Sonderausstattungen. Das Becker-Radio Europa Kurier mit elektronischem Verkehrsfunk-Decoder stieß im Juli 1975 zur Liste der Sonderausstattungen, und damals wurde die Garantie auf ein Jahr mit unbegrenzter Kilometerzahl ausgedehnt. Im darauffolgenden Monat gab es für Wagen mit Automatikgetriebe eine vom Lenkstockhebel aus gesteuerte Geschwindigkeitsregelanlage für DM 389. Alle Modelle bekamen neue Kopfstützen; der SLC zusätzlich noch eine Gurtführung an der Außenseite der Kopfstützen. Als Option

Doppelseite aus einem englischen Prospekt vom Juli 1975. Das Bild zeigt einen in Frankreich zugelassenen SL. Die Bilder waren allerdings älter, und nur die Abschnitte über den 280 SL und den 280 SLC in der deutsche Broschüre stammten wirklich aus jener Zeit. Man beachte die gelben Nebelleuchten am französischen Wagen.

gab es einen Beckengurt für die Mitte der Rückbank. Das war sinnvoll, denn der C 107 war breit genug, um fünf Personen aufzunehmen. Für dieses Extra kamen weitere DM 40 zur bereits bestehenden Sitzgurtoption hinzu. Zusätzlich kam eine Bremsbelagverschleißanzeige hinzu, und der Kofferraum war nun voll ausgekleidet. Gegen Ende des Jahres konnte der Kunde beim Radio Monza Stereo wählen zwischen Standardausführung und Verkehrsfunkdecoder, und das Radio Grand Prix tauchte bei den Extras wieder auf, zumindest für den SLC.

Im November 1975 tauschte man die elektronisch gesteuerte Einspritzung Bosch D-Jetronic bei allen 4,5-Liter-V8-Motoren gegen ein mechanisches Bosch-K-Jetronic-System aus – zwei Monate, nachdem die für den US-Markt bestimmten Wagen schon damit ausgerüstet wurden. Zur selben Zeit wurden auch eine kontaktlose Transistorzündung und hydraulischer Ventilspielausgleich eingeführt, was zu einer neuen Motorenbezeichnung führte: M 117.985. Obwohl die Verdichtung mit 8,8:1 dieselbe blieb, sank die Leistung leicht auf 217 PS.

Auch der 3,5-Liter-V8-Motor erhielt im Februar 1976 die Bosch K-Jetronic. Mit denselben Veränderungen wie beim 4,5-Liter-Aggregat ergab sich auch hier eine neue Motorbezeichnung (M 116.984). Das

Ein 450 SL von 1976. Es gibt mehrere Winterbilder mit diesem Auto.

Verdichtungsverhältnis sank allerdings von 9,5:1 auf 9,0:1, was auch die Leistung auf 195 PS verringerte. Diese Maßnahmen galten der Emissionsminderung. Aber der 3,5-Liter-Motor war nun nur noch für Europa gedacht, denn Japan und Australien setzten beim SL und beim SLC nur noch auf den 4,5-Liter-Motor.

Zu Beginn des neuen Jahres wurden neue Außenspiegel wie bei der neuen Limousine W 123 montiert. Sie waren leicht zu identifizieren, weil sie mehr Gummi an der Innenkante aufwiesen. In der Jahresmitte wurde das manuelle Fünfganggetriebe aus der Liste der Extras für die 2,8-Liter-Modelle gestrichen. Diese waren übrigens die einzigen gewesen, die man in den 1970er-Jahren mit einem Fünfganggetriebe angeboten hatte. Das Automatikgetriebe wurde verändert und erhielt nun die neue Typenbezeichnung 722.112, obwohl es sich immer noch um das Vierganggetriebe W4B025 handelte. Das manuell geschaltete Fünfganggetriebe kehrte im Oktober 1981 als Standardausstattung für den 280 SL zurück.

Die einzige weitere sichtbare Veränderung betraf den Einbau einer beheizten Heckscheibe beim SLC; beim SL konnte man diese bis zum Februar 1977 weiterhin als Extra bestellen. Es gab auch Verbesserungen beim Tempomat und bei der Klimaanlage, und die neuen Fensterkurbeln der Baureihe W 123 wurden nach und nach in die wenigen 107er übernommen, die noch nicht über elektrische Fensterheber verfügten.

Im September 1976 kam die Bosch-K-Jetronic-Einspritzung auch für den 2,8-Liter-Motor. Seine Verdichtung fiel auf 8,7:1, was die Leistung auf 177 PS verringerte. Dafür entstanden weniger Abgase in dieser von sauberer Verbrennung geradezu besessenen Zeit.

Zu Beginn der 1970er-Jahre hatte die Welt plötzlich bemerkt, dass Erdöl ein wichtiger Rohstoff war und dass die Verschmutzung durch Abgase alle möglichen Umweltprobleme verursachte. Gewisse Staaten wie Kalifornien und Japan wurden sozusagen über Nacht »grün«. Das zwang die Hersteller, über die Funktionsweise von Verbrennungsmotoren erneut nachzudenken. Den wahrscheinlich bei Weitem effizientesten Weg, um mit diesen Schadstoffemissionen zurechtzukommen, fanden Honda-Ingenieure mit ihrer erfolgreichen CVCC (Compound Vortex Controlled Combustion). Andere Techniker entwickelten ihren eigenen Ideen, und Alex Nagel leitete bei Mercedes-Benz ein Team, das sich ernsthaft mit Magergemischmotoren beschäftigte, sei es mit Einspritzung oder mit Vergaser. Interessanterweise kamen die Ingenieure bei ihren Forschungen zum Schluss, dass es am besten sei, Katalysatoren zu vermeiden. Der Autor dieses Buchs bezweifelt bis auf den heutigen Tag, dass sie während der gesamten Lebensdauer voll funktionieren, obwohl sie sich durch moderne Forschungen effizienter geworden sind.

Für die Händler war der Start der Baureihe W 123 zu Beginn des Jahres 1976 ein wichtiges Ereignis. Damit wurde die Reihe der Einstiegsmodelle modernisiert. Dazu gehörten viele Fahrzeuge, ange-

Ein 450 SLC von 1976. Die Aufnahme stammt aus einer ganzen Reihe, die mit mehreren Fahrzeugen der Baureihe 107 in alpiner Umgebung aufgenommen wurden.

fangen von einem neuen 200 bis zum 280 E mit Kraftstoffeinspritzung und einer Auswahl von Dieselmotoren.

Durch den Erfolg der W-123-Limousinen konnte das Werk Untertürkheim im Februar 1976 das fünfmillionste Fahrzeug nach Kriegsende produzieren. Im darauffolgenden Monat starb Karl Wilfert. Trotzdem präsentierte Mercedes-Benz auf dem Genfer Autosalon 1977 die populären Coupé-Versionen des W 123. Sie erhöhten die Attraktivität der ganzen Baureihe.

Im Februar 1977 wurden die seit längerer Zeit stabilen Preise für den R/C 107 erhöht. Der 280 SL kostete nun DM 35 620, der 350 SL DM 39 361 und der 450 SL DM 43 856. Beim SLC schlug die 2,8-Liter-Version mit DM 37 090 zu Buche, der 350 SLC mit DM 40 460 und der 450 SLC mit stolzen DM 44 510. Auch die Preise für Sonderausstattungen stiegen entsprechend. Der Verbandkasten gehörte beim SLC nun zur Standardausstattung. Dafür war die Rücksitzbeheizung nicht mehr verfügbar.

Im Mai 1977 ersetzte man das manuelle Vierganggetriebe in den 2,8-Liter-Wagen durch das G76/18D mit den Übersetzungen 3,98, 2,29, 1,45 und 1,00; die Endübersetzung betrug 3,69:1. Von Juni 1977 an erhielten die Coupés als Standardausstattung ein Warnsignal, das ertönte, wenn die Scheinwerfer noch eingeschaltet waren.

Die Exportmärkte

Vom Modelljahr 1976 an (Einführung November 1975) übernahmen alle für den amerikanischen Markt bestimmten SL und SLC den Motor M 117.985. Wie in Europa bedeutete das den Übergang zur Bosch-K-Jetronic-Benzineinspritzung. Katalysatoren und andere Maßnahmen zur Schadstoffbegrenzung reduzierten die Leistung dabei auf 190 PS in allen Staaten.

Die amerikanischen Wagen hatten damals auf vielen auch weniger bedeutsamen Anzeigen Beschriftungen. Bei einigen unter ihnen, etwa »Wipe« (Scheibenwischer), kehrte man bald wieder zu Symbolen zurück, während andere wie »Lights« (Beleuchtung) und »Brake Release« (Handbremse lösen) beibehalten wurden. Jedenfalls wanderte das Gurtwarnsignal zusammen mit der neuen Bremsbelagverschleißanzeige zu der Reihe der bereits bestehenden Anzeigen an der Unterkante der Instrumente. Die für Amerika bestimmten Fahrzeuge erhielten neue Bremsbeläge, da sich die zuvor verwendeten zu schnell abnutzten. Sie waren weicher gewesen als die europäischen Beläge, um Bestimmungen der amerikanischen Verkehrsbehörde Department of Transportation (DoT) im Hinblick auf den Pedaldruck ohne Servoeinrichtung zu genügen.

Tony Swan zeigte sich in einem Artikel für *Motor Trend* im Juni 1976 unzufrieden mit dem Windgeräusch vom Sonnendach des 450 SLC und auch mit der Tatsache, dass es keine Lenkradverstellung gab. Stattdessen versicherten ihm Ingenieure von Mercedes-Benz, es befinde sich im der richtigen Position. Basta!

Immerhin war er beeindruckt von der leichten Bedienbarkeit des Flaggschiffs: »Die großen, dicken Stahlgürtelreifen von Michelin stehen da wie Greifvögel, und man muss das Auto sehr schnell in die Kurven fahren, damit sie auch einmal quietschen. Insgesamt wohnt in all der Feinheit eine überraschend athletische Seele, ähnlich einem Fußballveteranen, der mit einer dunklen Krawatte zum Spiel antritt: Niemand erkennt seine Qualitäten, bis er sie selbst vorführt. Dies scheint eine Eigenschaft vieler deutscher Autos zu sein – ein Gefühl für Sparsamkeit und Fitness jenseits des Komforts. Das wäre sicher eine willkommene neue Eigenschaft für amerikanische Luxuswagen. Das gilt auch für das Fahrverhalten. Es ist einfach superb, ohne jene Schwammigkeit, die man in einigen anderen Fahrzeugen antrifft.«

Und er fügte hinzu: »Beim Fahren dieses Wagens ist der Nervenkitzel sicher nicht das Hervorstechendste, beim Bremsen schon. Die Bremsen sind außergewöhnlich, selbst nach den firmeneigenen Standards.« Swan schloss seinen witzigen Beitrag so: »Wenigstens verstehe ich jetzt, was Janis Joplin 1970 meinte: ›Oh Lord, won't you buy me a Mer-say-deez Benz?‹ … Bitte!«

Larry Griffin schrieb nach Testfahrten mit einem 450 SL: »[In den Händen eines wirklich erfahrenen Piloten] entpuppt sich der 450 SL als

Uni-Lackierungen von Juli 1975 bis September 1979
Schwarz (040), Coloradobeige (470), Englischrot (504), Ahorngelb (606), Classicweiß (737), Kaledoniengrün (867), Blau (903), Pastellblau (922)

Sonderlackierungen von Juli 1975 bis September 1979
Cayenneorange (406), Topasbraun (424), Mittelrot (516), Signalrot (568), Mimosengelb (618), Hellelfenbein (623), Gelb (624), Saharagelb (673), Pastellgrau (740), Tiefgrün (825), Nickelgrün (870), Dunkelblau (904)

Metallic-Lackierungen von Juli 1975 bis September 1979
Anthrazitgrau (172), Milanbraun (404), Ikonengold (419), Brilliantrot (525), Astralsilber (735), Silbergrün (861), Citrusgrün (874), Zypressengrün (876), Graublau (906), Magnetitblau (931)

Verdeckfarben
Schwarz, Dunkelblau, Dunkelbraun

Zweifarbige Lackierungen für den SL von Juli 1975 bis September 1979
Cayenneorange, Coloradobeige, Englischrot, Signalrot, Ahorngelb, Mimosengelb, Hellelfenbein, Gelb, Saharagelb, Classicweiß, Pastellgrau, Kaledoniengrün, Nickelgrün, Anthrazitgrau metallic, Milanbraun metallic, Ikonengold metallic, Brilliantrot metallic, Astralsilber metallic, Silbergrün metallic, Citrusgrün metallic, Zypressengrün metallic mit einem schwarzen Hardtop; Schwarz, Classicweiß, Pastellgrau oder Astralsilber metallic mit einem Hardtop in Anthrazitgrau metallic; Cayenneorange oder Coloradobeige mit einem Hardtop in Milanbraun metallic; Classicweiß mit einem signalroten Hardtop; Classicweiß oder Pastellgrau mit einem topasbraunen Hardtop; Topasbraun mit einem pastellgrauen Hardtop; Schwarz, Mittelrot, Blau, Dunkelblau, Anthrazitgrau metallic, Milanbraun metallic oder Brilliantrot metallic mit einem Hardtop in Astralsilber metallic; Mimosengelb mit einem citrusgrünen Hardtop; Zypressengrün metallic mit einem tiefgrünen Hardtop; Tiefgrün mit einem Hardtop in Silbergrün metallic; Pastellblau mit einem blauen Hardtop; Classicweiß, Pastellgrau, Blau, Pastellblau, Astralsilber metallic, Graublau metallic oder Magnetitblau metallic mit einem dunkelblauen Hardtop; Dunkelblau mit einem Hardtop in Graublau metallic.

Polsterung: Farben und Materialien von Juli 1975 bis September 1979
Mittelstreifen der Sitzflächen und der Rückenlehnen aus Stoff in Schwarz (001), Blau (002), Tabak (003), Bambus (004), Pergament (065) oder Moos (006); Mittelstreifen der Sitzflächen und der Rückenlehnen aus Leder (erste Zahl Zusatz 2) oder Kunstleder »MB-Tex« (erste Zahl Zusatz 1) in Schwarz (01), Blau (02), Tabak (03), Bambus (04), Pergament (05), Moos (06) oder Rot (07). Seitenteile und Rückseiten der Sitze aus Leder oder »MB-Tex« in derselben oder einer ähnlichen Farbe, bei Stoffpolsterung aus passendem »MB-Tex«. SLC in voller Velours-Polsterung in Anthrazit (901), Blau (902), Tabak (903), Bambus (904), Pergament (905) oder Moos (906) anstatt in Kunstleder »MB-Tex«. Teppiche in Dunkelanthrazit, Blau, Tabak, Bambus, Pergament, Moos oder Rot.

ein Auto mit sehr hoch gesteckten Grenzen, trotz seiner Masse, trotz des gemaßregelten Antriebs und trotz seiner trendigen Bedeutung für die ›Country-Club-Schickeria‹. Die Bravour der Rennwagen, die Fangio seine Siege erst ermöglichten, ist immer noch da …«

Die Modelle des Jahres 1977 wurden im Dezember 1976 eingeführt. Die Verkäufe waren etwas zurückgegangen – hauptsächlich wegen Nachschubproblemen und nicht so sehr, weil die Käufer fehlten. Dieselfahrzeuge machten nun 40 Prozent des Imports aus. Zu jener Zeit reichten die Preise von $ 12 509 für die 230 (W 123) Limousine bis zu $ 39 377 für den mächtigen 450 SEL 6.9. Die Baureihe 107 lag preislich in der Mitte, denn der 450 SL kostete $ 21 943 und der 450 SLC $ 27 090.

Amerikanische Werbung vom Frühjahr 1976.

Bild aus dem amerikanischen Katalog des Jahres 1976 mit dem Innenraum eines 450 SL. Die Sitze aus Kunstleder »MB-Tex« waren wie Klimaanlage, Stereoradio, Zentralverriegelung, Tempomat, elektrische Fensterheber, getönte Scheiben und die beiden Außenspiegel serienmäßig eingebaut. Zu den Extras zählten Lederpolsterung ($ 465), Leichtmetallfelgen ($ 649), orthopädische Sitze ($ 72), Sitzheizung, Radio mit automatischer Sendersuche, Radio/Cassettengerät und Metallic-Lackierung.
(Foto: MB USA)

Eine bedeutende Neuerung der Modelle des Jahres 1977 war die Lage des Kats, der vom Motorraum auf die Unterseite des Wagens wanderte. Damit wollte man die Blasenbildung in der Benzinleitung vermeiden, die allzu häufig beim Neustart noch heißer Motoren entstand. Zu jener Zeit wurden auch der Geschwindigkeitsindex der Reifen herabgestuft, wobei HR nun VR ersetzte. Die Reifengröße wurde mit 205/70 beibehalten.

Das Jahr 1977 erwies sich als das bisher beste in der Geschichte des Hauses Mercedes-Benz of North America. Es wurden fast 50 000 Einheiten verkauft, doch es sollten noch bessere Jahre folgen.

Um die Schadstoffemissionen zu begrenzen, übernahmen Japan und Australien im Jahre 1976 den US-4,5-Liter-Motor. Japan ging noch einen Schritt weiter und führte für 1977 auch das amerikanische System der Beleuchtung und Anordnung der Stoßfänger ein. Die Wagen, die nach »Down Under« exportiert wurden, hatten Tachos,

Innenraum des 450 SLC von 1976 aus demselben Prospekt. Dieser SLC hatte innen »MB-Tex«, Velours war eine nicht kostenpflichtige Option. Armlehnen vorn und hinten gehörten zur Grundausstattung. Metallic-Lackierung war eine Sonderausstattung, kostete aber nicht mehr. Zu den Extras zählten: Sonnendach, Leichtmetallräder, orthopädische Sitze, Sitzheizung, Radio/Cassettengerät (dieses war aber nicht lange danach serienmäßig im C 107). Man beachte, dass die Gurtführung an der Außenseite der Kopfstützen liegt. (Foto: MB USA)

Amerikanische Werbung aus dem Jahre 1976 mit der entsprechenden zeitgenössischen Mode.

die die Geschwindigkeit in Kilometer und nicht in Meilen pro Stunde angaben.

Im Jahre 1976 begann die japanische Preisliste für Mercedes-Pkw bei Yen 4 490 000. Der 450 SL kostete Yen 8 690 000 und der 450 SLC Yen 9 660 000. Bis zum Ende der 1970er-Jahre änderte sich daran nicht mehr viel, erst dann wurde der Preis für die Modelle der Baureihe 107 stark angehoben.

In Australien musste man 1976 für den 450 SL AU-$ 28 001 ausgeben, 6470 weniger als für den 450 SLC. Der letzte 350 SL wurde im Oktober 1976 verkauft, und der 350 SLC verschwand nur zwei Monate später endgültig aus dem Angebot.

Großbritannien erhielt weiterhin die europäischen 3,5- und 4,5-Liter-V8-Motoren; sie wurden im Winter 1975/76 überarbeitet. Einen 350 SLC gab es weiterhin nicht im Angebot, auch keinen Sechszylinder. Die Preisliste umfasste somit nur den 350 SL (£ 7555),

Heck eines 450 SL aus dem Jahre 1977 in US-Manier. Ab dem Modelljahr 1978 waren die Auspuffendrohre aller Serienwagen nach unten gebogen.

den 450 SL (£ 9268) und den 450 SLC (£ 11 271). Die Preise stiegen aber ziemlich stark an, sodass Mitte des Jahres 1976 eine 200 Limousine £ 4475 kostete, das Flaggschiff SLC sogar happige £ 12 874. Ein Jahr darauf war der Preis dieses Modells bereits auf £ 13 950 gestiegen!

Die IAA 1977 in Frankfurt

Auf der Internationalen Automobilausstellung 1977 in Frankfurt wurde der Prototyp des 450 SLC 5.0 vorgestellt. Dieses Fahrzeug war ein wichtiger Wegbereiter in mehrerlei Hinsicht: Es repräsentierte Fortschritte in der Motorentechnologie und der Massenfertigung von Leichtmetallmotoren, in der Gewichtsreduktion auf allen Gebieten und in der Aerodynamik.

Beginnen wir mit dem Motor. Die Vergrößerung des Hubraums auf 5025 cm³ erreichte man durch eine auf 97 Millimeter erhöhte Bohrung, während der Hub des 4,5-Liter-Motors mit 85 Millimeter beibehalten wurde. Der Hauptunterschied zwischen diesem 5,0-Liter-Motor und den früheren V8-Aggregaten bestand in der Verwendung der Aluminiumlegierung »Reynolds 390«. Die älteren V8-Aggregate besaßen einen Motorblock aus Grauguss, vom Typ M 117.960 (M 117 E 50) an kam Aluminium-Druckguss zur Anwendung. Damit senkte man das Gewicht. Mit einem Motorblock, Zylinderköpfen und Zylinderkopfdeckeln aus Aluminium sparte man 43 Kilogramm. Damit war der V-Motor fast so leicht wie ein Sechszylinder-Reihenmotor.

Das Interessante an der Aluminiumlegierung Reynolds 390 war vom technischen Standpunkt aus gesehen ihr hoher Siliziumanteil. Wenn man die Bohrungen nach der mechanischen Bearbeitung anätzte, bildete das Silizium eine verschleißfeste Oberfläche. Passend zu diesem Werkstoff verwendete man Leichtmetallkolben mit Eisenüberzug. Sie waren über geschmiedete Pleuel mit der ebenfalls geschmiedeten Kurbelwelle verbunden. Vorerst übernahmen die Ingenieure die SOHC-Bauweise. Die Nockenwellen wurden von einer Duplexkette angetrieben und betätigten größere Ventile (44 Millimeter Einlass, 39 Millimeter Auslass, natriumgefüllt). Hydrostößel und elektronische Zündung machten regelmäßige Einstellarbeiten überflüssig, und durch eine besondere Zylinderkopfdichtung musste man die Schrauben des Zylinderkopfs nicht mehr nachziehen, was Servicezeit und Kosten sparte.

Mit der Bosch-K-Jetronic-Benzineinspritzung und einem Verdichtungsverhältnis von 8,8:1 leistete der 5,0-Liter-Motor erfreuliche 240 PS und besaß ein Drehmoment von 410 Nm. Alle späteren V8-Motoren stammten von diesem Modell ab; man darf deswegen die Bedeutung des 450 SLC 5.0 nicht unterschätzen. Da der Motor kaum Teile enthielt, die man mit denen bereits produzierter Motoren austauschen konnte, konnte man 1977 durchaus der Meinung sein, die Firma Mercedes-Benz begehe bei ihrem Wiedereinstieg in den Renn- und Rallyesport eine Dummheit, aber in Wirklichkeit ging es um mobile Prüfstände.

Wie schon zuvor erwähnt, war der 5,0-Liter-Motor auch auf anderen Gebieten bedeutsam. Natürlich ersparten diese Motoren

Japanische Werbung vom Frühjahr 1977. Zu diesem Zeitpunkt hatten die Japaner die amerikanischen Bestimmungen für die Beleuchtung und die Sicherheit übernommen, daher die Doppelscheinwerfer und die schweren Stoßfänger.

eine Menge Gewicht über der Vorderachse. Die Ingenieure hatten jedoch einen umfassenderen Diätplan im Sinn. Sie verpassten dem Auto in der Basisversion weitere Teile aus Aluminium: Motorhaube, Kofferraumdeckel, hintere Spritzwand und Felgen. Damit sparten sie weitere 83 Kilogramm ein. Das Gewicht des Wagens ging somit von 1630 Kilogramm auf 1515 Kilogramm zurück.

Wer nun genau aufgepasst hat, wird einwenden, dass zwischen diesen Einsparungen und dem Leergewicht des Autos eine Diskrepanz von 11 Kilogramm besteht. Diese geht teilweise auf den dritten Bereich zurück, in dem der 450 SLC 5.0 Fortschritte erzielte, nämlich der

Der Motor M 117 E 50 mit seinem Alu-Block im Vordergrund.

Ein 450 SLC 5.0 mit seinen Leichtmetall-Bauteilen.

Aerodynamik. Ein Frontspoiler und eine Gummilippe als Heckspoiler sorgten für die Hälfte des zusätzlichen Gewichts. Diese Fortsätze senkten jedoch den c_W-Wert auf 0,43. Wichtiger war noch, dass sie den Luftstrom vorn um bis zu sechs Prozent glätteten und den Auftrieb hinten signifikant verringerten. Das übrige zusätzliche Gewicht ging auf neue Komponenten zurück, die man wegen der zusätzlichen Leistung einbauen musste.

Als Preis für den Wagen wurden auf der IAA Frankfurt DM 53 010 angegeben. Die Serienfertigung begann schließlich im Mai 1978. Man hatte über eine abgespeckte Version nachgedacht. Letztlich kam der Wagen dann mit den Spoilern und den Leichtmetallfelgen, aber sonst mit derselben Ausrüstung wie der normale 450 SLC auf den Markt. Allerdings gehörte Metallic-Lackierung mit einem grau lackierten unteren Bereich zur Serienausstattung. Selbst das Getriebe war dasselbe geblieben, allerdings kombiniert mit einer längeren Endübersetzung von 2,72:1, um mehr Treibstoff zu sparen.

In seinem Testbericht über das 5,0-Liter-Coupé schrieb Leonard J. K. Setright: »Das ist mit Sicherheit der ausgewogenste Mercedes-Benz, der je für den allgemeinen Verkauf gebaut wurde. Er zeigt ein tadelloses Verhalten.«

Dieser Wagen tauchte im ersten Prospekt für die 5,0-Liter-Modelle auf. Dann verwendete man einen Teil der Fotos, um die SLC-Broschüre vom April 1979 aufzufrischen, wobei sie im Wesentlichen unverändert blieb. Man beachte das Holz im Innenraum und den Heckspoiler aus schwarzem Gummi (oben und folgende Seite).

Zwei Schnappschüsse des 450 SLC 5.0 bei Testfahrten in Untertürkheim. Man kann bei der obigen Aufnahme den Frontspoiler erahnen, der Kühlluft einleitet. Wegen seiner schwarzen Farbe ist er oft kaum zu sehen.

Die Wagen der Serienfertigung erhielten im September 1977 auf der Mittelkonsole und in einem Streifen am Armaturenbrett eine Holzverkleidung; der SLC Wurzelnuss (Code 8272) und der SL Zebrano (Code 8273). Der SL bekam die Wurzelnussausführung schließlich im Modelljahr 1984.

Die klappbare Armlehne vorn war ein neues, DM 150 teures Extra für den SL. Für beide Modelle der Baureihe 107 kam ein Radiogerät für Verkehrsfunk (DM 266) hinzu. Einige kleinere Veränderungen: Der innere und äußere Stauraum war nun mit einem Teppich von besserer Qualität ausgelegt, die Sitzverstellung wurde geändert (anfänglich nur beim SL, der SLC folgte dann einen Monat darauf), und die Handschuhfachbeleuchtung wurde konventioneller.

Gerade als Hans Scherenberg nach 35 Jahren in der Firma, davon ein Drittel als Mitglied der Geschäftsleitung, in den Ruhestand ging, wurde die Umsatzsteuer von elf auf zwölf Prozent erhöht, was natürlich zu einer leichten Preissteigerung führte. Zu jener Zeit sagten einige Presseleute einen neuen SL für das Modelljahr 1980 voraus. Das war nicht ganz falsch. Aber es fand nicht der vorhergesagte volle Modellwechsel statt, sondern viele kleinere Veränderungen.

STEREO

BB AN380

Zwei wichtige Dinge geschahen bereits im April 1978: eine Leistungserhöhung beim 2,8-Liter-Motor und eine Preiserhöhung für alle SL- und SLC-Modelle. Was den Motor anbetrifft, so wird sich der Leser daran erinnern, dass das Verdichtungsverhältnis beim Sechszylinder-Reihenmotor mit der Einführung der K-Jetronic-Benzineinspritzung abgesenkt wurde. Doch nun kehrte man zum alten Wert von 9,0:1 zurück, was die Leistung wieder auf 185 PS erhöhte. Der Motor behielt seine Bezeichnung M 110.986 wie im Modelljahr 1977 bei, obwohl er einige weitere kleinere Veränderungen aufwies, etwa einen besseren Luftdurchsatz und einen neuen Luftfilter.

Der 280 SL kostete nun DM 37 150, der 350 SL DM 41 104 und der 450 SL DM 45 842 (Steuern inbegriffen). Die Koffersets und der Skiträger wanderten nun auf die Liste der Extras, die die Händler anboten. Sonst blieb die serienmäßige Ausstattung beim SL dieselbe.

Die Reihe der SLC umfasste in Deutschland nun vier Modelle: den 280 SLC für DM 43 602, den 350 SLC für DM 47 555, den 450 SLC für DM 52 293 und den 450 SLC 5.0 für DM 62 272. Drei Monate später gab es eine Klimatisierungsautomatik (DM 3416) für diese Modelle. Im September dehnte die Firma dieses Extra auch auf die SL-Modelle aus, und das Becker-Radio/Cassettengerät Monza wurde durch das Modell Europa ersetzt.

Ein weiteres Jubiläum, der 75. Geburtstag des Werks Berlin-Marienfelde. Im Vordergrund ein 5,0-Liter-Motor zur Feier des Ereignisses.

Im Oktober 1977 rollte der fünfmillionste Mercedes der Nachkriegszeit vom Band in Sindelfingen. In Untertürkheim hatte das gleiche Ereignis schon 18 Monate zuvor stattgefunden.

In der Zwischenzeit wurde die zweite Generation des Antiblockiersystems (ABS) in Untertürkheim der Presse vorgestellt. Von Dezember 1978 an stand es in den Limousinen des S-Klasse W 116 zur Verfügung, eroberte aber bald auch andere Baureihen.

Ende 1978 erhöhten sich die Preise leicht. Die Preisspanne der SL reichte nun je nach Motorengröße von DM 37 912 bis DM 46 760, die der SLC von DM 44 464 bis DM 63 504.

Bis zum Mai erfolgten keine weiteren Veränderungen mehr, doch dann reduzierte man die Bohrung des 5,0-Liter-Motors M 117 E 50 um 0,5 Millimeter, was den Hubraum von 5025 auf 4973 cm^3 senkte. Die Leistung blieb dieselbe. Der neue Hubraum war sehr viel sinnvoller, was die Homologation anbelangt. Alle Preise für die SLC wurden zu dieser Zeit um DM 175 angehoben, nachdem alle Wagen serienmäßig eine pneumatische Scheinwerfereinstellung und Sicherheitsgurte hinten bekommen hatten. Im Juli 1979 stieg die Mehrwertsteuer auf 13 Prozent, was die Rechnung am Ende weiter verteuerte.

Professor Werner Breitschwerdt (rechts) übernahm als Chefingenieur den Posten als Leiter der Entwicklung, nachdem sein Vorgänger Hans Scherenberg im Dezember 1977 in Ruhestand gegangen war.

Zwei Monate darauf hatte die neue S-Klasse W 126 ihr Debüt in Frankfurt. Sie besaß zunächst überarbeitete V8-Motoren, die ihren Weg schließlich auch in die Modelle der Baureihe 107 fanden. Mit dieser neuen Linie kamen auch eine neue Farbpalette und eine neue Polsterung, ferner ein kleineres Lenkrad mit flachem Pralltopf, veränderte Anzeigengrafiken und neue Kopfstützen ohne die spitz zulaufenden Enden. Alle diese Veränderungen fanden auch Eingang in die Baureihe 107. Die 2,8-Liter-Wagen bekamen größere Reifen (195/70 HR 14) und nicht lange danach, wie die übrigen europäischen SL und SLC auch, einen Frontspoiler.

Eine weitere Zäsur kam am Jahresende. Joachim Zahn ging nach 14 Jahren als Vorstandsvorsitzender der Daimler-Benz AG in den Ruhestand. Seine Aufgaben übernahm Dr. Gerhard Prinz. Er musste sich vor allem um die Preissteigerungen beim Erdöl kümmern, denn als er seinen neuen Posten antrat, war es um 85 Prozent teurer als zu Beginn des Jahres 1979.

Übersicht über die Exportmärkte

Abgesehen von den Veränderungen, die die Baureihe 107 im Modelljahr 1978 erfuhr – etwa Holzverkleidungen für das Armaturenbrett,

Paul Frère testete im Frühjahr 1979 diesen 450 SLC 5.0 neben einem BMW 635 CSi. In seinem Bericht in »Car Graphic« vermerkte er eine Höchstgeschwindigkeit vom 231 km/h und eine Beschleunigung von 0 auf 100 km/h in 9,5 Sekunden. Der BMW war schneller, doch durch die längere Übersetzung erreichte der Wagen aus Stuttgart eine höhere Endgeschwindigkeit. Jedenfalls waren die meisten SLC deutlich schneller als andere Wagen, und in Wirklichkeit zählte die mühelose Leistung, die die großen Coupés erbrachten. Einmal in Bewegung gesetzt, waren sie unschlagbar. Die Tatsache, dass 20 von 29 Formel-1-Fahrern jener Zeit einen Mercedes fuhren, manche darunter den 5,0-Liter-Wagen, war Beweis genug …

Ein 450 SLC 1979 vor Gottlieb Daimlers Geburtshaus. In diesem Jahr kaufte die Daimler-Benz AG das Haus, um es für die Nachwelt zu erhalten.

neue Handschuhfachbeleuchtung und Verbesserungen bei den Teppichen und der Rückenlehnenverstellung –, bekamen die für die USA bestimmten Wagen serienmäßig eine Klimatisierungsautomatik, der allerdings die Links-Rechts-Steuerung der früheren Systeme fehlte.

Ein Streik in Deutschland führte zu einem Mangel an Neuwagen, und das allein konnte verhindern, dass Mercedes-Benz of North America 1978 einen weiteren Verkaufsrekord einfuhr. Dieselgetriebene Fahrzeuge machten davon die Hälfte aus. Trotzdem war der SL regelmäßig in beliebten TV-Serien wie *Dallas* und *Detektiv Rockford – Anruf genügt* zu sehen.

Die Modelle des Jahres 1979 kamen im September 1978 auf den Markt. Der 450 SLC kostete $ 36738. 1979 war wiederum ein Rekordjahr für Mercedes-Benz of North America, doch zwei von drei Käufern entschieden sich für ein dieselgetriebenes Fahrzeug. Auch angesichts der amerikanischen Flottenverbrauchs-Gesetzgebung Corporate Average Fuel Economy (CAFE) war dies die letzte Saison für den mächtigen 450 SEL 6.9. Erstaunlicherweise machten die 53000 Einheiten, die 1979 in den USA abgesetzt wurden, nur einen eher kleinen Prozentsatz der Gesamtproduktion von Mercedes-Benz in jenem Jahr (605000) aus. Im Gegensatz zu anderen Exportmärkten war der Umsatz in Nordamerika für Stuttgart gar nicht so bedeutsam.

Der US-spezifische Motor, der auch in Japan und Australien zum Einsatz kam, wurde im Oktober 1979 im Hinblick auf Sparsamkeit überarbeitet. Die Wagen des Modelljahres bekamen einen neuen Drei-Wege-Katalysator mit Lambdasonde, die das Luft/Kraftstoff-Gemisch nach den Messergebnissen eines Sauerstoffsensors im Abgassystem veränderte. Damit konnte man die Abgasbestimmungen aller Staaten einhalten. Um die Sparsamkeit noch zu erhöhen, baute man zahmere Nockenwellen ein. Die Form der Brennräume wurde durch neue Kolbenböden zum Zweck einer besseren Verbrennung verändert, man gestaltete die Auspuffkrümmer neu und andere Kolbenringe verringerten die innere Reibung.

Der Motor trug immer noch die Bezeichnung M 117.985 und wurde vom Oktober 1979 an gebaut. Er leistete bei 4200 U/min nur noch 162 PS, und das maximale Drehmoment betrug 313 Nm bei 2500 U/min. Um die von der amerikanischen Umweltbehörde EPA (US Environmental Protection Agency) vorgegebenen Verbrauchswerte einzuhalten, wurde die Endübersetzung auf 2,65:1 erhöht; zuvor hatte sie bei 3,07:1 gelegen. Eine Gewichtsreduktion brachte weitere Vorteile, die serienmäßigen Leichtmetallfelgen beispielsweise immerhin fünf Kilogramm pro Rad.

Durch den Leistungsrückgang und das veränderte Getriebe brauchte der 450 SL aber nun gemütliche 11,7 Sekunden für die Beschleunigung von 0 auf 100 km/h. Um das Maß voll zu machen, bekamen die Wagen des Modelljahres 1980 einen bei 85 Meilen pro Stunde endenden Tacho. Doch die National Highway Traffic Safety Administration (NHTSA) gab Ende 1981 zu, dass dies nichts brachte, und für das Modelljahr 1983 kehrte im SL der Tacho mit voller Geschwindigkeitsskala zurück.

Die Devisenkurse trieben die Preise erneut nach oben, sodass zu Beginn der Saison 1980 der 450 SL nun $ 34807 und der 450 SLC $ 41279 kosteten. Trotzdem setzten die Verkäufe mit 53790 Einheiten einen neuen Rekord. Darin waren 6129 Einheiten des 450 SL enthalten. In der Zwischenzeit kamen die neuen 3,8-Liter-Modelle langsam auf den Markt, und der letzte 450 nach amerikanischer Spezifikation wurde im Oktober 1980 verkauft.

Japan folgte dem amerikanischen Beispiel, was die Baureihe 107 anbetraf. Die Devisenkurse trieben den Preis der letzten 450er auf

Yen 10 730 000 für den SL und auf Yen 11 900 000 für den SLC. Natürlich gab es ein paar lokale Unterschiede, etwa eine besondere Auspuffhitze-Abschirmung und Warnanzeigen, aber insgesamt sahen die Wagen aus wie die für Amerika.

Abgesehen von den Scheinwerfern und von den Tachos, die seit 1977 Geschwindigkeiten in Kilometer pro Stunde angaben, sahen auch die australischen Wagen ähnlich aus wie die für Amerika. Im Jahre 1978 reichte die Mercedes-Preisliste von AU-$ 26 000 bis AU-$ 67 000. Der 450 SL schlug mit AU-$ 44 332, der SLC mit AU-$ 51 821 zu Buche. Die letzten 450er wurden im Frühjahr 1981 verkauft und

Ausgewählte Seiten aus dem amerikanischen Katalog des Modelljahrs 1980. Man beachte das neue Design des Lenkrads mit dem flachen Pralltopf und das glattere Profil der neuesten Kopfstützen (rechts und folgende Seite).
(Foto: MB USA)

Amerikanische Werbung aus dem Jahre 1980. »Road & Track« beschrieb damals den Wagen als »eines der stärksten Statussymbole Amerikas«.

Details like the aerodynamic ribbing of the tail lights (to help keep them clean) and quartz-halogen fog lamps give you an added margin of safety under less than ideal conditions.

However, all of these safety measures wouldn't mean a thing if the 450SL wasn't a strong car. If it had been necessary to sacrifice strength for performance, the Mercedes-Benz sports car would never have left the drawing board.

The handiwork of proud craftsmen

The assembly of the 450SL is a relentless quest for perfection. Inspectors constantly monitor each car and each operation, checking seams and noting welds to assure that the finished car meets their extremely high standards.

The interior is hand-fitted by craftsmen who are proud of their talents and workmanship. If you select the optional leather seats, the upholstery is made up from carefully matched hides.

And when the car is inspected for the final time, a sticker bearing the signature of Gottlieb Daimler goes in the lower right corner of the windshield, signifying that the 450SL has passed some of the world's most rigid standards.

The 450SL: A singular automobile

Every ounce of engineering expertise would be wasted if the 450SL wasn't fun to drive. It is strictly a two-seater. It is strictly for hedonists. It is the last of the truly elegant open roadsters.

Though a sports car, the 450SL has the amenities of a luxury sedan.

Cassette radio shown optional at extra cost.

Independent front and rear suspension provides exceptional tracking.

42.

450SLC

Is the Mercedes-Benz 450SLC a glorious coupe that carries four adults in the lap of luxury? Or is it a sports car in the tradition of the 300SL? The answer is yes.

Limited production, unlimited pleasure

The first thing you notice about the 450SLC is its distinctive shape; others have tried to copy that "look" but the purity of the line continues to escape them.

Its classic proportions make it a very personal type of car. Those who are fortunate enough to drive a 450SLC are keenly aware that its beauty is more than skin deep.

The interior is stylish without frills. Instrumentation includes a tachometer, a speedometer calibrated in miles per hour and kilometers per hour, a full array of warning lights and, needless to say, all are readable at a glance. The front seats adjust six ways and the rear seats have a fold-down armrest. There are cleverly recessed rear foot wells that create space without stealing it from the front seat passengers.

Matched hides of fine grain leather give the seating areas a special touch, but, if you prefer, you may have a lush velour fabric at no additional cost. Metallic paintwork is also available at no additional cost.

The bi-level climate control system is a model of operational simplicity and efficiency. Even the front doors are part of the system. Their panels literally breathe – surrounding the occupants with wisps of cool or warm air.

The center console with logically positioned controls pampers the eye with hand-selected burled walnut trim.

The 450SLC sport touring coupe combines the joyful spirit of a sports car with the distinctive elegance and comfort of a fine sedan.

Specially designed alloy wheels do more than make the 450SLC look sporty.

450SLC

The elegance of hand-selected walnut accents the fascia and extends to the center console area which houses the AM/FM stereo cassette system and the electrically operated window controls. The trunk has a 7.7-cubic-foot capacity and is lined with velour carpet that is color-coordinated to the car's interior.

Controlled performance

Beneath the sleek hood of the 450SLC lives the whispering Mercedes-Benz 4.5-liter V-8 – an engineering marvel that's still unrivaled in its class.

The combination of overhead camshafts, breakerless transistorized ignition, and C.I.S. mechanical fuel injection gives you remarkable response in any driving situation. For 1980, Mercedes-Benz engineers contrived a whopping *33 percent* improvement in fuel mileage efficiency – the sort of bonus even a hedonist can savor in the driving world of today. The three-speed automatic transmission can also be shifted manually for more direct control of the engine in crucial situations.

Whether you're slipping along an expressway on cruise control, or winding through hilly lanes, you'll appreciate the engineering sophistication that went into the 450SLC's suspension.

Each of the independently suspended wheels is unaffected by the movements of the other three. That gives you a controlled ride – even over rough, uneven road surfaces.

The combination of gas-pressurized shock absorbers, coil springs and anti-sway bars front and rear allow the 450SLC to provide sports car handling *and* a comfortable ride – that's an accomplishment few automotive engineers have mastered.

Inside, the 450SLC is filled with luxurious appointments like hand-selected walnut and genuine leather seats.

Built with stubborn pride

Mercedes-Benz has a reputation for building cars to incredible standards. Perhaps it has something to do with the fact that they've been building them longer than anyone else. History has produced a pride of workmanship that is fostered in every Mercedes-Benz craftsman. And it is lavished to a generous degree on every 450SLC. It starts with the monocoque body construction.

The basic 450SLC body shell is a rigid, all-welded unit. Once assembled, dozens of skilled craftsmen search for errant seams and any slight imperfections. Once smoothed and buffed, it is then completely immersed in a primer bath where the electrostatically charged process coats the entire shell. Next, the first of four thick coats of paint is applied – then another and another, until a deep, lustrous finish is achieved using a process designed to avoid imperfections.

Eventually, over 70 pounds of sealant, paint and undercoating are applied to the 450SLC, plus a protective wax that's forced into all concealed areas with high-pressure spray guns.

The 450SLC: Something special

The 450SLC is one of the most exclusive coupes in the world. Built in limited numbers, it offers the sensations of a true sports car with the refinements of a four-seater grand touring coupe. It delivers a very special driving experience – one that can be shared.

Spacious rear seats surround you with comfort including a generously padded fold-down seat divider.

There is a true sense of satisfaction in discovering that all the things you would expect of the world's most prestigious sports coupe have come together in the 450SLC.

Japanische Werbung vom September 1980. Es ging hier vor allem darum, die letzten 4,5-Liter-Modelle abzuverkaufen, denn die 3,8-Liter-Wagen sollten nach Neujahr eintreffen. Australische und japanische Wagen bekamen für das Modelljahr 1980 die neuesten für die USA spezifizierten Motoren.

hatten einen Listenpreis von AU-$ 56 375 für den SL und AU-$ 65 073 für den SLC.

In Großbritannien umfasste das Angebot drei Wagen, den £ 12 500 teuren 350 SL, den 450 SL für £ 13 450 und den 450 SLC zu £ 15 995. Die Preise stiegen aber wie verrückt an, sodass zum Jahresende 1978 der SL (mit serienmäßigem Automatikgetriebe) £ 14 495 kostete. Das war aber fast halb so viel wie der Preis für das 6,9-Liter-Flaggschiffmodell. Dessen Basispreis lag bei happigen £ 26 501, ohne jedes Extra. Der SL kostete seinerseits aber fast doppelt so viel wie ein Einstiegsmodell von Mercedes-Benz.

Der 450 SLC von Cowan/Malkin, die eben siegreich aus Südamerika zurückgekehrt waren, stand im Zentrum des Mercedes-Benz-Standes der ersten British Motor Show im National Exhibition Centre in Birmingham. Er bildete einen Lichtblick im »Winter of Discontent« (Winter des Unbehagens), der die Labour-Partei in die Knie zwang und Margaret Thatcher an die Macht brachte.

Die Importe des 350 SL stoppten im Februar 1980, die der 450er zwei Monate später. Zu jener Zeit kostete der 450 SLC £ 20987, doch weder dieser Preis noch die harten Zeiten oder die exorbitanten Treibstoffpreise hinderten die Kunden im Vereinigten Königreich daran, Bargeld für diese exotischen Coupés locker zu machen. Tatsächlich stieg der Verkauf des SL auf den Britischen Inseln von 504 Einheiten im Jahre 1979 auf 686 Einheiten im darauffolgenden Jahr. Die Zahlen für den SLC waren in derselben Zeitspanne 421 beziehungsweise 471.

Umschlag des britischen Prospekts für den 450 SLC, herausgegeben im März 1978. Die meisten Bilder waren aber deutlich älter.

Die Rennwagen

Bereits 1973 hatte sich Mercedes-Benz einen gewichtsreduzierten eigenen Renn-SLC gebaut, doch leider wurde das Projekt fallen gelassen, bevor sich der Wagen ernsthaft beweisen konnte. Um 395 Kilogramm abgespeckt und mit einer Leistung von 280 PS hätte er sehr gut mithalten können. Die Idee, mit dem SLC Rennen zu fahren, wurde einige Jahre später von AMG wiederbelebt, einer bekannten Tuningfirma, die bereits über eine lange Erfahrung mit Mercedes-Benz-Modellen verfügte. Gegründet hatte sie 1967 eine Gruppe früherer Mercedes-Ingenieure. Die Leute bei AMG hatten die Tourenwagen-Europameisterschaft (ETCC) im Sinn und unterzogen das große Coupé einer strengen Diät. Dabei unterschritten sie das von der FIA (Fédération Internationale de l'Automobile) für Gruppe-2-Wagen festgesetzte Limit von 1225 Kilogramm – trotz der mächtigen Spoiler und der ausgestellten Radkästen, die die Rennreifen von Goodyear bedeckten. Den Motor, der weiterhin mit dem Dreigang-Automatikgetriebe verbunden war, brachten sie auf 375 PS.

Das Auto verpasste das erste Rennen der ETCC-Saison 1978 in Brands Hatch und hatte sein Debüt am 26. März beim Vier-Stunden-Rennen in Monza. Es fuhren die perfekt aufeinander eingespielten Hans

Die Rücksitze als Extra.

Ein 450 SLC, zugelassen 1980 in Großbritannien, im Garten des Autors. Man beachte das untere Frontblech, das eigentlich eher ein Merkmal der Modelle der neuen Generation mit europäischer Spezifikation war. Von Anfang an hatte es sich aber an diesem Auto befunden, ursprünglich allerdings in Schwarz anstatt in Karosseriefarbe.

Heyer und Clemens Schickentanz. Angesichts der BMW-Dominanz war der dritte Platz im Gesamtklassement und der zweite Platz in ihrer Klasse ein ausgezeichnetes Ergebnis. Allerdings lag der SLC sieben Runden hinter dem Auto aus München.

Am Salzburgring erfolgte der zweite Start, und das Auto erreichte erneut den dritten Platz. Dann konzentrierte man alle Anstrengungen auf die Qualifikation für das 24-Stunden-Rennen von Le Mans. Leider konnte der große Mercedes dort überhaupt nicht mithalten. Trotzdem hoffte die Mannschaft auf einen Sieg beim ETCC-Rennen auf dem Nürburgring; der SLC erschien sogar auf dem Umschlag des Programmhefts. Es sollte aber nicht sein, denn Treibstoffprobleme setzten dem AMG-Einsatz ein Ende. Auch in Zandvoort, Silverstone und Zolder musste der Wagen aufgeben, sodass das Ende der Saison ziemlich enttäuschend ausfiel.

Einer der beiden gebauten Wagen verschwand 1979 von der Bildfläche, doch Schickentanz nahm 1980 wieder das Lenkrad in die Hand, diesmal zusammen mit Jörg Denzel. Die beiden wurden Zweite beim Saisonbeginn in Monza, konnten aber wegen Problemen im Vorfeld des Rennens auf dem Salzburgring nicht starten. Am 6. Juli fuhr der 450 SLC AMG mit Schickentanz und Denzel den ersten Sieg ein – allerdings vor einem eher unbedeutenden Feld, denn ihr Hauptrivale, ein BMW, fiel kurz vor dem Ende aus. Doch ein Sieg bleibt ein Sieg, und der SLC konnte danach ehrenvoll in Pension gehen.

Es gab ein paar andere Rennfahrer mit einem SLC, darunter Bernard Carlier, der in den späten 1970er- und frühen 1980er-Jahren damit Rennen fuhr, sowie Claude Bourgoignie. Er wurde beim 24-Stunden-Rennen von Spa 1983 zusammen mit John Cooper und André Lierneux Neunter.

Abgesehen von einem australischen Hybriden mit Chevrolet-Motor ist noch der leichtgewichtige Wagen erwähnenswert, den Ali Strasser für Hans Heyer entwickelte. Er hatte auf einem verkürzten Chassis einen Mittelmotor mit Hinterradantrieb. Zwei Turbolader erhöhten die Leistung des 5,0-Liter-V8-Motors auf etwa 580 PS! Heyer fuhr das Auto aber nie selbst. Mit den Modellen der Baureihe 107 wurden also nur wenige Rundstreckenrennen bestritten. Doch Mercedes-Benz startete ein Werks-Rallyeprogramm, und auf dieses wollen wir im nächsten Kapitel eingehen.

Der schön hergerichtete 450 SLC AMG, der in der Tourenwagen-Europameisterschaft Rennen fuhr.

8

Die Werks-Rallyewagen

Das Rennteam von Mercedes-Benz ist wohl am bekanntesten für seine Siege bei Grand-Prix-Rennen und bei der legendären Mille Miglia. Aber auch im Rallyesport hat es eine lange Tradition. Er ist vielleicht nicht so glamourös wie wenige andere Bereiche des Motorsports, bietet aber eine ideale Marketing-Plattform für die Serienmodelle. Rallyes bieten auch die beste Gelegenheit, um neue Technologien unter widrigsten Bedingungen weiterzuentwickeln.

Die Safari-Rallye 1978 in Kenia bedeutete die willkommene, wenn auch nicht so bedeutsame Gelegenheit zur Rückkehr des Stuttgarter Autoherstellers in die Rallye-Weltmeisterschaft (WRC). Insgesamt nahmen vier 280 E W 123 mit den Fahrern Joginder Singh, Andrew Cowan, Tony Fowkes und Sobiesław Zasada daran teil. Leider hielt nur der Wagen von Zasada bis zum Ende durch und wurde Sechster, allerdings weit hinter dem siegreichen Peugeot.

Tony Fowkes – im Bild bei einem Rennen zur britischen Rallyemeisterschaft 1977 – verwendete als Erster den 450 SLC in diesem Sport. Er hatte damit zusammen mit Jonathan Ashman in seiner Klasse die Tour of Britain 1976 gewonnen (Gesamtklassement Platz zehn). Der Wagen war ein ehemaliger goldfarbener Vorführwagen (Kennzeichen LLC 432P) mit weicher Federung und später wie im Bild schwarz lackiert.

Rallyefahren mit Stil: Mercedes-Benz hatte eine lange Tradition in diesem Sport, wie das Bild von der Rallye Monte Carlo 1963 zeigt. In den 1960er-Jahren fuhren auch SL bei klassischen Rennen wie der Rallye Spa–Sofia–Lüttich mit.

Erich Waxenberger, Leiter des letzten Rallye-Teams von Mercedes-Benz, machte sich mit den Tourenwagen der Marke einen Namen.

Zasada kämpft mit den unsäglichen Bedingungen der Südamerika-Rallye. Der Pole war in den Jahren zuvor erfolgreich bei der Safari-Rallye mitgefahren.

Die Südamerika-Rallye 1978

Angesichts der katastrophalen Ergebnisse in Kenia hätte man kaum voraussehen können, dass Mercedes später im Jahr einen massiven Angriff in der »Vuelta a la Americana Sud« starten würde. Die in August und September fünf Wochen dauernde Veranstaltung gehörte zwar nicht zur Rallye-Weltmeisterschaft, versammelte aber ein hochklassiges Feld und zog die Aufmerksamkeit der Medien auf sich.

Nicht weniger als vier 450 SLC und vier 280 E nahmen als Werkswagen an diesem Rennen teil, das über 28 600 Kilometer durch den ganzen Kontinent führte. Andrew Cowan und Colin Malkin gewannen im Wagen mit der Nummer 421, einem innen wie außen überraschend serienmäßig aussehenden 450 SLC. Die beiden anderen SLC wurden Zweiter (Sobiesław Zasada/Andrzej Zembrzuski, Kennzeichen S-DL 1207) beziehungsweise Vierter (Timo Makinen/Jean Todt, Kennzeichen S-DL 1208). Der SLC von Daray und Araujo (Kennzeichen S-DL 1209) fiel wegen Problemen im Antriebsstrang aus.

Journalisten fragten den Langstrecken-Rallyfahrer Cowan, heute Leiter von Mitsubishi Ralliart, nach seiner Meinung zur Rückkehr des Stuttgarter Konzerns in den Rallyesport: »Ich war sehr beeindruckt von ihrer Haltung«, sagte er, »und davon, wie schnell sie lernten. Abgesehen von einigen Tests in Bagshot fanden die meisten anderen auf der Strecke statt.«

Dann fragte man ihn, was er vom 450 SLC als Rennwagen halte. Dazu meinte er: »Er ist sehr bequem, ein Vergnügen! Ich glaube, der Mercedes hat einen großen Nachteil, und das ist sein Gewicht. Aber er ist sehr, sehr stark – man glaubt es nicht, wie man mit ihm über Schotterstraßen fahren kann. Probleme haben wir auf schlammigen Strecken, wenn sich auf knapp zehn Meilen leicht ein Mehrgewicht von 150 Kilogramm ansammeln kann. Aus diesem Grund ist ein leichter Wagen besser für eine regnerische Rallye.«

Cowans Wagen mit dem Kennzeichen S-DL 1211, den man auf rund 230 PS getunt hatte, wurde von Südamerika zurückverschifft und auf ausgewählten Autoausstellungen vorgeführt. Das war eine sehr schöne Werbung. Sie legte den Grundstein für einen (begrenzten) Angriff auf die Rallye-Weltmeisterschaft 1979.

Andrew Cowan prescht durch einen Wasserlauf, während sich ein weiterer 450 SLC nähert. Cowan war ein Experte für solche Rennen, denn er hatte in den 1960er- und 1970er-Jahren an vielen Marathonveranstaltungen teilgenommen.

Die Safari-Rallye 1979

Bei der Wahl der künftigen Rallye-Mercedes richtete sich das Interesse nun auf den 450 SLC 5.0, der auf der IAA 1977 in Frankfurt präsentiert worden war und sich seit Mai 1978 in Serienproduktion befand. Warum man nicht diese Wagen für die Südamerika-Rallye ausgesucht hatte, bleibt ein Rätsel, doch die Fahrgestell- und Motornummern (M 117 E 45/M 117.985) zeigen deutlich, dass die Fahrzeuge von 1978 4,5-Liter-Modelle waren.

Jedenfalls orderte Erich Waxenberger, der das Rallyeteam leitete, mehrere SLC mit dem 5,0-Liter-Motor M 117 E 50/M 117.960 für das Programm des Jahres 1979. Wie bereits in Kapitel sieben behandelt, bestand der Hauptunterschied neben der größeren Bohrung von 97 Millimeter und damit dem größeren Hubraum von 5025 cm^3 darin, dass der Motorblock aus Leichtmetall statt aus Grauguss bestand, was das Gewicht um satte 40 Kilogramm verringerte.

Mit einem Verdichtungsverhältnis von 8,8:1 und einer mechanischen anstatt elektronischen Treibstoffeinspritzung entwickelte der 5,0-Liter-Motor rund 300 PS; das höchste Drehmoment von 422 Nm wurde bei 4000 U/min gemessen – gerade 1400 U/min weniger als die Drehzahl, bei der die größte Leistung abgegeben wurde.

Das lag ziemlich weit oben im Drehzahlbereich, wenn man bedenkt, dass das automatische Dreiganggetriebe beibehalten wurde. Das generell hohe Drehmoment bedeutete allerdings, dass man den Wagen trotz seiner Masse von 1430 Kilogramm ohne Probleme schnell beschleunigen konnte. Die Dreigangautomatik war im Prinzip dieselbe wie beim Straßenmodell des 450 SLC, allerdings für schnellere Gangwechsel verändert. Man behielt sie bei, weil man glaubte, nur sie komme zuverlässig mit dem hohen Drehmoment zurecht.

Der 450 SLC 5.0 erhielt am 1. April 1979 mit der Nummer 661 die Homologation für die Klasse vier, gerade rechtzeitig zur Safari-Rallye. Gewicht wurde nicht nur durch den Wechsel des Motors eingespart, sondern auch durch Karosserieteile und Felgen aus Aluminium und durch die Verwendung geringerer Stahlblechstärken, wo immer es möglich erschien. Kleine Spoiler an beiden Enden des Fahrzeugs identifizierten es als die Hochleistungsversion des SLC. Im Innenraum gab es nur wenige Hinweise darauf, dass es sich um einen Rennwagen handelte. Es fehlten die Teppiche, dafür waren Überrollkäfige, Schalensitze, Tageskilometerzähler, Radio und ein sportliches Dreispeichenlenkrad eingebaut.

Cowan (links) und Malkin nehmen nach dem Sieg der Südamerika-Rallye einen wohlverdienten Schluck aus der Champagnerflasche. Es war ein harter Test für Mensch und Material.

Hannu Mikkola bei der Safari-Rallye 1979 auf dem Weg zum zweiten Platz.

Waldegård hält ein wachsames Auge auf den Service-Aktivitäten in Afrika.

Der Wagen von Waldegård und Thorszelius, aufgenommen während eines ruhigen Augenblicks bei der Safari-Rallye.

Nach einer ausgedehnten Testphase nahmen in der Klasse vier drei 5,0-Liter-SLC und in der Klasse zwei ebenso viele 280 E teil. Die SLC lagen in den Händen von Vic Preston Jr. und John Lyall (Wagen Nummer sechs), Björn Waldegård und Hans Thorszelius (Nummer zehn), Hannu Mikkola und Arne Hertz (Nummer 14). Ihnen standen ein riesiges Ersatzteillager und zwei Ersatzfahrzeuge mit den Kennzeichen S-DP 1906 und S-DP 1907 zur Seite. Überhaupt genossen sie eine Unterstützung, die offenkundig nur das deutsche Team geben konnte.

Das Wetter war im Wesentlichen trocken, was natürlich die großen Mercedes-Benz-Modelle begünstigte, und zu Beginn fuhr Waldegård dauernd an der Spitze des Feldes. Preston fiel nach der Zeitkontrolle 23 der ersten Etappe wegen Problemen mit der Hinterachse aus, und ähnliche Schwierigkeiten warfen auch Waldegård zurück. Nun führte Timo Makinen, doch ein Motorschaden an seinem schönen Peugeot 504 Coupé bedeutete, dass der Kampf nun zwischen Mikkola im 450 SLC 5.0 und Shekhar Mehta in einem Datsun 160 J ausgetragen wurde.

Obwohl Mikkola und Waldegård in verschiedenen Abschnitten vorne lagen, was bereits als großer Erfolg für das junge Team zu werten war, siegte in Nairobi nach 5031 Kilometern Mehta in seinem Datsun der Klasse zwei. Mikkola holte sich mit einem Abstand von 48 Minuten den sehr respektablen zweiten Platz (und den ersten in der Klasse vier), während Waldegård Sechster wurde. Den vierten Platz sicherte sich übrigens Andrew Cowan in einem 280 E.

Die Bandama-Rallye 1979

Kurz nach der Safari-Rallye verringerte Mercedes-Benz die Bohrung des Motors M 117 E 50 auf 96,5 Millimeter und damit den Hubraum auf 4973 cm^3. Für die Homologation war es besser, unter der 5,0-Liter-Grenze zu bleiben. Dies geschah im Hinblick auf das Debüt der neuen S-Klasse W 126, die auf der Frankfurter Automobilausstellung 1979 präsentiert wurde. Die Flaggschiffmodelle wurden dabei von gedrosselten Versionen des 5,0-Liter-V8-Motors angetrieben.

Bei der elften Ausgabe der Bandama-Rallye an der Elfenbeinküste nahm Mercedes erneut mit einer starken Mannschaft teil. Am Start waren nicht weniger als vier 450 SLC 5.0 in der Klasse vier. Sie wurden gefahren von Vic Preston und Mike Doughty (Wagen Nummer drei), Björn Waldegård und Hans Thorszelius (Nummer vier), Hannu Mikkola und Arne Hertz (Nummer sechs) sowie Andrew Cowan und dem Mercedes-Mann Klaus Kaiser (Nummer zehn). Dazu kamen die beiden Ersatz-SLC von der letzten Rallye.

Im Vergleich zur Safari-Rallye erfuhren die Wagen kaum Veränderungen – mit Ausnahme einer kürzeren Endübersetzung, die eine bessere Beschleunigung ermöglichte. Obwohl Waldegårds Auto ganz neu war, hatte es den 5025-cm^3-Motor; die Wagen von Mikkola und Cowan gehörten jedoch dank eines Verdichtungsverhältnisses von 9,2:1 der aktuellsten Version mit 290 PS an.

Trotz einiger kleinerer Probleme führte das Mercedes-Team vom Start bis zum Ziel – und das mit einer Professionalität, die die anderen alt aussehen ließ. Mikkola kam als Erster ins Ziel, Waldegård wurde Zweiter, Cowan Dritter, Preston Vierter – fast zwei Stunden vor dem nächsten, einem Toyota.

Dieser Sieg war nicht nur ein verdiente Belohnung für das Durchhaltevermögen des Stuttgarter Konzerns, sondern gleichzeitig auch ein historisches Ereignis: Der 450 SLC 5.0 war der erste Achtzylinder-

Wagen, der eine Weltmeisterschaftsrallye gewann, und auch der erste mit einem Automatikgetriebe. Waldegård reichte der zweite Platz aus, um die Weltmeisterschaft zu gewinnen; seine restlichen Punkte stammten von Rennen auf Ford und Mercedes. Hinter ihm kam sein Teamkollege Hannu Mikkola.

Port-Wine-Rallye 1980

Nach dem Erfolg in der Bandama-Rallye und der erneut bekräftigten Unterstützung durch das Management fuhren die SLC zum ersten Mal auf einer europäischen Rallye. Die Wagen leisteten nun über 300 PS bei 6500 U/min und hatten, wenngleich in einem noch höheren Drehzahlbereich, auch mehr Drehmoment.

Waldegård und Thorszelius fuhren den Wagen mit der Nummer vier. Ingvar Carlsson, der im selben Jahr in einem privaten 280 CE einen beeindruckenden elften Platz bei der Rallye Monte Carlo erreicht hatte, bekam einen Werks-Mercedes mit der Nummer 17 gestellt und fuhr ihn zusammen mit Claes Billstam. Waldegård wurde in einem starken Feld Vierter und Carlsson Fünfter. In Wirklichkeit fuhren die Mercedes aber weit abgeschlagen hinter den schnelleren und ungleich wendigeren Fiat Abarth.

Safari-Rallye 1980

Bei der Safari-Rallye 1980, die vom 3. bis 7. April dauerte, war Mercedes-Benz mit vier Werkswagen und einem privaten 450 SLC 5.0 des ehemaligen Safari-Gewinners Joginder Singh vertreten. In den Werkswagen, zwei davon waren neu gebaut, fuhren Waldegård (Nummer drei), Cowan (Nummer fünf), Mikkola (Nummer sieben) und Preston (Nummer 15). Zusätzlich gab es noch einen anderen SLC: einen Ersatzwagen in identischen Farben mit dem Kennzeichen S-DP 1908. In der zweiten Etappe wurde Hannu Mikkolas regulärer Copilot, Arne Hertz, bei der Kollision mit einem anderen Fahrzeug verletzt. Mercedes-Teamchef Erich Waxenberger sagte Hertz, er solle seine Hand im Krankenhaus untersuchen lassen, sprang ins Auto und befahl Mikkola, loszufahren. Es war keine Überraschung, dass der Wagen später disqualifiziert wurde.

Das Mercedes-Benz-Team während eines kurzen Service-Stopps bei der Bandama-Rallye 1970. Die Wagen nahmen unglaubliche Staubmengen auf, sodass man kaum das Klebeband an den Seiten erkennen konnte. Es zeigte, wo die Ansetzstellen für die Wagenheber lagen.

Starker Kontrast zwischen der Schönheit der Elfenbeinküste und der brutalen Kraft eines 5,0-Liter-V8-Geschosses aus Stuttgart.

Ein nächtlicher Servicestop bei der Bandama-Rallye 1979.

Hannu Mikkola springt bei einem Wartungspunkt aus seinem Wagen. Man beachte den W 123 als Servicemobil im Hintergrund links.

Mikkola fährt gerade in eine tiefe Pfütze. Er hatte damit keine Probleme und gewann am Ende das Rennen.

Andrew Cowan bei der Bandama-Rallye auf dem Weg zum dritten Platz.

Hannu Mikkola (rechts) und Arne Hertz feiern ihren Sieg.

Müde, aber glücklich: Das Mercedes-Team direkt nach der erfolgreichen Bandama-Rallye. Von links nach rechts: Mike Doughty, Hans Thorszelius, Björn Waldegård, Hannu Mikkola, Erich Waxenberger, Arne Hertz, Andrew Cowan, Klaus Kaiser und Vic Preston Jr.

Ein Bild fürs Familienalbum: Waldegårds Wagen mit – von links nach rechts – Hans Thorszelius, Klaus Kaiser, Andrew Cowan, Hannu Mikkola, Vic Preston Jr., Prof. Werner Breitschwerdt, Erich Waxenberger, Mike Doughty, Arne Hertz und Björn Waldegård.

Obwohl die Werksautos mehrfach vorne lagen, mussten sie doch mit einer ganzen Reihe von Rückschlägen zurechtkommen. Waldegård kam von der Straße ab, und es gab allgemein Probleme mit der Lenkungung und der Hinterradaufhängung. Trotz perfekter Bedingungen für die schnellen SLC kamen zwei Datsun auf die ersten Plätze. Vic Preston, der die Sache etwas lockerer anging als die anderen Werksfahrer, wurde Dritter, Andrew Cowan Sechster und Waldegård Zehnter. Nach den hohen Erwartungen war das ein bitteres Ergebnis.

Akropolis-Rallye 1980

Nach der Frustration wegen der Safari-Rallye nahm Mercedes mit drei 450 SLC 5.0 und einem 280 E an der Akropolis-Rallye im darauffolgenden Monat teil. Waldegård saß im Wagen Nummer eins, Preston in der Nummer 19, die Neulinge Bror Danielsson und Solve Andreasson fuhren die Nummer 24 und Ingvar Carlsson die Limousine.

Die SLC hatten etwas mehr PS und ein neues Viergang-Automatikgetriebe, das erstmals bei der Safari-Rallye in Prestons Wagen

Andrew Cowan und Klaus Kaiser bei der Safari-Rallye 1980. Das Team landete am Ende auf Platz sechs.

ausprobiert worden war. Doch Griechenland erwies sich als weiteres Desaster für das deutsche Team. Diesmal war der Reifenverschleiß das größte Problem.

Obwohl alle vier Wagen bis auf den letzten Tag durchhielten, fuhr nur Vic Preston das Rennen zu Ende – allerdings weit abgeschlagen. Waldegård hatte eine kaputte Zylinderkopfdichtung, und die übrigen SLC litten unter Problemen mit der Lenkung.

Da Mercedes in jenem Jahr an keiner weiteren Rallye in Europa mehr teilnehmen wollte, hatte das Team genug Zeit, um seine Gedanken zu ordnen und um die Codasur-Rallye in zwei Monaten vorzubereiten. Nach der schlechten Leistung seines Teams schlug Waxenberger tatsächlich vor, das Rallyeprogramm bis zu Einführung des 190 W 201 auf Eis zu legen, aber man sagte ihm, er solle mit den SLC weitermachen.

Codasur-Rallye 1980

Im Lauf des Jahres 1980 erhielt Mercedes-Benz die Homologation mit der Nummer 1706 in der Klasse zwei für den 500 SLC mit 4973 cm^3 Hubraum. Er ersetzte damit den 450 SLC 5.0 als Werkswagen. Bei der argentinischen Rallye im Juli ging dieser 500 SLC erstmals an den Start. Damit verbunden waren ein Wechsel von Dunlop- zu Pirelli-Reifen und die Einführung eines verbesserten Bremssystems.

Hannu Mikkola saß in Wagen Nummer drei, Waldegård fuhr die Nummer acht, und der dritte SLC mit der Nummer 14 war den Lokalhelden Jorge Recalde und Nestor Straimel anvertraut. Waldegård schied recht früh mit einem Antriebswellen-Problem aus, und Recalde ereilte nur wenige Meilen später dasselbe Schicksal. Trotz Bremsprobleme schaffte es Mikkola, den zweiten Platz zu halten. Allerdings führte

Waldegård, der bei der Akropolis-Rallye 1979 gesiegt hatte, musste ein Jahr darauf passen, weil sein 450 SLC 5.0 Probleme mit einer Zylinderkopfdichtung bekam. Man beachte die 15-Zoll-BBS-Leichtmetallfelgen unter den schwarzen, breiter ausgestellten Kotflügeln – ein Kombination, die man erstmals in Portugal erprobt hatte.

Waldegård stürmte mit seinem 500 SLC an der Rallye Codasur davon, bis gegen Ende des zweiten Tages eine Antriebswelle ausfiel.

ihren regulären Copiloten – mit der Ausnahme von Vic Preston, der dieses Mal mit Claes Billstam fuhr.

Das trockene Wetter und die schnellen holprigen Straßen waren ideal für die SLC. Obwohl fast jeder Wagen mit Problemen an den Bremsen zu kämpfen hatte, weil ein ausgeklügelter Abstreifer aus Stahl, der die Bremsscheiben hätte sauber halten sollen, sich als etwas zu ausgeklügelt erwies, belegte Mercedes die beiden ersten Plätze. Waldegård siegte, Recalde wurde zur Freude seiner argentinischen Anhänger Zweiter – weit vor dem drittplatzierten Peugeot. Preston fuhr als Fünfter ins Ziel. Die beiden anderen SLC fielen aus, doch der Sieg machte die Enttäuschungen der Saison wieder wett.

Übrigens stand während des Rennens ein interessanter Wagen an den Straßen, ein 500 SL mit der Zulassung S-EH 1419. Man hatte ihn zu Forschungszwecken nach Afrika gebracht, und er war der erste von vier Roadstern, die für die Rallyeweltmeisterschaft gebaut wurden.

Walter Röhrl in seinem Fiat Abarth vom Start bis zum Ziel. Es ist der Erwähnung wert, dass Andrew Cowan im einzigen Werks-280-CE an fünfter Stelle lag, als die Zylinderkopfdichtung kaputtging.

Motogard-Rallye 1980

Mitte September ging das Mercedes-Team in Neuseeland an den Start, erneut mit drei 500 SLC mit verbesserten Antriebswellen und einem 280-CE-Sechszylinder-Coupé. Waldegård/Thorszelius fuhren den SLC mit der Nummer eins, Mikkola und Hertz waren in der Nummer drei, Cowan und Kaiser in Wagen sechs unterwegs. Sowohl Mikkola als auch Cowan hatten diese Rallye bereits in anderen Autos gewonnen. Die Bedingungen, nämlich enge, rutschige Straßen, die man vorher nicht auskundschaften konnte, waren nicht günstig für die großen SLC, und dass Mikkola am Ende Dritter wurde, war eigentlich ein Erfolg. Waldegård überstand eine ungewollte Exkursion ins Grüne und wurde Fünfter, Cowan fiel in der letzten Etappe aus.

Côte d'Ivoire-Rallye 1980

In der Endrunde der Rallye-Weltmeisterschaft 1980 versuchten nicht weniger als fünf 500 SLC, den Erfolg des Teams bei der Bandama-Rallye 1979 zu wiederholen. Die Wagen waren wie folgt verteilt: Mikkola mit der Nummer vier, Preston mit der sechs, Cowan mit der sieben, Waldegård mit der acht und Recalde mit der Nummer 15, alle mit

Trotz dieser kleinen Exkursion gelangten Waldegård und Thorszelius zurück auf die Straße und belegten bei der Motogard-Rallye schließlich den fünften Platz. Die Wagen brauchten für dieses Ereignis übrigens neuseeländische Kennzeichen.

Schockierende Neuigkeiten

Am 17. Dezember 1980, nur drei Tage nach dem Sieg bei der Rallye an der Elfenbeinküste, verkündete Mercedes-Benz den Rückzug aus der Rallye-Weltmeisterschaft. Die Firma war 1980 viertplatziert – deutlich hinter dem siegreichen Fiat-Team, aber nicht so weit entfernt von Datsun und Ford. Wenn man die Tatsache in Betracht zog, dass das Team noch in den Kinderschuhen steckte, war das ein sehr gutes Ergebnis. Vor allem gab es Pläne, den leichteren und kürzeren 500 SL einzusetzen. Die Ingenieure entwickelten ein Chassis aus Leichtmetall, und ein manuelles Fünfganggetriebe stand auch auf der Liste. Mit verbessertem Durchzug und möglichen 450 PS für Straßenrennen hätte der SL sich im Lauf des Jahres 1981 als Überraschung entpuppen können.

Waldegård wirbelt Staub auf bei der Rallye Côte d'Ivoire, die früher Bandama-Rallye hieß.

Selbst die Besten sind von Zeit zu Zeit auf Hilfe angewiesen.

Walter Röhrl, der Weltmeister von 1980, hatte mit Mercedes einen Vertrag für 1981 und freute sich auf die neue Herausforderung. Er sagte später, er sei von der Schnelligkeit des 500 SL sehr beeindruckt gewesen, als er den Wagen am legendären Col de Turini testete. Zu jener Zeit waren übrigens schon drei neue Autos für die Rallye Monte Carlo gebaut.

Man kann den Rückzug des Teams nur als verpasste Gelegenheit betrachten, denn damals schickten sich auch neue Fahrzeuge wie der Audi Quattro und der Renault 5 Turbo an, die Dominanz im modernen Rallyesport zu erringen. Gewiss hätte es im Kalender der Rallye-Weltmeisterschaft noch einige Veranstaltungen gegeben, die den großen Mercedes-Benz gelegen hätten. Man hätte sie nur sorgfältig aussuchen und von Spitzenfahrern fahren lassen müssen. Das wäre sicher eine ausgezeichnete Werbung für die deutsche Autofirma gewesen. Auf der anderen Seite war es auch nicht schlecht, mit einem guten Ergebnis auszusteigen.

Vic Preston Jr. in Aktion. Bei der Rallye an der Elfenbeinküste dominierte das deutsche Team. Doch drei Tage nach dem Sieg verkündete Mercedes-Benz, man würde sich aus der Rallye-Weltmeisterschaft zurückziehen.

Rallye-Weltmeisterschaft: Ergebnisse

Safari-Rally 1979 (12. bis 16. April)

1	Shekhar Mehta/Mike Doughty	Gruppe 2	Datsun 160 J (#9)	–
2	Hannu Mikkola/Arne Hertz	Gruppe 4	MB 450 SLC 5.0 (#14)	S-DP 1909
3	Markku Alen/Ilkka Kivimaki	Gruppe 4	Fiat Abarth 131 (#3)	–
6	B. Waldegåård/H. Thorszelius	Gruppe 4	MB 450 SLC 5.0 (#10)	S-DP 1910
DNF	Vic Preston Jr./John Lyall	Gruppe 4	MB 450 SLC 5.0 (#6)	S-DP 1908

Bandama-Rally 1979 (9. bis 14. Dezember)

1	Hannu Mikkola/Arne Hertz	Gruppe 4	MB 450 SLC 5.0 (#6)	S-DV 9033
2	B. Waldegåård/H. Thorszelius	Gruppe 4	MB 450 SLC 5.0 (#4)	S-DV 9032
3	Andrew Cowan/Klaus Kaiser	Gruppe 4	MB 450 SLC 5.0 (#10)	S-DV 9072
4	Vic Preston Jr./Mike Doughty	Gruppe 4	MB 450 SLC 5.0 (#3)	S-DP 1908

Mercedes-Benz beendete die Saison 1979 auf dem achten Platz. Der Werksfahrer Björn Waldegård (Mercedes-Benz und Ford) wurde Weltmeister, Hannu Mikkola (ebenfalls Mercedes-Benz und Ford) Vizeweltmeister.

Port-Wine-Rally 1980 (4. bis 9. März)

1	Walter Röhrl/C. Geistdörfer	Gruppe 4	Fiat Abarth 131 (#5)	–
2	Markku Alen/Ilkka Kivimaki	Gruppe 4	Fiat Abarth 131 (#2)	–
3	Guy Frequelin/Jean Todt	Gruppe 2	Talbot Sunbeam (#16)	–
4	B. Waldegåård/H. Thorszelius	Gruppe 4	MB 450 SLC 5.0 (#4)	S-DP 1907
5	Ingvar Carlsson/Claes Billstam	Gruppe 4	MB 450 SLC 5.0 (#17)	S-DP 1910

Safari-Rally 1980 (3. bis 7. April)

1	Shekhar Mehta/Mike Doughty	Gruppe 2	Datsun 160 J (#1)	–
2	Rauno Aaltonen/Lofty Drews	Gruppe 2	Datsun 160 J (#10)	–
3	Vic Preston Jr./John Lyall	Gruppe 4	MB 450 SLC 5.0 (#15)	S-DV 9032
6	Andrew Cowan/Klaus Kaiser	Gruppe 4	MB 450 SLC 5.0 (#5)	S-DV 9072
10	B. Waldegåård/H. Thorszelius	Gruppe 4	MB 450 SLC 5.0 (#3)	S-DX 6082
DNF	Hannu Mikkola/Arne Hertz	Gruppe 4	MB 450 SLC 5.0 (#7)	S-DX 6083

Akropolis-Rally 1980 (26. bis 29. Mai)

1	Ari Vatanen/Dave Richards	Gruppe 4	Ford Escort RS (#10)	–
2	Timo Salonen/Seppo Harjanne	Gruppe 2	Datsun 160 J (#14)	–
3	Markku Alen/Ilkka Kivimaki	Gruppe 4	Fiat Abarth 131 (#7)	–
14	Vic Preston Jr./Mike Doughty	Gruppe 4	MB 450 SLC 5.0 (#19)	S-DP 1907

DNF	B. Waldegåård/H. Thorszelius	Gruppe 4	MB 450 SLC 5.0 (#1)	S-DV 6508
DNF	B. Danielsson/S. Andreasson	Gruppe 4	MB 450 SLC 5.0 (#24)	S-DP 1910
	Codasur-Rally 1980 (19. bis 24. Juli)			
1	Walter Röhrl/C. Geistdorfer	Gruppe 4	Fiat Abarth 131 (#2)	–
2	Hannu Mikkola/Arne Hertz	Gruppe 2	MB 500 SLC (#3)	S-DP 1906
3	C. Reutemann/M. Perissutti	Gruppe 4	Fiat Abarth 131 (#7)	–
DNF	B. Waldegåård/H. Thorszelius	Gruppe 2	MB 500 SLC (#8)	S-DP 1908
DNF	Jorge Recalde/Nestor Straimel	Gruppe 2	MB 500 SLC (#14)	S-DX 6083
	Motogard-Rally 1980 (13. bis 17. September)			
1	Timo Salonen/Seppo Harjanne	Gruppe 2	Datsun 160 J (#5)	–
2	Walter Röhrl/C. Geistdorfer	Gruppe 4	Fiat Abarth 131 (#2)	–
3	Hannu Mikkola/Arne Hertz	Gruppe 2	MB 500 SLC (#3)	JD 800 / S-DP 1909
5	B. Waldegåård/H. Thorszelius	Gruppe 2	MB 500 SLC (#1)	JU 800 / S-DP 1907
DNF	Andrew Cowan/Klaus Kaiser	Gruppe 2	MB 500 SLC (#6)	JS 800 / S-DP 1910
	Côte d'Ivoire-Rallye 1980 (9. bis 14. Dezember)			
1	B. Waldegåård/H. Thorszelius	Gruppe 2	MB 500 SLC (#8)	S-EH 1420
2	Jorge Recalde/Nestor Straimel	Gruppe 2	MB 500 SLC (#15)	S-DX 6083
3	A. Ambrosino/J.-R. Bureau	Gruppe 4	Peugeot 504 (#12)	–
5	Vic Preston Jr./Claes Billstam	Gruppe 2	MB 500 SLC (#6)	S-DP 1908
DNF	Hannu Mikkola/Arne Hertz	Gruppe 2	MB 500 SLC (#4)	S-EH 1418
DNF	Andrew Cowan/Klaus Kaiser	Gruppe 2	MB 500 SLC (#7)	S-DY 6607

Mercedes-Benz beendete die Saison 1980 auf dem vierten Platz. Hannu Mikkola (Mercedes-Benz, Toyota, Ford und Porsche) wurde Zweiter in der Fahrerwertung, Björn Waldegård (Mercedes-Benz, Toyota und Fiat) Dritter.

Der 500 SL im Rallyesport

Obwohl der Konzern nicht mehr direkt am Rallyesport teilnahm, wurde der 500 SL in der Klasse vier homologiert (Nummer 673). Holger Bohne und Peter Diekmann setzten ihn bei einer Reihe von Rennen zur Rallye-Europameisterschaft ein. Das beste Ergebnis erzielten sie bei der Hessen-Rallye, wo sie Dritte wurden. Sie nahmen sogar an der Rallye San Remo teil, einem Lauf zur Weltmeisterschaft. Leider konnten sie nur eine Etappe zu Ende fahren, denn dann versagte die hintere Radaufhängung. Im Jahre 1982 änderte sich das Klassensystem. Bisher hatte man vier Klassen unterschieden, die Klasse zwei etwa für getunte Limousinen, die Klasse vier für veränderte GT. Sie wurden nun abgelöst von den neuen Klassen A, B und N. Für die Wagen der Gruppe A wurde eine Serienproduktion von 5000 Einheiten gefordert. Bei den stärker spezialisierten Wagen der Klasse B reichten 200 Einheiten aus. Es gab auch eine Klasse B Evolution, die zuließ, dass gerade 20 Rennwagen produziert wurden. Die Klasse N schließlich war für Autos weitgehend in Serienausstattung vorgesehen.

Zunächst durften die älteren Wagen neben denen der Klassen A, B und N fahren. Aber nach 1983 waren sie bei den offiziellen Rennen nicht mehr zugelassen. Mit der Geburt der Supercars der Klasse B änderten sich das Gesicht und das Tempo des Rallyesports schnell. Das galt auch für die Budgets. Mercedes-Benz hatte die Ausgaben als einen der Gründe für den Rückzug angegeben – abgesehen vom Wunsch, die eigenen Ingenieure wieder vermehrt für dringende Arbeiten an den normalen Straßenfahrzeugen einzusetzen.

Im Juli 1982 wurden Josef Haider und Peter Diekmann mit dem 500 SL Vierte bei der Hunsrück-Rallye. Das Team ging auch 1983 ein paar Mal an den Start, erneut bei der Hessen- und der Hunsrück-Rallye. Bei der österreichischen ARBÖ-Rallye verpasste es nur knapp einen Sieg.

Walter Röhrl steht gegen Ende 1980 vor der Presse und berichtet von seinem Test des 500-SL-Rallyewagens. Mercedes-Benz hatte den amtierenden Weltmeister zusammen mit Ari Vatanen und Jorge Recalde für die Rennen der Saison 1981 verpflichtet. Leider wurde dieses Engagement dann gestrichen, damit die »Ingenieure mehr Zeit haben für einen neuen kleinen Personenwagen«. (Foto: Reinhard Klein, McKlein Imagedatabase)

Thierry Sabine, der Organisator der Rallye Paris–Dakar, geht neben den beiden 500 SLC entlang, die sich für das Rennen 1984 angemeldet hatten. (Foto: Reinhard Klein, McKlein Imagedatabase)

Ein Ausflug zur Rallye Paris–Dakar

Obwohl der G-Modell-Geländewagen bei der mörderischen Rallye Paris-Dakar regelmäßig anzutreffen war, nahmen 1984 auch zwei 500 SLC mit Hugo Boss als Sponsor teil. Es fuhren Jochen Mass und Stephen Pers (Nummer 154) sowie Albert Pfuhl und Hans Schuller (Nummer 155). Mass hatte mehrere Zwischenfälle, was nicht besonders erstaunte, weil er angesichts seiner Geschichte mit solchen Rennen nicht vertraut war. Er kam nur auf den 62. Platz. Pfuhl belegte den 44. Platz. Das war die erste und letzte Teilnahme eines SLC an diesem Rennen.

9

Neue Triebwerke

»Individuell und zeitgemäß. Die Mercedes-Benz SL-Baureihe – jetzt noch wirtschaftlicher und leistungsfähiger.«
Eröffnungsstatement des offiziellen Prospekts für die Baureihe 107, Frühjahr 1980.

Die überaus elegante S-Klasse W 126 lieferte die Grundlage für die Überarbeitung der Baureihe 107. Man übernahm nach der Frankfurter IAA 1979, auf der die Baureihe W 126 vorgestellt wurde, eine Reihe von Bauteilen, was schon in Kapitel sieben behandelt wurde. Die neuen Motoren wurden nach dem Genfer Salon 1980, der vom 6. bis zum 16. März stattfand, in SL und SLC eingebaut.

Die ersten Modelle der Baureihe W 126 hießen 280 S (mit Solex-4A1-Vergaser), 280 SE, 280 SEL, 380 SE, 380 SEL, 500 SE und 500 SEL – also fast alle mit Benzineinspritzung. Dazu kam ein 3-Liter-Turbo-Diesel für die Vereinigten Staaten. Der 2,8-Liter-Sechszylinder-Reihenmotor

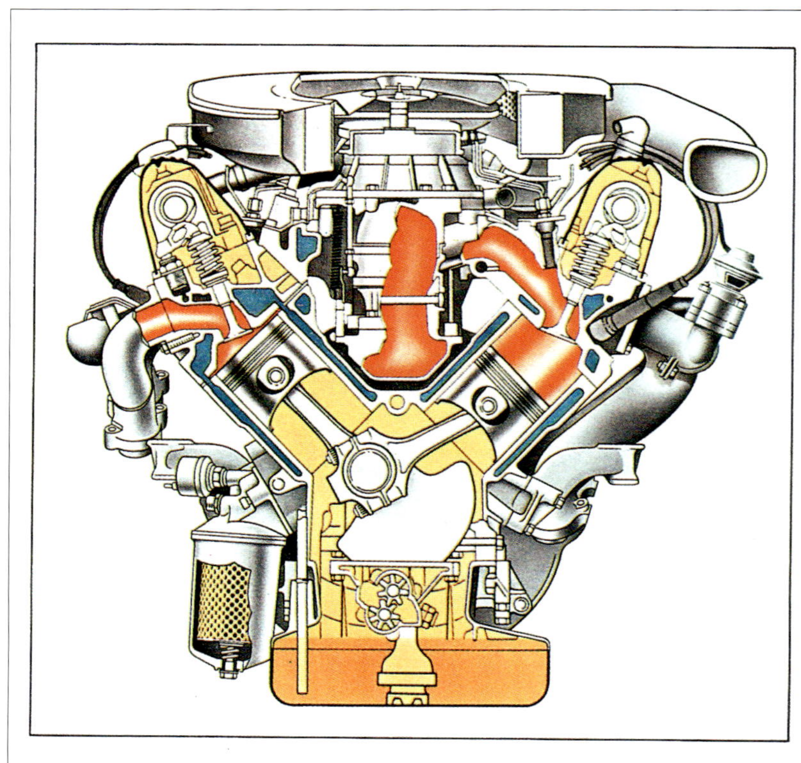

Schnittzeichnung des neuesten Leichtmetall-V8-Motors.

Blick auf den Stand von Mercedes-Benz am Genfer Autosalon 1980 mit Rallyewagen und links den Modellen der neuen S-Klasse.

mit Einspritzung und die 3,8- und 5,0-Liter-V8-Motoren wurden in die 107er-Reihe übernommen, obwohl der Sechszylindermotor in diesem Stadium eigentlich ein Eigengewächs war (erst die überarbeitete Version vom Herbst 1981 entstammte der S-Klasse). Und man konnte mit gutem Recht behaupten, der C 107 habe seinen 5-Liter-Motor eher dem W 126 übergeben als umgekehrt.

Dennoch war dies die erste größere Modellpflege des R 107 seit seiner Einführung im Jahre 1971. Sie war für den SLC gleichermaßen wichtig, obwohl zwei der drei Triebwerke den Fans dieses Coupés und den Mercedes-Anhängern im Allgemeinen bereits vertraut waren.

Die neue Generation

Wie schon vorher erwähnt, wurde der 2,8-Liter-Motor des 280 SL und SLC unverändert vom vorherigen Modelljahr übernommen. Dieser M 110.986 leistete 185 PS. Dafür wurden beide Kraftübertragungen verändert. Das manuelle Vierganggetriebe mit der Bezeichnung G76/18E hatte nun eine etwas längere Endübersetzung von 3,58:1 (früher 3,69:1). Die getriebeeigenen Übersetzungen blieben hingegen dieselben: 3,98 im ersten, 2,29 im zweiten, 1,45 im dritten und 1,00 im vierten Gang. Das Automatikgetriebe war völlig neu – eine Variante des Vierganggetriebes W4A040. Für die 280er trug es die Bezeichnung 722.306 und hatte die Übersetzungen 3,68, 2,41, 1,44 und 1,00. Die Endübersetzung war 3,58:1.

Der 3,8-Liter-V8-Motor war ganz aus Leichtmetall und der neueste und wohl auch interessanteste der Gruppe, weil für europäische und amerikanische Wagen ganz unterschiedliche Konfigurationen von Bohrung und Hub zu Einsatz kamen. Die europäische Version, die im Frühjahr 1980 allmählich eingeführt wurde, hieß M 116.960. Der größte Teil der Architektur und des Layouts fand sich auch im 5,0-Liter-V8-Motor, den man zuerst beim 450 SLC 5.0 eingesetzt hatte. Mit einer Bohrung von 92 Millimetern und einem Hub von 71,8 Millimetern kam man auf einen Hubraum von 3818 cm^3. Mit einem Verdichtungsverhältnis von 9,0:1 und einer Bosch-K-Jetronic-Einspritzung leistete der Motor 218 PS bei 5500 U/min und hatte ein Drehmoment von 305 Nm.

Die Art der Kraftübertragung beschränkte sich auf ein Automatikgetriebe. Es war nun allerdings ein Vierganggetriebe – das erste solche mit einem Drehmomentwandler, das in ein Auto der Baureihe 107 mit V8-Motor eingebaut wurde. Wie beim 2,8-Liter-Modell war es ein W4A040-Getriebe, für den 380 allerdings vom Typ 722.304. Die Übersetzungen waren dieselben wie beim 280, doch man verwendete eine größere Endübersetzung von 3,27:1. Dazu kam eine neue Schaltgasse mit den Positionen P-R-N-D-4-3-B. Das »B« stand für »Motorbremse« – anzuwenden in starkem Gefälle, besonders im Zugbetrieb. Viele Märkte, darunter Amerika und Großbritannien, behielten aber die vertrauteren Positionen P-R-N-D-S-L bei, die sonst nur noch in den 2,8-Liter-Wagen verwendet wurden.

Diese Aufnahme eines 380 SL in schneller Fahrt auf der Autobahn schmückte den Umschlag des deutschen SL-Prospekts vom Februar 1980. Im April erschien er auch auf Englisch.

Der 3,8-Liter-Motor, der ab Oktober 1980 in den USA, in Australien und Japan zum Einsatz kam, trug dieselbe Bezeichnung wie der in Europa verwendete. Das war ziemlich merkwürdig, denn er verfügte nicht nur über einen Katalysator, sondern auch andere innere Werte: eine Bohrung von 88 Millimetern und einen Hub von 78,9 Millimetern, was einen Hubraum von 3839 cm^3 ergab. Mit einem

Die überarbeiteten SL: ein 2,8-Liter-Modell mit Hardtop, eine 3,8-Liter-Modell mit aufgezogenem Verdeck und ein offenes 5,0-Liter-Modell.

Verdichtungsverhältnis von 8,8:1 leistete der Motor nur 160 PS, doch das maximale Drehmoment von 258 Nm ergab sich bereits bei 2750 U/min. Im Vergleich zum 3818-cm³-Motor sparte die amerikanische Variante Treibstoff und reduzierte die Abgasemissionen.

Der 5,0-Liter-Motor vom Typ M 117.960 war durch das Modell 450 SLC 5.0 schon gut bekannt. Für die Kraftübertragung sorgte allerdings ein neues W4A040-Getriebe. Die Version 722.305 kam im 500 SL und 500 SLC zum Einsatz. Sie erlaubte den Start im zweiten Gang, sofern man nicht eigens per »Kickdown« den ersten Gang wählte. Das war gut für den Treibstoffverbrauch und »ein sinnvoller Weg, das Durchdrehen der Räder oder das Ausbrechen des Hecks in Kurven zu verhindern«. Die Übersetzungen waren dieselben wie bei den 2,8- und 3,8-Liter-Wagen. Eine längere Endübersetzung von 2,72:1 half mit, bei normaler Reisegeschwindigkeit Treibstoff zu sparen.

Die Karosserie sah sehr ähnlich aus. Nur die Frontschürze gab einen Hinweis, dass sich überhaupt etwas verändert hatte. Wenn man genau hinsieht erkennt man, dass Vorserienfahrzeuge, deren Fotos für die Presse und die ersten (und auch noch einige spätere) Prospekte Verwendung fanden, einen schwarzen Gummispoiler am unteren Ende der Frontschürze trugen. Diesen findet man auch bei den letzten 450ern. Doch die sogenannten »Safety bumpers«, die »Sicherheitsstoßfänger«, machten ohne Zweifel einen großen Teil des aerodynamischen Vorteils zunichte. Von ihm wurde behauptet, er habe in einer fünfprozentigen Reduktion des Luftwiderstands und in einer 30-prozentigen Verringerung des Auftriebs vorn bestanden.

Zu den Verbesserungen am Fahrgestell der 3,8-Liter-Fahrzeuge gehörten neue Vorderradnaben, Schwimmsättel an den Scheibenbremsen, die besser abkühlten als die zuvor verwendeten Festsättel, griffigere Bremsbeläge und eine Anfahrmomentabstützung, die das Eintauchen des Fahrzeughecks beim Beschleunigen verringerte. Sie war bis dahin den 4,5- und 5-Liter-Wagen vorbehalten.

Eine Anzeige im Kombiinstrument unten links gab nun auch Auskunft über den aktuellen Treibstoffverbrauch. Die Ausstattung der deutschen Wagen entsprach der von Ende 1979, obwohl das Hardtop nun serienmäßig geliefert wurde – jedoch nur in Karosseriefarbe, womit die Ära der zweifarbigen Lackierung zu einem Ende gekommen war. Das jedenfalls erklärte einen Teil des großen Preisaufschlags und galt nicht für den SLC.

Im März 1980 umfasste das heimische Angebot den 280 SL (DM 44522), den 380 SL (DM 54014), den 500 SL (DM 61924), den 280 SLC (DM 49155), den 380 SLC (DM 57743) und den 500 SLC (DM 67122). Dieser ersetzte den 450 SLC und den 450 SLC 5.0 in einem Zug. Zur Standardausstattung beider 5,0-Liter-Modelle gehörten Leichtmetallfelgen, elektrische Fensterheber, Zentralverriegelung, Metallic-Lackierung und ein Heckspoiler, der auf dem Kofferraumdeckel aus Aluminium befestigt war (im Vergleich zu Stahldeckel ohne Spoiler). Alle Wagen hatten nun eine Motorhaube aus Aluminium.

Diese modellgepflegten Wagen kamen gerade zu dem Zeitpunkt auf den Markt, als Automagazine auf der ganzen Welt voraussagten, wie die neue Generation aussehen würde. *Road & Track* beispielsweise brachte eine Skizze des neuen SL, die letztlich weit daneben lag, und auch eine der revidierten Coupé-Version. Diese ähnelte stark dem künftigen SEC (C 126), obwohl sie in der Zeichnung immer noch die SLC-Plakette trug. Alle Journalisten, die ihre Kristallkugeln befragten, konnten nicht voraussehen, dass die kommenden Tourensportwagen einmal mehr auf der S-Klasse und nicht auf dem SL beruhen sollten.

Im August 1980 kam es zu einer kleinen Preiserhöhung. Sie hatte zur Folge, dass die Preise der Baureihe 107 nun mit DM 45358 für den 280 SL begannen und bei DM 68365 für den 500 SLC endeten. Das Antiblockiersystem tauchte nun in der Liste der Sonderausstattungen auf und kostete happige DM 2429, war aber für alle Wagen zu bekommen. Die Metallic- und Sonderlackierungen wanderten – für die 5,0-Liter-Autos – von der serienmäßigen Ausstattung zur Kategorie Sonderausstattung ohne Mehrpreis. Bei den weniger stark motorisierten Fahrzeugen blieben sie ein teures Extra: beim SL zum Beispiel kosteten sie DM 808 für die Karosserie und DM 305 für das Hardtop. Käufer konnten auch auf dieses verzichten und bekamen dafür DM 2486 Preisnachlass.

Im Modelljahr 1981 wurden einige bedeutende Änderungen angebracht, darunter neue Sitzgurtschlösser, die den Freigabeknopf leichter zugänglich machten, ferner neue Blinkerlinsen nach amerikanischem Vorbild. Durch weitere Standardisierungen sparte man Produktionskosten ein. Das einfache Radio für den Verkehrsfunk schied aus der Liste der Sonderausstattungen aus, und das Radio/Cassettengerät Becker Mexico für den SLC wurde durch das Becker Mexico Cassette electronic Kurier ersetzt, das aber DM 300 mehr kostete.

Die nächste erwähnenswerte Änderung kam im Juli 1981, als die Preise für die Wagen und die Sonderausstattungen um rund drei Prozent stiegen. Es wurden alle Extras übernommen, doch hinzu kam

Personifizierte Eleganz.

Zwei weitere Ansichten eines frühen 500 SL. Man beachte den Spoiler auf dem Kofferraumdeckel – er stellt das deutlichste Merkmal dar, um die stärker motorisierten Wagen aus der Entfernung zu erkennen. Leichtmetallräder gehörten zur Grundausstattung, während Stahlfelgen an den 380ern und 280ern die Regel waren.

Umschlagbild des SLC-Prospekts vom Februar 1980. Derselbe 280 SLC ist auf der folgenden Seite oben zu sehen – fotografiert, als er am Ausgang einer Haarnadelkurve beschleunigt.

Ein 380 SLC. Dieser Wagen tauchte auf einer ganzen Reihe von Bildern im ersten Prospekt für die überarbeiteten Modelle auf. Der Innenraum mit Wurzelholz unterschied sich nicht allzu sehr von dem des 450 SLC 5.0, der am Ende des Kapitels sieben abgebildet ist. Zu jener Zeit hatte man allerdings das Lenkrad und den Mechanismus, mit dem man die Sitzlehne verstellen und nach vorne klappen konnte, verändert.

Diese Aufnahmen (oben und nachfolgende drei Seiten) eines 380 SL aus dem Modelljahr 1981 bieten all jenen, die Hinweise auf originales Aussehen suchen, wichtige Informationen. Die Sitzgurtgehäuse waren allerdings vom alten Typ – die neue Version wurde während des Jahres allmählich übernommen. Man beachte die neuesten Blinkergläser und die Schalter an der Mittelkonsole, die kurz darauf überarbeitet wurden.

noch eine Alarmanlage für DM 644. Das war der letzte Aufruf für den SLC. Damals standen folgende Preise in der Liste: für den 280 SLC DM 51799, für den 380 SLC DM 60850 und für den 500 SLC DM 70715.

Unter den Exportmärkten für Sportwagen war Amerika der bei Weitem wichtigste. Der Verkauf der modernisierten Modelle begann im Oktober 1980, gerade als Ronald Reagan am Anfang seiner langen Zeit als Präsident ins Weiße Haus einzog. Damals kosteten der 380 SL $ 38993 und der der 380 SLC $ 44298.

Wie bereits erwähnt, bekamen Amerika sowie einige andere Länder mit strikten Abgasnormen wie Australien und Japan einen eigenen 3,8-Liter-Motor. Mit der Bosch-K-Jetronic-Einspritzung und einem Verdichtungsverhältnis von 8,3:1 leistete er 157 PS. Damit war kein Staat zu machen, und es entsprach nur einer Literleistung von rund 40 PS. Aber bei den geringen Höchstgeschwindigkeiten in diesen Ländern war ein niedriger Verbrauch wichtiger, und in dieser Hinsicht konnte man von einer Einsparung von rund neun Prozent sprechen. Wie die europäischen Wagen übernahmen auch die amerikanischen Fahrzeuge das Getriebe W4A040, aber letztere bekamen mit 2,47:1 eine längere Endübersetzung.

S-EA 1497

Die meisten Straßentests lobten die Schaltqualitäten des neuen Viergang-Automatikgetriebes und den ausgeklügelten Leichtmetallmotor, der tendenziell lauter war als solche mit Motorblöcken aus Grauguss. Die amerikanischen Wagen des Modelljahrs 1981 waren rund 55 Kilogramm leichter als ihre unmittelbaren Vorgänger. Sie bekamen Halogenscheinwerfer, obwohl das allgemeine Doppellampendesign beibehalten wurde, damit man ältere Modelle nicht gleich erkennen konnte und so bisherigen Kunden nicht vor den Kopf stieß. Interessanterweise führten sehr viele Autohersteller neue Leuchteinheiten ein, sobald sich die entsprechenden Gesetzgebungen der Länder geändert hatten. Mercedes hingegen machte mit den bereits existierenden runden Profilen weiter, obwohl ja eine rechteckige Leuchte zur Verfügung stand, die bereits ein Jahrzehnt in Gebrauch gewesen war.

Der SL war immer noch beliebt in den Vereinigten Staaten, obwohl er in mancherlei Hinsicht Alterserscheinungen zeigte – nicht zuletzt wegen seines ungünstigen Leistungsgewichts. Dazu kamen funktionslose Stoßstangen und HR-Reifen mit weicherer Wand anstelle der VR-Reifen, auf die das Auto eigentlich abgestimmt war. *Road & Track* meinte dazu: »Die Menschen – besonders Amerikaner, 6000 davon jedes Jahr – geben freiwillig dreimal so viel für den Wagen aus, wie er im Jahre 1971 kostete. Warum das? Die Antwort lautet: wegen des Prestiges. Diese Eigenschaft ist vielen Menschen offenkundig mehr

Ein 500 SL mit Hardtop. Alle Wagen hatten nun eine Motorhaube aus Aluminium, die 5,0-Liter-Modelle auch einen Kofferraumdeckel aus diesem Material, um das Gewicht des Gummi-Heckspoilers auszugleichen. Man beachte die dunkelgraue Lackierung am Schweller. Sie wurde am 500er angebracht, wenn sich der Käufer für bestimmte Karosseriefarben entschied.

Front- und Heckansicht des 500 SL von 1981.

Heck des 280 SLC von 1981. Diese Dreiviertelansicht gestattet einen besonders guten Blick auf die Kombinationsleuchte des Modelljahres 1981.

Bild des 500 SLC mit Heckspoiler und dunklerer Farbbahn am Schweller. Im Wesentlichen handelte es sich um den 450 SLC 5.0. Trotzdem wies ihn eine Plakette am Heck als den neuen 500 SLC aus.

Serienlackierungen von September 1979 bis September 1981
Schwarz (040), Moorbraun (479), Englischrot (504), Saharagelb (673), Weizengelb (681), Classicweiß (737), Agavengrün (880), Chinablau (934)

Sonderlackierungen von September 1979 bis September 1981
Goldbraun (476), Apricotorange (482), Orientrot (501), Signalrot (568), Mimosengelb (618), Hellelfenbein (623), Heliosgelb (680), Taigabeige (684), Pastellgrau (740), Mangogrün (875), Dunkelblau (904), Hansablau (940)

Metallic-Lackierungen von September 1979 bis September 1981
Anthrazitgrau (172), Champagner (473), Manganbraun (480), Inkarot (581), Astralsilber (735), Silbergrün (861), Zypressengrün (876), Petrol (877), Silberdistel (881), Silberblau (930), Lapisblau (932)

Anmerkung: Für den 450 SLC 5.0, den 500 SLC und den 500 SL zusätzlich ein neutralgrauer unterer Bereich zusammen mit den Farben 473, 581, 735, 881 und 930.

Verdeckfarben
Schwarz, Dunkelblau, Dunkelbraun

Polsterung: Farben und Materialien von September 1979 bis September 1981
Mittelstreifen der Sitzflächen und der Rückenlehnen aus Stoff in Schwarz (031), Blau (032), Brasil (033), Dattel (034), Creme (035), Olive (036), Siena (037) oder Grau (038); Mittelstreifen der Sitzflächen und der Rückenlehnen aus Leder (erste Zahl Zusatz 2) oder Kunstleder »MB-Tex« (erste Zahl Zusatz 1) in Schwarz (31), Blau (32), Brasil (33), Dattel (34), Creme (35), Olive (36), Siena (37) oder Grau (38). Seitenteile und Rückseiten der Sitze in Leder oder »MB-Tex« in derselben oder einer ähnlichen Farbe, bei Stoffpolsterung aus passendem »MB-Tex«. SLC in voller Velours-Polsterung in Anthrazit (931), Blau (932), Brasil (933), Dattel (934), Creme (935), Olive (936), Siena (937) oder Grau (938) anstatt in Kunstleder »MB-Tex«. Teppiche in Dunkelanthrazit, Blau, Brasil, Dattel, Creme, Olive, Siena oder Grau.

wert als die Frage, ob ein Auto beim Handling, bei der Sparsamkeit und der Ergonomie auf dem letzten Stand ist.«

Mercedes-Benz of North America schaffte 1981 einen weiteren Verkaufsrekord mit 63 059 Einheiten auf dem Pkw-Sektor. Doch die Bedingungen waren alles andere als ideal für die Hersteller von Luxuswagen. Gegen Ende 1980 hatte sich der kriegerische Konflikt zwischen dem Iran und dem Irak verstärkt und damit allen Exporten aus dem Persischen Golf ein Ende gesetzt. Erst 1982 gingen die Benzinpreise wieder zurück, und die OPEC, die Organisation Erdöl exportierender Länder, stimmte im Frühjahr 1983 einer Senkung der Erdölpreise zu.

In der Zwischenzeit bot die British Motor Show des Jahres 1980, abgehalten im National Exhibition Centre (NEC) vom 17. bis 26. Oktober, die ideale Gelegenheit, die neue S-Klasse und die modernisierten Modelle der Baureihe 107 zu präsentieren. Am Stand 217 waren ein weißer 280 SL und ein beigefarbener 380 SLC zu sehen.

In vielerlei Hinsicht war der 280 SL das interessanteste Stück, denn es markierte das Debüt der 2,8-Liter-Wagen im Vereinigten Königreich. Die Antriebe waren dieselben wie in Deutschland. Das Angebot in Großbritannien umfasst nun den 280 SL für £ 16 599, den 280 SLC für £ 17 600, den 380 SL für £ 18 300, den 380 SLC für £ 21 531 und den 500 SL für £ 20 300. Alle hatten serienmäßig ein Automatikgetriebe; bei den Sechszylinderwagen galt eine manuelle Schaltung als nicht kostenpflichtige Sonderausstattung.

Zentralverriegelung, elektrische Fensterheber und Scheinwerfer-Wisch-Waschanlage gehörten zur Grundausstattung. Für die SLC kam noch ein Sonnendach hinzu. Einige Beispiele für die Preise der Extras: Klimaanlage £ 1120, Leichtmetallfelgen £ 455 (beim 500 SL serienmäßig, zusammen mit einem Blaupunkt-Radio/Cassettengerät), Sitzheizung £ 105, Niveauregulierung £ 330, Antiblockiersystem £ 830.

When hardtop or convertible top is in place, bi-level climate control system maintains a refreshing interior climate.

Mercedes-Benz had won thousands of events and five world titles when it retired as the reigning champion of the racing world in 1955. The engineers immediately turned to the limited production of a series of sports and grand touring cars that have preserved this heritage ever since: the 300SL, the 230SL and 250SL and 280SL, and, since 1972, the formidable 450SL.

For 1981, the 450SL has evolved into the 380SL. This new name signifies a new engine—the same precedent-shattering, light alloy, 3.8-liter V-8 just introduced in the 380SEL Sedan and 380SLC Coupe.

It signifies no change in the SL's character. That world class performance continues undiminished, and the graces of a grand touring roadster and the elan of a sporting machine are still combined as in no other car.

Indeed, this rejuvenated 380SL promises more elan than ever. Its new light alloy engine means that the SL has gained efficiency without sacrificing spirited performance. Reduction of weight over the front wheels has in turn improved its power-to-weight ratio and created a more favorable front and rear balance. Result: a more responsive, more agile SL than before—not to mention a more fuel efficient SL. But be reassured. You control a turbine-like surge of power in every speed range—power so mechanically smooth that its sound seldom rises much above the proverbial whisper.

The 380SL's engineering sophistication only begins with that brilliant new engine. There is also a new lightweight automatic transmission with four speeds and smoother shifting. If so disposed, you can shift it manual-style. The fully independent suspension that Mercedes-Benz has been honing since 1931 comes into its own in this machine.

36

Ausgewählte Seiten aus dem amerikanischen Prospekt des Modelljahrs 1981 mit Bildern des 380 SL und 380 SLC (s. a. folgende Seite; Fotos: MB USA)

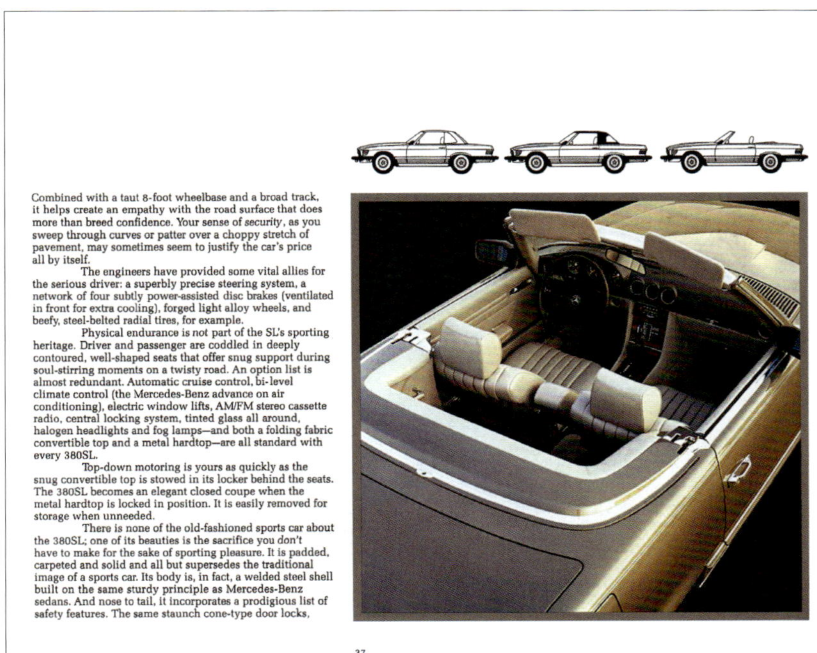

Combined with a taut 8-foot wheelbase and a broad track, it helps create an empathy with the road surface that does more than breed confidence. Your sense of *security*, as you sweep through curves or patter over a choppy stretch of pavement, may sometimes seem to justify the car's price all by itself.

The engineers have provided some vital allies for the serious driver: a superbly precise steering system, a network of four subtly power-assisted disc brakes (ventilated in front for extra cooling), forged light alloy wheels, and beefy, steel-belted radial tires, for example.

Physical endurance is *not* part of the SL's sporting heritage. Driver and passenger are coddled in deeply contoured, well-shaped seats that offer snug support during soul-stirring moments on a twisty road. An option list is almost redundant. Automatic cruise control, bi-level climate control (the Mercedes-Benz advance on air conditioning), electric window lifts, AM/FM stereo cassette radio, central locking system, tinted glass all around, halogen headlights and fog lamps—and both a folding fabric convertible top and a metal hardtop—are all standard with every 380SL.

Top-down motoring is yours as quickly as the snug convertible top is stowed in its locker behind the seats. The 380SL becomes an elegant closed coupe when the metal hardtop is locked in position. It is easily removed for storage when unneeded.

There is none of the old-fashioned sports car about the 380SL; one of its beauties is the sacrifice you *don't* have to make for the sake of sporting pleasure. It is padded, carpeted and solid and all but supersedes the traditional image of a sports car. Its body is, in fact, a welded steel shell built on the same sturdy principle as Mercedes-Benz sedans. And nose to tail, it incorporates a prodigious list of safety features. The same staunch cone-type door locks,

37

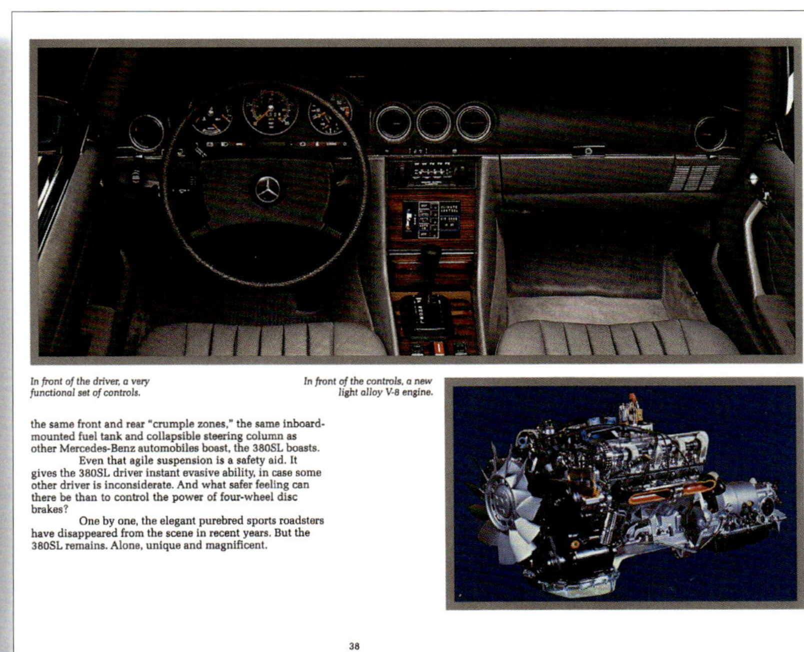

In front of the driver, a very functional set of controls.

In front of the controls, a new light alloy V-8 engine.

the same front and rear "crumple zones," the same inboard-mounted fuel tank and collapsible steering column as other Mercedes-Benz automobiles boast, the 380SL boasts.

Even that agile suspension is a safety aid. It gives the 380SL driver instant evasive ability, in case some other driver is inconsiderate. And what safer feeling can there be than to control the power of four-wheel disc brakes?

One by one, the elegant purebred sports roadsters have disappeared from the scene in recent years. But the 380SL remains. Alone, unique and magnificent.

38

Detail work on the 380SLC reflects the long, patient hours lavished on its finish by patient, expert hands.

Its new lightweight 3.8-liter V-8 engine has dictated a change in name from the 450SLC to the 380SLC—but by any name, this sleek two-plus-two coupe continues to defy easy categorization.

Consider: the 380SLC is plush enough to almost qualify as a five-passenger limousine. Its deeply padded cabin, studded with electric, servo and vacuum-actuated amenities and trimmed in glossy burled walnut, has few rivals for its level of pure physical well-being.

Yet this 3,585-lb. automobile carries not an ounce of fat. Its one real extravagance is technical: the superb engineering that underlies its physical ease—lending this handsome coupe the brawn and responsiveness and cat-like reflexes of an all-out GT performance car. As if to underscore the point, an SLC recently tore through several days and hundreds of miles of African bush as a competitor in the East African Safari, the notoriously car-wrecking international rally. And it finished second overall. Handy to mention, the first time some well-meaning soul tries to compliment your 380SLC by calling it a luxury car.

Certainly, the technical specifications read like those of no known luxury automobile. An all-welded unit body forms the core of the 380SLC, a body whose shape owes more to the wind tunnel than to Italian coachbuilders or styling committees. "Breakthrough" is an overused word—but note what the engineering staff has wrought with that new 3.8-liter V-8. They shaved away seven-tenths of a liter of displacement and cast the block not in iron, but *light alloy*, for a weight reduction of 121 lbs. over the previous 4.5-liter V-8 engine and transmission. They created, as a result, one of the most efficient V-8 engines for its size that the American market has ever seen.

But the other side of this achievement is the stirring *performance* of this smaller, lighter power plant.

40

The center console with logically positioned controls pampers the eye with hand-selected burled walnut trim.

And with less engine weight over the front wheels, the 380SLC is a quicker and more agile automobile in tight maneuvering—better balanced front to rear than even the adroit 450SLC.

The 380SLC rests on a fully independent suspension that can gobble up rough roads without punishing the car's passengers and swing through hairpin bends without swaying. Anti-sway bars, gas-pressurized shock absorbers and forged light alloy wheels comprise part of a heavy-duty handling package that is standard hardware on the 380SLC.

Suspension geometry is carefully calibrated to help prevent nose dive under hard braking or tail-squatting under sharp acceleration. This is a well-mannered machine, even in extremes. Extreme braking forces will pose no threat to a network of four 11-inch disc brakes, ventilated in front for extra cooling and designed for *balanced* stopping power, stop after stop.

The engineers deemed a manual shift unnecessary and somewhat obsolete. In its place is a new four-speed automatic transmission designed to shift not only more smoothly, but more efficiently than the most skilled human hand. If your notion of driving involves the pleasure of shifting gears for yourself, however, indulge yourself. This rugged device can be manually shifted, too.

Driving effort is always minimal. Steering and braking are power-assisted. An automatic cruise control device eases your tasks on long, steady turnpike journeys. Meanwhile, the miles flow by serenely. Windows sealed shut with push button ease. Bi-level climate control system set to the exact temperature you prefer. A new electronic AM/FM stereo cassette radio playing your favorite music via four stereo speakers.

Your front passenger can catnap in a seat in which the back reclines almost horizontally. All five seats are

41

contoured and supple. (The choice of leather or velour upholstery is yours at no extra charge). When at last you leave your 380SLC, you can lock both doors, the fuel filler port and the trunk lid by silent vacuum power. Just twist the key in the driver's door. Another twist and everything is unlocked again.

Instrumentation is so comprehensive that there is even a tiny warning light, meant to glow if your front brake pads show undue wear. Every millimeter of window glass is tinted. Altogether, you will count six armrests, three rear view mirrors and 22 various controls.

You may pamper your 380SLC shamelessly. But be reassured that it is a *burly* machine, constructed with durability very much in mind. Sealant, paint and undercoating are lavished on the car. A special anti-corrosion wax is even injected deep into body crevices and other concealed areas. The lower half of the body gets an extra layer of paint, the better to resist annoying stone chips.

Every major component, from the rear axle assembly to the transmission to the engine, is rigorously pretested before being installed in the car. The car is only released from the factory after passing through a long gauntlet of exacting tests. The harshest judge of a new 380SLC may not be its prospective owner, but the people who built it.

The 380SLC: an amazing car, even by the standards of Mercedes-Benz.

Two views of what may well be the most desirable living space in the motoring world today.

42

Nach einem Test im April 1981 erklärte *Motor*: »Der Jaguar XJ-S mag edler sein [als der 500 SL], aber die Mercedes-typische Kombination von Leistung, Fahrverhalten und technischer Raffinesse bleibt dennoch außergewöhnlich ... Nur wenige werden bestreiten, dass der 500 SL einer der feinsten Luxussportwagen der Welt darstellt: wundervoll gestaltet und technisch hervorragend ausgeführt.«

Es gab 1980 im NEC noch einen weiteren Mercedes der Baureihe 107 zu sehen, den sogenannten Condor Estate, einen Kombi der Firma Crayford in Westerham. Dieses britische Unternehmen begann mit einem 450 SLC und verlängerte die hinteren Seitenfenster bis zu einer ziemlich senkrecht stehenden C-Säule in der Nähe der Heckleuchten. Eine voll verglaste Klappe bot Zugang zum derart entstandenen rückwärtigen Raum. Die Modellbezeichnung war ins Glas geätzt, oberhalb der Heckleuchten und der Heckklappe. Das in Dunkelgrün metallic lackierte Fahrzeug war im Grunde genommen das Gegenstück des Lynx Eventer auf der Grundlage des Jaguar XJ-S.

Obwohl Crayford im Lauf der Jahre viele Kombis und Cabrios von Mercedes-Benz schuf, blieb dieser Condor wohl ein Einzelstück. Es gibt mindestens einen weiteren SLC-Kombi, doch dieses silberfarbene Fahrzeug hatte ein steileres, um mindestens 45 Grad geneigtes Heckfenster. Es reicht von der Seite gesehen von den Heckleuchten bis in die Nähe der Hinterachsnabe.

Was die übrigen Rechtslenker-Märkte anbelangte, so begann Japan im Dezember mit dem Verkauf des 380 SL und des 380 SLC. Der offene Wagen kostete Yen 11 440 000, das Coupé Yen 12 640 000. Auch Australien bekam, wie Japan, Motoren mit amerikanischer Spezifikation, doch in »Down Under« stand nur der 380 SL vom Mai 1981 an auf der Preisliste. Er kostete AU-$ 58 876 – das war nicht billig, denn für den Porsche 911 SC Targa musste man nur AU-$ 47 500 bezahlen, und Autos wie der Jaguar XJ-S waren schon für AU-$ 43 000 zu bekommen. Selbst der Ferrari 308 GTB kostete nur noch AU-$ 3800 mehr als der Mercedes-Benz; allerdings war die GTS-Version dann zusätzlich um AU-$ 3500 teurer.

Das Aus für den SLC

Als die deutsche Preisliste im September 1981 erschien, glänzte der SLC durch Abwesenheit. Seinen Platz im Angebot hatte nunmehr der SEC auf Grundlage der S-Klasse W 126 übernommen. Er war unter dem wachsamen Auge von Bruno Sacco entstanden und hatte als 380 SEC und 500 SEC sein Debüt 1981 auf der Frankfurter Automobilausstellung. Diese Baureihe C 126 war wohl eine der elegantesten, die je die geheiligten Montagehallen in Stuttgart verlassen hatte.

Ein weiteres Vorzeigeprojekt in Frankfurt war das »Mercedes-Benz Energiekonzept«. Ein Team unter der Leitung von Jürgen Frey arbeitete daran, den Treibstoffverbrauch und die Umweltbelastung zu verringern. Dafür kamen bei allen SL des Modelljahres 1982 neue Motoren und ein neues manuelles Fünfganggetriebe für den 280 SL zum Einsatz. Alle V8-Wagen hatten nun eine längere Achsübersetzung.

Beginnend mit dem 2,8-Liter-Reihensechszylinder wurde aus dem Motor M 110.986 der M 110.990. Er wies dieselbe Leistung von 185 PS und ein leicht vergrößertes Drehmoment auf. Der größte Unterschied lag in der Anwendung des Getriebes GL275C. Es hatte Übersetzungen von 3,82, 2,20, 1,40 und 1,00 und 0,81 und wurde mit der Endübersetzung kombiniert, die man mit dem alten, nunmehr ersetzten manuellen Vierganggetriebe verwendet hatte. Das Viergang-Automatikgetriebe blieb unverändert.

Die V8-Motoren erfuhren die meisten Veränderungen. Sie bekamen höhere Verdichtungen, neue Nockenwellen für andere Steuerzeiten, die es möglich machten, das maximale Drehmoment bei niedrigeren Drehzahlen zu erreichen, Modifikationen am Benzineinspritzungssystem und elektronisch geregelten Leerlauf.

Ohne Zweifel wurde der europäische 3,8-Liter-Motor am stärksten verändert. Für das Modelljahr 1982 erhielt er eine kleinere Bohrung und einen längeren Hub. Als aus dem M 116.960 der M 116.962 wurde, glichen sich Bohrung und Hub (88 x 78,9 Millimeter) der amerikanischen Spezifikation an. Der Motor war sparsamer, sauberer und lieferte etwas mehr Drehmoment ab, was in Verbindung mit einem Automatikgetriebe nur von Vorteil sein konnte. Doch selbst eine Erhöhung des Verdichtungsverhältnisses von 9,0:1 auf 9,4:1 konnte ihm die alte Leistung nicht zurückgeben. Sie lag nun bei 204 PS, und das Drehmoment betrug 321 Nm. Auf dem Weg zu einer größeren Umweltfreundlichkeit verwendete man eine modifizierte Viergangautomatik des Typs 722.313 und verlängerte die Endübersetzung auf den bereits in den USA gültigen Wert von 2,47:1.

Der amerikanische Motor blieb abgesehen vom der neuen Bezeichnung M 116.962 nahezu unverändert. Verdichtungsverhältnis, Leistung und Drehmoment sowie Getriebe blieben dieselben.

Beim 5,0-Liter-Motor ging man vom M 117.960 auf den M 117.962 über. Die Verdichtung stieg von 8,8:1 auf 9,2:1, doch diese Maßnahme verhinderte den Leistungsabfall auf 231 PS nicht. Der Motor besaß gute Eigenschaften beim Drehmoment, was eine außergewöhnlich große Endübersetzung von 2,24:1 für das Modelljahr 1982 ermöglichte.

Im September 1981 stiegen die Preise um rund drei Prozent, obwohl schon zwei Monate zuvor ein Teuerungsausgleich erfolgt war. Das Einstiegsmodell 280 SL kostete nun einschließlich Steuern DM 48 567. Der Preis für das Automatikgetriebe als Extra allerdings wurde um fast DM 1000 verringert.

Ein Teil dieses allgemeinen Preisanstiegs geht auf die Tatsache zurück, dass alle Kunden des Modelljahrs 1982 eine elektronische Temperaturregelung bekamen. Zudem schmückten ganz neue Kipp-

Umschlagbild des deutschen Prospekts vom August 1981 (oben) sowie Blick in den SL-Innenraum. Man beachte die moderneren Kippschalter für die Fensterheber, die Sitzheizung und die Warnblinkanlage sowie das nunmehr größere Sitzgurtgehäuse und die ein Jahr zuvor eingeführten neuen Gurtschlösser.

schalter die Mittelkonsole, die Betätigung der Warnblinkleuchte inbegriffen. Zur gleichen Zeit wurde die Klimatisierungsautomatik, die in Amerika zur Grundausstattung gehörte, mit Drucktasten ausgestattet.

Das verchromte Gurtgehäuse am oberen Ende der B-Säule wurde für das Modelljahr 1982 vergrößert. Die Ansatzstelle des Gurts lag nun weiter oben, was eine Veränderung im Kunstlederbereich des Verdecks zur Folge hatte. Dies stellt ein ideales Unterscheidungsmerkmal dar, das in vielen Handbüchern nicht erwähnt wird.

1982 war ein Jahr des unaufhörlichen Preisanstiegs. Im Januar kostete der preiswerteste SL in der Grundausstattung gerade unter DM 50 000, und ein Airbag zusammen mit einem Gurtstraffer kam als Sonderaustattung für alle Wagen auf DM 1571.

Die nächste Preiserhöhung kam im Juli. Der 280 SL stand nun bei DM 51 471, der 380 SL bei DM 64 415 und der 500 SL bei DM 70 625. Das Radio Becker Grand Prix entfiel in diesem Sommer, dafür übernahm das Becker Avus Kurier seinen Platz. Fahrzeuge, die ab September geliefert wurden, bekamen einen elektrisch verstellbaren Außenspiegel an der Beifahrerseite. Fahrzeuge mit dieser Ausstattung hatten dafür einen Kippschalter am Fuß der Mittelkonsole.

Der SLC verschwand nicht nur in Deutschland, sondern auch auf den Exportmärkten. Der letzte wurde im August 1981 in der US-amerikanischen Preisliste aufgeführt. In Japan war dies Ende 1981, in Großbritannien im Februar 1982 der Fall. Dort blieben der 280 SLC und der 380 SLC bis zu ihrem Produktionsende erhältlich.

Ein Kombi der Baureihe W 123 kommt einem in Hannover zugelassenen SL mit Schneeketten zu Hilfe.

Für Amerika bestimmte R 107 und W 123 verlassen Sindelfingen. Beim SL oben erkennt man besonders gut den schwarzen Frontspoiler, der sonst eher unter den mächtigen Sicherheits-Stoßfängern verborgen liegt.

Bereits in der Jahresmitte 1982 bezeichnete das renommierte britische Magazin *Classic Cars* den 450 SLC als künftigen Oldtimer. Es meinte dazu: »Es hat viele GTs gegeben, seitdem die Marketingleute diesen Begriff in den frühen 1960er-Jahren propagiert haben. Doch wahrscheinlich verkörperte in der letzten Zeit kein Auto besser diese Idee als der Mercedes 450 SLC. Auf der Straße steht das leichte, reaktionsschnelle Handling in einem scharfen Gegensatz zur Größe. Das Fahrgefühl liegt eher auf der straffen Seite eines idealen Kompromisses, aber ohne jede Komforteinbuße. Das Automatikgetriebe von Daimler-Benz gab für andere Hersteller den Standard vor. Die Schaltvorgänge erfolgten auf sehr zufriedenstellende Weise. Man kann die Beschleunigung durch manuelles Schalten kaum verbessern: Am besten lässt man das Getriebe die Arbeit selbst übernehmen. Das Auto bietet ausgeklügelten Komfort, hervorragende Verarbeitung und ein unaufdringliches, gutes Aussehen. Für viele bleibt der Wagen außerhalb ihrer Möglichkeiten, ein Statussymbol, gedacht für den Liebhaber feiner Ingenieurskunst …«

Die Modelljahre 1983 und 1984

Der September 1982 sah eine weitere kleine Preiserhöhung von DM 350 netto für den 280 SL und den 380 SL vor, da die Zentralverriegelung bei diesen Modellen nun zur Grundausstattung gehörte. Beim 500 SL war sie seit jeher Standard gewesen, und für die anderen Modelle schlug sie als Extra mit DM 350 zu Buche. Für das Modelljahr 1983 bekamen alle Fahrzeuge eine Ausschaltverzögerung für die Innenbeleuchtung, und in die wenigen noch nicht mit elektrischen Fensterhebern ausgestatteten Wagen baute man neue Kurbeln ein.

Im Herbst 1982 wurde Helmut Kohl aufgrund eines Misstrauensvotums gegen Helmut Schmidt Bundeskanzler. Gegen Ende des Jahrzehnts spielte er eine wichtige Rolle beim Fall der Berliner Mauer.

Kohl war noch nicht lange im Amt, da änderte Mercedes-Benz die Sonderausstattungen im Audiobereich. Es bestand nun die Wahl zwischen folgenden Geräten von Becker: Avus Kurier (DM 475), Europa Kurier (DM 678), Grand Prix electronic Stereo Kurier (DM 1085),

Serienlackierungen von September 1981 bis September 1982
Schwarz (040), Goldbraun (476), Englischrot (504), Saharagelb (673), Weizengelb (681), Classicweiß (737), Agavengrün (880), Chinablau (934)

Sonderlackierungen von September 1981 bis September 1982
Orientrot (501), Signalrot (568), Hellelfenbein (623), Heliosgelb (680), Taigabeige (684), Pastellgrau (740), Mangogrün (875), Dunkelblau (904), Hansablau (940)

Metallic-Lackierungen von September 1981 bis September 1982
Anthrazitgrau (172), Champagner (473), Manganbraun (480), Astralsilber (735), Silbergrün (861), Zypressengrün (876), Petrol (877), Silberdistel (881), Silberblau (930), Lapisblau (932)

Anmerkung: Für den 500 SL zusätzlich ein neutralgrauer unterer Bereich zusammen mit den Farben 473, 735, 881 und 930.

Verdeckfarben
Schwarz, Dunkelblau, Dunkelbraun

Polsterung: Farben und Materialien von September 1981 bis September 1982
Mittelstreifen der Sitzflächen und der Rückenlehnen aus Stoff in Schwarz (031), Blau (032), Brasil (033), Dattel (034), Creme (035), Olive (036), Siena (037) oder Grau (038); Mittelstreifen der Sitzflächen und der Rückenlehnen aus Leder (erste Zahl Zusatz 2) oder Kunstleder »MB-Tex« (erste Zahl Zusatz 1) in Schwarz (31), Blau (32), Brasil (33), Dattel (34), Creme (35), Olive (36), Siena (37) oder Grau (38). Seitenteile und Rückseiten der Sitze in Leder oder »MB-Tex« in derselben oder einer ähnlichen Farbe, bei Stoffpolsterung aus passendem »MB-Tex«. Teppiche in Dunkelanthrazit, Blau, Brasil, Dattel, Creme, Olive, Siena oder Grau.

Avus Cassette Kurier (DM 814), Europa Cassette Vollstereo Kurier (DM 1102), Grand Prix Cassette electronic Vollstereo Kurier (DM 1356) und Mexico Cassette electronic Vollstereo Kurier. Die Modelle, die als »Cassette« bezeichnet wurden, stellten ein kombiniertes Radio/Cassettengerät dar.

Im Juli 1983 erhöhte die Bundesregierung die Mehrwertsteuer von 13 auf 14 Prozent, was natürlich Auswirkungen hatte auf die Neuwagenpreise. Zwei Monate darauf war es die Firma Mercedes-Benz selbst, die die Preise erhöhte. Das SL-Angebot begann nun bei DM 54 002.

Für das Modelljahr 1984 gab es große Veränderungen, etwa Wurzelholz (früher bei allen SLC) anstelle von Zebrano für das gesamte

Das wichtigste Bild im amerikanischen Prospekt für das Modelljahr 1982: Man beachte das erhöhte Profil des Sitzgurtgehäuses. Das Jahr brachte mit insgesamt 65 963 abgesetzten Einheiten einen neuen Verkaufsrekord für Mercedes-Benz of America.

Ein englisches Handbuch für den 280 SL, 380 SL und 500 SL.

Japanische Werbung aus der Mitte des Jahres 1982 mit einem Blick in den Innenraum. Der Händler, der diesen Prospekt auflegte, ist heute vor allem dafür bekannt, dass er exotische italienische Autos anbietet.

Duncan Hamilton & Co. Ltd. waren im Frühjahr 1982 die offiziellen AMG-Händler in Großbritannien. Später kamen weitere prominente Vertriebsfirmen hinzu, darunter auch Stratton in Wilmslow. Ende der 1980er-Jahre begann Mercedes-Benz, offiziell mit AMG zusammenzuarbeiten.

Angebot. Die Funkentstörung gehörte nun zur Grundausstattung auch des 280 SL. Als neues Extra wurde eine Außentemperaturanzeige für DM 194 angeboten. Sie wurde anstelle der zentralen Luftdüse eingebaut, wo bei den ersten Modellen der Baureihe 107 die Uhr gelegen hatte.

Kurz nach Saisonbeginn wurde der Tempomat verbessert, und im Januar fand eine erneute Preiserhöhung um rund drei Prozent statt. Die Sitzheizung gab es nun nur noch paarweise und nicht mehr einzeln, und kurz danach verbesserte man auch die Klimatisierungsautomatik und das reguläre Heizsystem.

Das Angebot von Mercedes-Benz für das Modelljahr 1983 mit dem R 107, dem C 126 gleich daneben, dem W 126 SE und SEL, dem neuen, am 8. Dezember 1982 eingeführten W 201 – besser bekannt als 190 – im Foto ganz unten, sowie drei Versionen des W 123. Merkwürdigerweise sieht der SL hier überhaupt nicht altmodisch aus, obwohl er damals schon seit über einem Jahrzehnt gebaut wurde.

Nach dem Tod von Gerhard Prinz Ende Oktober 1983 wurde Prof. Werner Breitschwerdt im Dezember Vorstandsvorsitzender der Daimler-Benz AG. Damit wurde die Firma wieder von einem Ingenieur geleitet.

Der SL verkaufte sich immer noch gut in Amerika. 1983 kostete der 380 SL $ 43 030 inklusive Hardtop, geschmiedeten Leichtmetallfelgen, Klimatisierungsautomatik, Tempomat, Zentralverriegelung, elektrischen Fensterhebern, elektrisch einstellbarem Außenspiegel auf der Beifahrerseite und Stereo-Radio/Cassettengerät. Lederpolsterung war das einzige größere Extra, und wer in kälteren Staaten lebte, konnte sich eine Sitzheizung bestellen.

Schließlich wurde ab September 1982 weltweit und somit

Aufnahmen deutscher Modelle aus dem Jahre 1983 (oben und die beiden folgenden Seiten).

auch in den USA die Schaltgassenanordnung P-R-N-D-3-2-B eingeführt. Die Markierung »Brake Release« entfiel. Der Tacho mit der Anzeige des vollen Geschwindigkeitsbereiches kehrte zurück, und der Drehlichtschalter war nun nach europäischem Vorbild gestaltet.

Mitten im Modelljahr 1983 begann Mercedes-Benz of North America über einen Import von 500er-Modellen nachzudenken, um der Flut von Grauimporten zumindest bei SEL und SEC einen Riegel vorzuschieben. An den SL dachte man nicht. Als diese Nachrichten an die Presse durchsickerten, erklärte die Firma, sie wolle für meh-

Detailaufnahme der Mittelkonsole aus dem Prospekt vom Mai 1983. Man beachte die Kippschalter, eingeführt im Modelljahr 1982, die P-R-N-D-3-2-B-Schaltgasse – gültig für alle V8-Wagen weltweit vom Modelljahr 1983 an – und den Schalter für den Außenspiegel auf der Beifahrerseite. Nach wenigen Monaten wurde die Holzverkleidung aus Zebrano durch Walnuss-Wurzelholz ersetzt.

rere Modelle des Jahres 1984 den Airbag als Option anbieten, und es bestünden Pläne, dieses Angebot bis 1986 auf die gesamte Palette auszudehnen. 1983 war ein weiteres gutes Jahr für Amerika, denn es wurden rund 75 000 Wagen verkauft. Das war gegenüber dem letzten Kalenderjahr eine gewaltige Steigerung, obwohl das Interesse an dieselgetriebenen Fahrzeugen zurückging.

Im Modelljahr 1984 war der Wechsel zum Wurzelholz am Armaturenbrett und an der Mittelkonsole die größte Veränderung bei der Baureihe R 107. Zur Grundausstattung kam die analoge Außentemperaturanzeige hinzu, und das Stereoradio war nun ein Becker Grand Prix.

Die amerikanischen Stoßfänger behielten zwar ihr grundlegendes Design bei, rückten aber 1984 wieder etwas näher an die Karosserie. In der Mitte der 1970er-Jahre war der 380 SL 4630 Millimeter lang gewesen. Die leichte Verkürzung der Stoßfänger führte nun zu einer Gesamtlänge von 4580 Millimetern. Leider brachte der $ 43 820 teure Wagen immer noch 1650 Kilogramm auf die Waage.

Trotz eines längeren Streiks im Stuttgarter Werk konnte Mercedes-Benz of North America Ende 1984 einen weiteren Verkaufsrekord verbuchen, wobei die SL mit 6030 Einheiten vertreten waren.

In einem anderen wichtigen Exportmarkt, Großbritannien, erfolgte 1983 eine kleine Preiserhöhung: Der 280 SL kostete nun £ 17 600 (mit

Serienlackierungen von September 1982 bis August 1984
Braun (427), Altrot (585), Saharagelb (673), Weizengelb (681), Classicweiß (737), Liasgrau (751), Riedgrün (803), Surfblau (900)

Sonderlackierungen von September 1982 bis August 1984
Schwarz (040), Labradorblau (312), Sandbeige (444), Orientrot (501), Signalrot (568), Hellelfenbein (623), Taigabeige (684), Pastellgrau (740), Eibengrün (822), Dunkelblau (904)

Metallic-Lackierungen von September 1982 bis August 1984
Anthrazitgrau (172), Champagner (473), Manganbraun (480), Astralsilber (735), Zypressengrün (876), Petrol (877), Silberdistel (881), Silberblau (930), Lapisblau (932)

Anmerkung: Für den 500 SL zusätzlich ein neutralgrauer unterer Bereich zusammen mit den Farben 473, 735, 881 und 930.

Verdeckfarben
Schwarz, Dunkelblau, Dunkelbraun

Polsterung: Farben und Materialien von September 1981 bis September 1982
Mittelstreifen der Sitzflächen und der Rückenlehnen aus Stoff in Schwarz (051), Blau (052), Brasil (053), Dattel (054), Creme (055), Dunkelolive (056), Hennarot (057) oder Grau (058); Mittelstreifen der Sitzflächen und der Rückenlehnen aus Leder (erste Zahl Zusatz 2) oder Kunstleder »MB-Tex« (erste Zahl Zusatz 1) in Schwarz (51), Blau (52), Brasil (53), Dattel (54), Creme (55), Dunkelolive (56), Hennarot (57) oder Grau (58). Seitenteile und Rückseiten der Sitze in Leder oder »MB-Tex« in derselben oder einer ähnlichen Farbe, bei Stoffpolsterung aus passendem »MB-Tex«. Teppiche in Dunkelanthrazit, Blau, Brasil, Dattel, Creme, Dunkelolive, Hennarot oder Grau.

Anmerkung: Es besteht keine vollständige Übereinstimmung zwischen den Bezeichnungen auf dem heimischen Markt und den Exportmärkten. Das betrifft nicht nur die exotischeren Lackierungen, sondern auch die Polsterung. Dunkelanthrazit heißt in dieser Zeit gelegentlich auch Schwarz (Black), Brasil Dunkelbraun (Dark Brown), Dattel Palomino, Creme auch einfach Beige, Dunkelolive auch Dunkelgrün (Dark Green).

manuellem oder automatischem Getriebe), der 380 SL £ 20 725 und der 500 SL £ 22 850. Mitte des Modelljahrs 1984 reichte die Preisspanne aller Mercedes-Modelle von £ 10 070 für einen 190 mit Handschaltung bis £ 33 000 für das Flaggschiff 500 SEC. Die SL standen im mittleren Bereich; der preiswerteste kostete £ 19 400, der teuerste in Gestalt des 500 SL über £ 26 000.

Über Japan gab es wenig zu berichten. Der 380 SL kostete bis zum Eintreffen der neuen Generation zum Jahresende 1985 weiterhin rund Yen 11 000 000. In Japan startete das Mercedes-Angebot bei Yen 6 200 000 für einen 230 E und reichte bis zu Yen 14 900 000 für den 500 SEC.

Ein 380 SL für den amerikanischen Markt, Modelljahr 1983. (Foto: MB USA)

Ein für die USA bestimmter 380 SL und sein Innenraum (unten). Man beachte das geschmackvolle Wurzelholzfurnier auf dem Armaturenbrett.

Eine Seltenheit heutzutage: die Gebrauchsanweisung für den Betrieb und die Pflege des Verdecks und des Hardtops beim 380 SL. (Foto: MB USA)

Dieser rote SL spielte eine wichtige Rolle im Film »Beverly Hills Cop« von 1984. Einige Jahre zuvor hatte ein schwarzes Modell eine Star-Rolle in »American Gigolo« übernommen.

In Australien hatten die Wechselkurse die Kosten für den 380 SL stark nach oben getrieben. Die Wagen des Modelljahrs 1984 kosteten AU-$ 68 591 (fast 8000 mehr als ein Jahr zuvor), doch gegen Ende der Produktionszeit war der Preis sogar auf AU-$ 81 219 gestiegen!

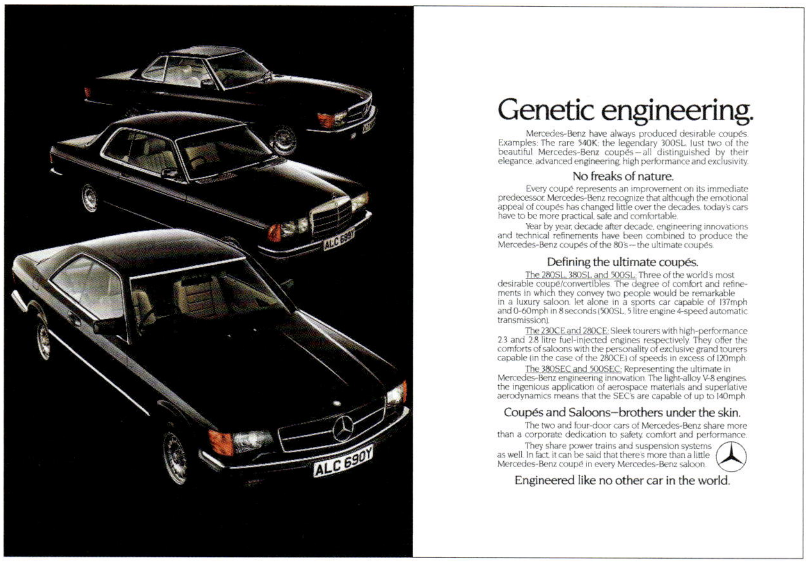

Britische Werbung vom Mai 1983 für den SEC (ganz unten im Bild), den CE (Mitte) und den SL. Die Kennzeichen wurden in London zwischen August 1982 und Juli 1983 ausgegeben.

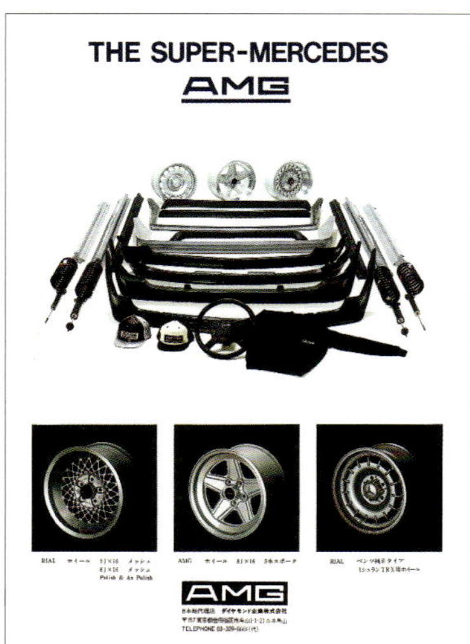

Eine japanische Werbung für AMG-Teile vom Frühjahr 1983.

Die letzten ihrer Art

Obwohl Mercedes-Benz 1980 neue Motoren eingeführt hatte, betrachtete sie die Baureihe R 107 von 1971 bis 1985 stets als eine Generation. Erst nach dem Modelljahr 1986 sprach man offiziell von einer neuen Generation, obwohl sie immer noch die Bezeichnung R 107 trug. Die Wagen des Modelljahres 1985 stellen somit das Ende einer Ära dar.

Im September 1984 kostete der 280 SL DM 57 000, der 380 SL DM 68 571 und der 500 SL DM 78 261. Die Spezifikationen und die Grundausstattung blieben weitgehend unverändert. Zu dieser Zeit konnte man einen Airbag und verbesserte Gurtstraffer als Extra für DM 2120 einbauen lassen.

Im Dezember, nach dem Start der ganz neuen Limousinen der Baureihe W 124, stiegen die Preise des 380 SL und des 500 SL um rund DM 3000. Damit deckte man die Kosten für das ABS-System, das bei diesen beiden Modellen nunmehr zur Grundausstattung zählte.

Im April erhöhten sich die Preise für das gesamte Angebot um rund drei Prozent. Als Sonderausstattungen kamen ein beheizbarer Außenspiegel auf der Fahrerseite für DM 51, beide Außenspiegel beheizbar und elektrisch einstellbar für insgesamt DM 320, Lederlenkrad und Lederschaltknauf für satte DM 300 dazu. Abgesehen von einigen Modifikationen an der zentralen Armlehne waren das die letzten Veränderungen, die am heimischen R 107 angebracht wurden.

Bei den Wagen mit amerikanischer Spezifikation ergab sich der größte Unterschied für das Modelljahr dadurch, dass die ABS-

Zwei japanische Werbeprospekte für Klimaaanlagen. Man beachte den SL im Hintergrund für die Extraportion Glamour …

Bremsen nun zur Grundausstattung gehörten. Nach Verbesserungen am Sicherheitssystem gab es einen Airbag für die Fahrerseite als Extra. Ebenfalls auf die Liste kamen beheizbare Außenspiegel und Sonnenblenden mit beleuchtetem Make-up-Spiegel (Standard bei den meisten angebotenen Modellen).

Der Verkauf lief weiterhin gut in den Vereinigten Staaten, denn 1985 fanden 86 903 Pkw einen neuen Besitzer. Interessant ist immerhin, dass BMW zum ersten Mal Mercedes-Benz bei den Importen aus Deutschland vom ersten Platz verdrängte. Trotzdem wurden insgesamt 44 333 Einheiten des 380 SL in Amerika verkauft, das entsprach vier von fünf gebauten Wagen!

Unter den größeren Exportmärkten wartete Großbritannien wohl am längsten, bis die modernisierten Wagen auf den Markt kamen. Der Wechsel fand erst im März 1986 statt, obwohl die Importe des 280 SL und des 380 SL schon im Oktober 1985 gestoppt wurden. Zu Beginn des Modelljahrs 1985 begannen die Preise bei £ 19 400. Am Ende jedoch kostete der 280 SL £ 21 425, der 380 SL £ 25 320 und der 500 SL £ 29 080.

Trotz ihres fortgeschrittenen Alters schafften es die SL immer noch zu faszinieren. Michael Jordan schrieb gegen Ende 1985 in *Car & Driver*: »Als sich der SL von einem Sportwagen zu einem Luxusgefährt entwickelte, wurde er immer begehrenswerter. Der SL flößt dem Autoliebhaber eine besondere Verehrung ein; er ist eines der bekanntesten Automobile in Amerika. Er gilt als leichter, individueller Mercedes, als extrem modisches Cabrio, als perfekter Ausdruck von Geschwindigkeit, Sex und Sonnenschein. Die Amerikaner lieben seit jeher diese Art von Sportwagen, angefangen vom Cord 810 bis hin zu Corvette und Thunderbird. Wenn der Designer Harley Earl von General Motors noch am Leben wäre, würde er im 380 SL den Look erkennen, den er ein Leben lang einzufangen versucht hatte, angefangen vom La Salle bis zum Cadillac Eldorado.«

Im Herbst 1985 ersetzte der 560 SL den 380 SL, aber es gab nur wenige optische Hinweise darauf, wo die alte Generation endete und wo die neue begann. Wenn wir auf Michael Jordans Kommentar zurückgreifen, können wir sicher sein, dass auch diese Harley Earl wohl sehr gefallen hätte.

Serienlackierungen von August 1984 bis September 1985
Maronbraun (459), Barolorot (540), Weizengelb (681), Classicweiß (737), Liasgrau (751), Riedgrün (803), Surfblau (900)

Sonderlackierungen von August 1984 bis September 1985
Schwarz (040), Sandbeige (444), Signalrot (568), Hellelfenbein (623), Taigabeige (684), Eibengrün (822), Dunkelblau (904)

Metallic-Lackierungen von August 1984 an
Anthrazitgrau (172), Blauschwarz (199), Diamantblau (355), Champagner (473), Manganbraun (480), Pajettrot (587), Rauchsilber (702), Astralsilber (735), Zypressengrün (876), Petrol (877), Silberdistel (881), Nautikblau (929)

Anmerkung: Für den 500 SL zusätzlich ein neutralgrauer unterer Bereich zusammen mit den Farben 473, 735 und 881.

Verdeckfarben
Schwarz, Dunkelblau, Dunkelbraun

Polsterung: Farben und Materialien von September 1984 an
Mittelstreifen der Sitzflächen und der Rückenlehnen aus Stoff in Schwarz (071), Blau (072), Brasil (073), Dattel (074), Cremebeige (075), Piniengrün (076), Mittelrot (077) oder Grau (078); Mittelstreifen der Sitzflächen und der Rückenlehnen aus Leder (erste Zahl Zusatz 2) oder Kunstleder »MB-Tex« (erste Zahl Zusatz 1) in Schwarz (71), Blau (72), Brasil (73), Dattel (74), Cremebeige (75), Piniengrün (76), Mittelrot (77) oder Grau (78). Seitenteile und Rückseiten der Sitze in Leder oder »MB-Tex« in derselben oder einer ähnlichen Farbe, bei Stoffpolsterung aus passendem »MB-Tex«. Teppiche in Dunkelanthrazit, Blau, Brasil, Dattel, Creme, Dunkelolive, Hennarot oder Grau.

Anmerkung: Es besteht keine vollständige Übereinstimmung zwischen den Bezeichnungen auf dem heimischen Markt und den Exportmärkten. Brasil heißt gelegentlich auch Dunkelbraun (Dark Brown), Dattel Palomino, Piniengrün auch Dunkelgrün (Dark Green oder später Stone Pine Green), Mittelrot auch Burgunder (Burgundy).

Pressefoto eines amerikanischen 380 SL von 1985. (Foto: MB USA)

MERCEDES-BENZ 1985 | 380 SL COUPE/ROADSTER

380 SL Coupe/Roadster

NO AUTOMOBILE is permitted to leave the factory that does not meet stringent Mercedes-Benz standards of strength, comfort, practicality and safety.

The 380 SL is no exception. As exotic and soul-stirring as this lithe performance roadster may be, it is still a Mercedes-Benz first and a sports car second. One result is a sports machine built to be as structurally tough, pound for pound, as a Mercedes-Benz sedan. Equally fortified against corrosion. Resistant to rattles and squeaks. A sports machine, in brief, built to last.

Another result is a sports machine made as civilized, as livable, as any Mercedes-Benz sedan. In its creature comforts and amenities, this well may be the most considerate automotive environment ever devised for two persons. The 380 SL is meanwhile a sports machine meant to be as *docile* as it is responsive—not high-strung, but highly efficient in its mechanical temperament. You will discover that the pleasures you anticipated from this most sporting of all Mercedes-Benz models are in no way dulled by these traits. Quite the contrary: because they make the 380 SL such a secure-feeling and satisfying automobile to drive and to own, your pleasure is intensified.

Inside the 380 SL cockpit are two of the most desirable seats in the automotive world

"For a V-8-engined luxury roadster weighing more than a ton and a half," a British journalist writes of the SL, "it is absurdly agile."

THE ONLY TOP-DOWN, TWO-PASSENGER SPORTS MACHINE IN THE WORLD THAT IS BUILT LIKE A MERCEDES-BENZ

One reason is the 380 SL's short eight-foot wheelbase and another is its almost five-foot-wide front and rear track. A low center of gravity helps keep the car's mass down nearer the road. Its 3,685 lbs. are balanced as evenly as possible over the front and rear axles.

Your 380 SL is actually *three* 380 SL's: the open roadster, the convertible coupe, and the closed coupe with steel hardtop. The soft top stows neatly and easily into its own locker and is a one-person job to erect or fold away. The steel hardtop fits as snugly in place as if custom made—perhaps because it is. Its rear window is electrically heated.

Two six-footers will find the interior accommodations generous. There is plenty of storage room behind the twin bucket seats, plus 6.6 cubic feet of luggage space in the trunk.

The pleasures of top-down motoring, the engineering integrity of a Mercedes-Benz

Doppelseite aus dem letzten amerikanischen Prospekt für den 380 SL.

Ein 500 SL 5.4 AMG auf dem Umschlag des britischen Magazins Fast Lane.

10

Das Ende einer Ära

»Gerade als wir dachten, der SL käme langsam in die Jahre, da machte Mercedes daraus so etwas wie einen ›Hot Rod‹. Ein Auto, das man bisher als eher behäbig bezeichnen konnte, ist nun imstande, ein Ferrari Mondial Cabriolet in einem Beschleunigungsrennen zu besiegen.«
***Road & Track*, März 1986**

Die Internationale Automobilausstellung in Frankfurt hat den Liebhabern deutscher Autos immer etwas Besonderes zu bieten. Die Ausgabe 1985, die vom 12. bis 22. September dauerte, bildete da keine Ausnahme. Am Mercedes-Stand waren die neuen Versionen des 190 E W 201 und der Baureihe W 124 zu sehen. Die Firma zeigte eine Reihe technischer Neuheiten: Automatisches Sperrdifferential (ASD), Antriebsschlupfregelung (ASR) und 4MATIC, ein ganz neues, elektronisch gesteuertes Vierrad-Antriebssystem mit automatisch zuschaltender Kraftverteilung (35:65). Es gab auch eine neue Reihe von Motoren für die überarbeitete S-Klasse der Baureihe 126. Damit wollte man die Leistung angesichts immer strengerer gesetzlicher Auflagen und des Rufs nach unverbleitem Benzin in Europa beibehalten. Und schließlich gab es auch noch einen vollständig modernisierter SL.

Die modellgepflegten Wagen. Finden Sie die Unterschiede?

Ein großer Tag in Deutschland

Die Linie ganz neuer Motoren, einige davon nur für die S-Klasse und dazu bestimmt, folgende Generationen von Personenwagen von Mercedes-Benz anzutreiben, machte am Eröffnungstag in Frankfurt Schlagzeilen. Die Modelle der Baureihe 126 konnte man nun mit einem 2,6-Liter-Einspritzmotor mit sechs Zylindern (eingeführt in der Modellreihe W 124), einem 3-Liter-Sechszylindermotor, einem 4,2-Liter-V8-Motor (im Wesentlichen einer aufgebohrten Version des alten 3,8-Liter-M-116-Motors), dem vertrauten 5,0-Liter-V8-Motor mit einer modernisierten Bosch-KE-Jetronic-Benzineinspritzung und dem brandneuen 5,6-Liter-V8-Motor ordern, der Erinnerungen weckte an den legendären 6,9-Liter-Motor. Die Kraftübertragung dieser zuletzt genannten Motoren besorgte eine neue Viergang-Automatik mit einem Wahlschalter für »Sport«- oder »Economy«-Charakteristik. Dazu gab es auch größere Räder (15 Zoll) mit modernisierten Bremsen sowie eine neu gestaltete Hinterachse, die das Fahrverhalten verbesserte und unerwünschte Vibrationen reduzierte.

Der runderneuerte SL, der den Code R 107 beibehielt, bekam vier der neuen Motoren – drei für europäische Märkte (3,0, 4,2 oder 5,0 Liter) und einen weiteren mit 5,6 Litern Hubraum, der Amerika, Japan und Australien vorbehalten blieb.

Schnittmodell des 3-Liter-Motors M 103 E 30.

Der Sechszylinder-Reihenmotor M 103.982 mit 2962 cm³ unterschied sich deutlich vom M 110. Er hatte eine Bohrung von 88,5 Millimetern und einen Hub von 80,2 Millimetern. Der Block aus Grauguss wurde beibehalten, doch der Motor hatte einen Querstromzylinderkopf aus Leichtmetall mit einer kettengetriebenen, oben liegenden Nockenwelle mit hydraulischem Ventilspielausgleich. Mit einer von Mikroprozessoren gesteuerten elektronischen Zündung (EZL), mit der modernsten elektromechanischen Bosch-KE-Jetronic-Einspritzung und einem Verdichtungsverhältnis von 9,2:1 leistete der Motor ansehnliche 188 PS, mit Dreiwegekatalysator immerhin noch 180 PS.

Das manuelle Fünfganggetriebe war ein Getrag GL76/27B-5 (Typ 717.431) mit Übersetzungsverhältnissen von 3,86 im ersten, 2,18 im zweiten, 1,38 im dritten, 1,00 im vierten und 0,80 im fünften Gang, dem »Overdrive«. Die Endübersetzung lag bei 3,46:1. Das Automatikgetriebe W4A040 hatte Übersetzungsverhältnisse von 3,68, 2,41, 1,44 und 1,00. Das Getriebe vom Typ 722.322 war in Kombination mit einer Endübersetzung von 3,46:1 für das Sechszylindermodell vorgesehen.

Der nächste Motor trug die Bezeichnung M 116.964, ein 4,2-Liter-V8 ganz aus Leichtmetall. Wie schon erwähnt, basierte er auf dem M 116 E 38, der um vier Millimeter aufgebohrt wurde und so einen Hubraum von insgesamt 4196 cm³ bekam. Die größere Bohrung erlaubte größere Ventile, die von einer oben liegenden Nockenwelle pro Zylinderbank gesteuert wurden. Mit EZL, KE-Jetronic-Einspritzung (»eine Verbindung von mechanischer Zuverlässigkeit und elektronischer Perfektion«) und einem Verdichtungsverhältnis von 9,0:1 leistete er 218 PS bei 5200 U/min (203 PS mit Kat) und erreichte ein Drehmoment von 324 Nm.

Obwohl der Motor von Anfang an auf der Preisliste stand, begann man mit seiner Serienproduktion erst im November 1985. Er war mit dem Viergang-Automatikgetriebe W4A040 mit den vertrauten Zahnradsätzen verbunden. Im 4,2-Liter-Wagen mit einer Endübersetzung von

Front und Heck des 300 SL. Diese Bezeichnung hat eine große Bedeutung für die Liebhaber der Stuttgarter Marke. Der R 107 war das dritte Modell, das diese Bezeichnung trug. Der Wagen war mit Automatikgetriebe 196 km/h schnell und beschleunigte in 9,9 Sekunden von 0 auf 100 km/h. Mit Handschaltung war er einen Bruchteil schneller.

Einige der ersten 420 und 500 SL. Wie zuvor unterschied sich das 5,0-Liter-Modell durch einen Heckspoiler am Kofferraumdeckel.

2,47:1 bekam es die Bezeichnung 722.325. Ein Sperrdifferenzial gehörte bei allen V8-Modellen zur Grundausstattung.

Der 5,0-Liter-Motor erhielt in Verbindung mit dem Bosch-KE-Jetronic-Einspritzsystem, größeren Einlassventilen, neu gestalteten Auspuffkrümmern für besseren Durchsatz und elektronischer Zündung die Bezeichnung M 117.964. Anfänglich gab es für ihn keinen Kat, und deswegen blieb bis 1987 die einzige Leistungsangabe 245 PS. Die Viergang-Automatik wurde vom Vorgänger übernommen, ebenso die Hinterachse mit ihrer Übersetzung von 2,24:1. Ab dem Modelljahr 1986 gab es einen Wählschalter für sportliche oder ökonomische Schaltcharakteristik.

Der vierte Motor, der M 117.967 mit 5,6 Litern Hubraum, war im Wesentlichen eine Langhubversion des alten 5,0-Liter-V8-Motors. Wie schon erwähnt, gelangte er hauptsächlich auf den US-Markt. Der größere Hubraum sollte nicht mehr Leistung, sondern vielmehr sauberere Abgase bringen. Der Motor hatte also, um örtlichen Abgasnormen zu entsprechen, eine ganz besondere Abstimmung im Vergleich zur leistungsstarken ECE-Version mit 300 PS. Tatsächlich hatten die regulären RÜF-Wagen für Europa, die für den Einbau eines Dreiwegekatalysators vorbereitet waren, ihn aber nicht besaßen, eine Leistung von 272 PS, während der beste mit Kat ausgestattete amerikanische Motor gerade noch 242 PS leistete.

Die galvanisierte Stahlkarosserie sah noch fast so aus wie zuvor. Der Kofferraumdeckel aus Aluminium sparte immer noch Gewicht ein. Die Karosserie hatte man an entscheidenden Stellen nochmals versteift. Die Ziehgriffe der Türen bestanden nun aus schwarzem Kunststoff anstatt aus verchromtem Metall und ein tiefer, integrierter Frontspoiler wurde zu einem Kennzeichen dieser Modellgeneration. Er verringerte vorn den Auftrieb um 17 Prozent und wies ein ausgeklügeltes Design auf im Vergleich zu den aufgesetzten Gummiprofilen, die man beim 280, 380 und frühen 500 SL eingesetzt hatte. Sie sahen

Mit der Modellpflege erhielten alle Wagen neue Vorderradaufhängungen, modifizierte Hinterachsen und neue Bremsen. Die Leichtmetallräder mit dem größeren Durchmesser waren nun viel besser als solche erkennbar.

Blick auf einen frühen 500 SL: Man beachte die scheibenartigen Leichtmetallräder, mit denen nun alle R 107 ausgestattet wurden, den Frontspoiler aus Polycarbonat, die neuen Türgriffe, das Lederlenkrad und die Außentemperaturanzeige zwischen den beiden Luftdüsen auf dem Armaturenbrett. Dieses 1610 Kilogramm schwere Auto fuhr offiziell 225 km/h und beschleunigte in 7,8 Sekunden von 0 auf 100 km/h.

eher wie eine nachträglicher Anbau und nicht so sehr wie ein von der berühmten Stuttgarter Designabteilung entworfenes Teil aus. Es gab auch einen subtilen Unterschied bei den vorderen Kotflügeln, um Platz zu schaffen für die größeren Reifen und die beheizten Waschdüsen für die Frontscheibe. Die Wagen mit amerikanischer Spezifikation bekamen ein hoch oben montiertes drittes Bremslicht.

Der SL übernahm die 7 J x 15-Leichtmetallräder des 560 SEL und 560 SEC mit 205/65-VR-Reifen für alle Wagen und alle Länder. Mit ihrer Hilfe kann man spätere Fahrzeuge von ihren unmittelbaren Vorgängern unterscheiden. Die Reifen verbargen die gesamte Arbeit von Manfred Flaig. Er hatte die Radaufhängungsgeometrie vorn verändert, um die Fahrstabilität zu verbessern. Bei den vorderen Bremsen wechselte man erneut von schwimmenden zu festen Bremssätteln (wie ursprünglich vorgesehen). Gleichzeitig erhielten diese Bremssättel vier Kolben statt derer zwei, und der Durchmesser der Bremsscheiben wurde auf 284 Millimeter angehoben. Die Bremsen hinten übernahm man unverändert.

Die Tatsache, dass die Radaufhängung schon lange eine Überarbeitung nötig hatte, kann man auch an den Nummern der betreffenden Teile ablesen. Erst jetzt bekamen sie eine »107« statt der »115« – dabei war der letzte Wagen der Baureihe 115 Mitte der 1960er-Jahre gebaut worden. Vorn kamen neue Querlenker zum Einsatz, und der Durchmesser des Querstabilisators wurde um einen auf 26 Millimeter verstärkt, die Feder- und Stoßdämpferkonstanten angepasst. Auch die Hinterachse erfuhr Veränderungen, wenn auch nur in geringem Umfang, um das Eintauchen des Hecks bei Beschleunigung und den allgemeinen Auftrieb zu verringern sowie um die akustische Isolierung zu verbessern.

Im Innenraum bekamen die Sitze eine dickere Seitenpolsterung für besseren Halt. In den USA gehörte ein SRS-Airbag zur Grundausstattung. Das bedeutete, dass nach Amerika verschiffte Wagen ein verändertes Lenkrad enthielten. Der Airbag blieb bis zum Ende der Produktion

ein Extra für europäische Wagen. Subtile Veränderungen ergaben sich bei den Anzeigen, am deutlichsten zu erkennen beim Tacho, dessen Skala nunmehr bis 240 anstatt 260 km/h reichte. Dazu kamen ein neuer beleuchteter Hauptlichtschalter und der Platztausch von Innenlichtschalter und dem Schalter für die Heckscheibenheizung auf dem Armaturenbrett.

Als im September 1985 die deutsche Preisliste erschien, wurde klar, dass das Niveau der Grundausstattung bei den neuen Fahrzeugmodellen erhalten blieb. Der 300 SL, der die Rolle des 280 SL einnahm, kostete DM 63 441. Für den 420 SL als Ersatz für den 380 SL musste man DM 80 826 bezahlen. Das Flaggschiff 500 SL war DM 89 091 wert.

Neu war nun, dass alle Wagen 15-Zoll-Räder aus geschmiedetem Leichtmetall bekamen. Ebenso gab es bei der Viergang-Automatik nahe der Schaltgasse einen neuen Wahlschalter für die Schaltcharakteristik. Weitere Veränderungen betrafen die sportlicheren Sitze, den serienmäßig beheizbaren Außenspiegel auf der Fahrerseite (die beiden beheizbaren Außenspiegel blieben in Deutschland ein Extra) und Lederlenkrad und Lederschaltknauf für alle Wagen. Auf das Hardtop konnte der Käufer nun nicht mehr verzichten, doch zu jener Zeit erschienen ein paar neue Extras auf der Liste, etwa ein neuer »Reiserechner« an der Stelle des Tachos für DM 1066 sowie Sonnenblenden mit beleuchtetem Spiegel für DM 131. Der Katalysator kostete beim 300 SL DM 2052 und beim 420 SL DM 2394. Die Besitzer eines 500 SL mussten noch etwas warten, bis sie den Planeten retten durften.

Im Dezember lief in Untertürkheim der zehnmillionste Nachkriegs-Mercedes vom Band. In jenem Monat stiegen die Preise für die SL-Reihe leicht an. Das Einstiegsmodell 300 SL kostete nun DM 64 581. Sonst gab es keine weiteren Veränderungen. Übrigens wog der 300 SL noch 1510 Kilogramm und war damit knapp 30 Kilogramm leichter als der letzte der 280 SL. Die gesamte Gewichtsersparnis geschah im Motorraum. Das verlieh dem Fahrzeug bessere Fahreigenschaften, selbst noch ohne die veränderte Radaufhängung. Tatsächlich bezeichnen viele den 300 SL als den am unmittelbarsten reagierenden R 107 – hauptsächlich wegen der präziseren Lenkbarkeit, die sich ganz allgemein ergibt, wenn man vorn Gewicht wegnimmt.

Erstaunlicherweise hatte Mercedes-Benz Ende des Jahres 1985 immer noch volle Auftragsbücher für den SL, der nun schon länger als

Serienlackierungen von September 1985 bis Juli 1986
Arktikweiß (147), Maronbraun (459), Barolorot (540), Hellocker (690), Liasgrau (751), Riedgrün (803), Surfblau (900)

Sonderlackierungen von September 1985 bis Juli 1986
Schwarz (040), Sandbeige (444), Signalrot (568), Hellelfenbein (623), Taigabeige (684), Eibengrün (822), Dunkelblau (904)

Metallic-Lackierungen von September 1985 bis Juli 1986
Anthrazitgrau (172), Blauschwarz (199), Diamantblau (355), Champagner (473), Manganbraun (480), Pajettrot (587), Rauchsilber (702), Astralsilber (735), Zypressengrün (876), Petrol (877), Silberdistel (881), Nautikblau (929)

Anmerkung: Für den 500 SL zusätzlich ein neutralgrauer unterer Bereich zusammen mit den Farben 473, 735 und 881.

Verdeckfarben
Schwarz, Dunkelblau, Dunkelbraun

Polsterung: Farben und Materialien von August 1984 bis September 1985
Mittelstreifen der Sitzflächen und der Rückenlehnen aus Stoff in Schwarz (071), Blau (072), Brasil (073), Dattel (074), Cremebeige (075), Piniengrün (076), Mittelrot (077) oder Grau (078); Mittelstreifen der Sitzflächen und der Rückenlehnen aus Leder (erste Zahl Zusatz 2) oder Kunstleder »MB-Tex« (erste Zahl Zusatz 1) in Schwarz (71), Blau (72), Brasil (73), Dattel (74), Cremebeige (75), Piniengrün (76), Mittelrot (77) oder Grau (78). Seitenteile und Rückseiten der Sitze in Leder oder »MB-Tex« in derselben oder einer ähnlichen Farbe, bei Stoffpolsterung aus passendem »MB-Tex«. Teppiche in Dunkelanthrazit, Blau, Brasil, Dattel, Creme, Dunkelolive, Hennarot oder Grau.

Eines der ersten Pressefotos eines 560 SL amerikanischer Spezifikation (Foto: MB USA)

ein Jahrzehnt im Angebot war. Die Lieferzeit für Großbritannien war besonders lang: bis zu zwei Jahren für den Zweisitzer.

Viele Jahre lang hatten immer wieder verschärfte Vorschriften der amerikanischen Bundesbehörden ihr Tribut vom SL gefordert: schwächere Motoren, stärkere Stoßfänger, immer mehr Extras, die in die Grundausstattung eingingen und die auch immer mehr Gewicht brachten. Im Gegensatz zu einer anderen Stuttgarter Ikone, dem Porsche 911, hatte sich der Sportwagen – mindestens in seiner amerikanischen Ausprägung – zu einem Straßenkreuzer entwickelt. Mit der Markteinführung des 560 SL änderte sich dies. Die sportliche Leistung kehrte auf eine Weise in die »Sport-Leicht«-Reihe zurück, die man in den USA seit den frühen Sechzigern nicht mehr erlebt hatte.

Der Fahrdynamik-Schub kam mit dem Motor M 117 E 56 mit 5547 cm^3 Hubraum (Bohrung x Hub 96,5 x 94,8 Millimeter). Mit der Bosch-KE-Jetronic-Einspritzung und einem Verdichtungsverhältnis von 9,0:1 und unter Erfüllung aller Abgasnormen schaffte er 231 PS. Das war ein Grund zur Freude wenn man bedenkt, dass der letzte der 380 SL nur noch 157 PS geleistet hatte.

Der 5,6-Liter-Wagen besaß dasselbe Automatikgetriebe wie der europäische 5,0 Liter. Die Endübersetzung von 2,47:1 der alten amerikanischen 3,8-Liter-Modelle wurde übernommen und mit einem serienmäßigen Sperrdifferenzial kombiniert. Merkwürdigerweise fehlte den für Amerika bestimmten Fahrzeugen das Wahlprogramm für die Schaltcharakteristik. Die Entscheidung dazu hatte wahrscheinlich die Arbeitsgruppe Produktplanung im Interesse der Treibstoffersparnis getroffen.

Bei seiner Einführung kostete der stets luxusbetonte 560 SL $ 48 200 – inklusive einer »Benzinverschwendersteuer« von $ 1300. In diesem Preis eingeschlossen waren 15-Zoll-Räder aus geschmiede-

Der beeindruckende M 117 E 56. (Foto: MB USA)

tem Leichtmetall mit 205/65-VR-Reifen, vorn innenbelüftete Scheibenbremsen, ABS, Servolenkung, ein SRS-Airbag auf der Fahrerseite, Tempomat, Klimatisierungsautomatik, Lederpolsterung (inklusive Lenkrad und Schaltknauf), elektrische Fensterheber, getönte Scheiben, beheizbare und verstellbare Außenspiegel auch auf der Beifahrerseite, Außentemperaturanzeige, beleuchteter Spiegel links und rechts in den Sonnenblenden, eine Quarzuhr, ein Radio/Cassettengerät mit automatisch ausfahrender Antenne, Velourssteppich, eine zentrale Armlehne vorn, Verbandkasten, Zentralverriegelung mit integriertem Alarmsystem, beheizte Düsen für die Frontscheiben-Waschanlage und Metallic-Lackierung mit der erneut angebotenen Möglichkeit, ein Hardtop mit kontrastierender Lackierung zu bestellen. Ungefähr der einzige kostenpflichtige Sonderwunsch für den SL bestand in der Sitzheizung und in der orthopädischen Sitzlehne mit Stützen in der Lendengegend.

Den ersten Dokumenten zufolge wog der 5,6-Liter-Wagen 1715 Kilogramm – voll beladen mit allen Extras, mit dem massiven Stoßfängern, die ein vertrauter Anblick waren in Amerika und die in ihrer Ausprägung des Modelljahres 1984 die Länge des Wagens auf 4580 Millimeter anhoben. Dazu kam nach den letzten gesetzlichen Bestimmungen übrigens noch ein drittes, weit oben angebrachtes Bremslicht. Kurz danach wurde das Gewicht mit 1680 Kilogramm angegeben, aber es bestand dennoch kein Zweifel daran, dass es sich beim SL um einen schweren Wagen handelte. Trotzdem erreichte der 560 SL mit dem neuen Motor eine Höchstgeschwindigkeit von 223 km/h, und von 0 auf 100 km/h beschleunigte er mit Leichtigkeit in 7,6 Sekunden.

Eine interessante Seite aus dem amerikanischen Prospekt. Sie zeigt den 560 SL mit offenem Verdeck, mit geschlossenem Verdeck und mit Hardtop. (Foto: MB USA)

Ganz nebenbei erwähnt: Für den amerikanischen Markt testete Mercedes-Benz auch einen 3-Liter-Turbodiesel, denn es bestanden Pläne, ihn im Modelljahr 1986 auf den Markt zu bringen. Da aber die Beliebtheit der Dieselmotoren in den USA immer weiter abnahm und da Kalifornien sein Augenmerk immer stärker auf die Feinstaubemissionen legte, wurde das Projekt schließlich auf Eis gelegt.

Zwei Ansichten des 560 SL, Modelljahr 1986. Man beachte den Frontspoiler, der in den USA trotz der massiven Stoßfänger noch verwendet wurde, ferner die neuen Räder sowie das hoch oben auf der Mitte des Kofferraumdeckels angebrachte Bremslicht.

Da somit nur der 5,6-Liter-Wagen in Amerika im Angebot stand, konnte sich die Werbung ganz auf ihn konzentrieren. Sie bewegte sich weg vom Fokus auf vernünftiges, sicheres Autofahren mit Slogans wie »sportliche Leistung mit reinem Gewissen« und legte nun die Betonung auf das rein sportliche Fahrvergnügen: »Es gibt noch einen offenen Wagen, an dem man seine Freude haben kann«.

In Wirklichkeit nahm man die Sicherheit nunmehr als gegeben an. Damit konnte sich das Marketing auf das eigentliche Wesen des Sportwagens besinnen: den Fahrspaß. Und es waren keine leeren Worte von Werbefachleuten. Trotz des erheblichen Gewichts und dank der Motorleistung und der veränderten Radaufhängung ermittelte *Road & Track*, dass der 560 SL einen Slalom schneller zurücklegte als der Porsche 928 S. Das erscheint unglaubwürdig, aber Messwerte lügen nicht.

Car & Driver befand, die neu gewonnene Spritzigkeit des SL korrespondiere gut mit dem Image des luxuriösen Zweisitzers: »Wir glauben, dass diese Motorleistung gut zum SL als einem der wichtigsten automobilen Statussymbole erfolgreicher Menschen passt. Dieses Image wurde stets auch vom Preis gestützt, vom edlen Design und vom Erbe der traditionsreichen Firma. Aber im alltäglichen Verkehr ging es oft im Gummiqualm preiswerter frisierter Frontantriebs-Autos unter. Dieser Riss im sonst untadeligen Oberklasse-Image des SL wird nun durch den neuen Motor wieder gekittet.«

Trotz der ungünstigen Wechselkurse, die die Preise nach oben trieben, fanden 1986 fast 100 000 Mercedes-Benz amerikanische Käufer.

Die in der Zwischenzeit wachsende Bedeutung des japanischen Marktes lässt sich an der Gründung der Firma Mercedes-Benz Japan im Januar 1986 ablesen, einer 100-prozentigen Tochter von Daimler-Benz. Japanische Mercedes-Fans konnten den 560 SL vom Dezember 1985 an für Yen 13 800 000 erwerben – im Vergleich zu den Yen 11 000 000, die sie für den letzten 380 SL bezahlen mussten.

In Großbritannien kam der neue SL im März 1986 auf den Markt, wobei alle europäischen Motoren zu bekommen waren. Der 300 SL mit manuellem oder automatischem Getriebe kostete £ 24 840, der 420 SL £ 29 150 und der 500 SL £ 31 720. Das preiswerteste Einstiegsmodell von Mercedes war in jener Zeit mit £ 10 890 ausgezeichnet, für das teuerste verlangte man glatte £ 40 000.

Der 300 SL stand in harter Konkurrenz mit dem Jaguar XJ-S 3.6 Cabriolet für £ 22 395, der 420 SL mit dem Porsche 911 Carrera Cabriolet, der ungefähr gleich viel kostete. Wenn man Klimaanlage (£ 1515), Lederpolsterung (£ 663), Stereoanlage (£ 633), Airbag (£ 956), Tempomat (£ 233), Notsitze hinten (£ 320) und Metallic-Lackierung (£ 455) dazurechnete, lag sein Preis schon sehr nahe bei dem, den man für die andere Stuttgarter Ikone bezahlen musste.

Die Zeitschrift *Motor* testete einen 300 SL und zeigt ihn in der Maiausgabe 1986 sogar auf der Titelseite. »Ganz allgemein«, so vermeldete der Artikel, »zeigt der 300 SL untadelige Manieren, doch bei schneller Kurvenfahrt fühlt er sich nicht ganz wie ein Sportwagen an. Man muss schon sehr schnell fahren, bevor eines der beiden Enden an Haftung verliert. Es beginnt vorn mit leichtem Untersteuern, das mit zunehmender Geschwindigkeit stärker wird. Nur wenn man mitten in einer Kurve abrupt vom Gas geht, zeigt sich die einfache Natur der Hinterradaufhängung mit plötzlichem, aber beherrschbarem Übersteuern … Selbst wenn die Radaufhängung hinten eine einfache Konstruktion aufweist, funktioniert sie extrem gut, und die Traktion ist außergewöhnlich.«

Ob wohl der modernste Frontspoiler zum Einsatz kam, schrieb das Magazin: »Die Stabilität bei hoher Geschwindigkeit ist weniger gut, besonders bei Seitenwind. Schnelles Fahren im Straßenverkehr verlangt Konzentration, besonders weil das Auto recht breit ist.«

Auch wenn »sich der Fahrer stets bewusst ist, dass er einen schweren Wagen steuert«, gab es an der Stabilität nichts zu bemängeln: »Mit abgenommenem Hardtop spürt man den Wind nur wenig. Der dadurch bedingte marginale Verlust an Steifigkeit zeigt sich nur in einer sehr geringen Zunahme an Verwindungen des Vorderwagens, doch dieser Nachteil ist ebenfalls kaum zu spüren.«

Die Tester maßen die Beschleunigung von 0 auf 100 km/h mit 9,4 Sekunden. Der Artikel fasste wie folgt zusammen: »Dieses Mercedes-Cabrio ist nur so schnell, wie das Fahren mit offenem Verdeck noch Spaß macht. Ansonsten ist der Fahrspaß viel subtiler und nachhalti-

Britische Werbung vom Frühjahr 1986.

ger. Er beruht ebenso auf technischer Raffinesse wie auf der intuitiven Bedienbarkeit. Alles in allem ist es ein guter Mercedes und ein gutes Cabrio. Auf einige Liebhaber wird diese Kombination stets unwiderstehlich wirken.«

Die Modelljahre 1987 und 1988

Im September 1986 kam es zu einer erheblichen Preissteigerung bei den SL – hauptsächlich durch den Umstand, dass der Katalysator nunmehr zur Grundausstattung des 300 SL und des 420 SL gehörte. Und auch das ABS – zuvor nur bei deutschen V8-Wagen serienmäßig – wurde nun in alle SL eingebaut. Das 3-Liter-Modell bekam eine neue Batterie und einen neuen Generator. Die Modelle mit Sechszylindermotoren hatten in der Vergangenheit hier weniger leistungsfähige Bauteile erhalten als die V8-Modelle.

Der 300 SL schlug nun mit DM 69 255 zu Buche, der 420 SL mit DM 84 702. Käufer, die auf den Katalysator verzichteten, bekamen rund DM 1500 gutgeschrieben. Der 500 SL kostete DM 93 138 und bekam kurz darauf einen Kat (Produktionsstart im Februar 1987).

Wie bei den anderen Baureihen ging durch den Einbau eines Kats auch bei ihm die Leistung zurück. Beim 300 SL und beim 420 SL machte es rund sechs Prozent aus, beim 500 SL hingegen fast zehn: Er fiel von 245 PS auf 223 PS ab.

Am 3. April 1987 lief in Sindelfingen der 200 000. R 107 vom Band. Schon im Juni bewirkte ein weiterer Preisanstieg, dass die Preisspanne der SL bei deutschen Händlern nun von DM 71 250 bis DM 95 817 reichte.

Mercedes-Benz hatte zwar gehofft, den neuen SL (R 129) auf der IAA in Frankfurt vorstellen zu können, aber es gab noch Probleme mit dem innovativen Überrollbügel. Die Tatsache, dass sich der 560 SL in Amerika so gut verkaufte, machte die Entscheidung viel einfacher, das Debüt des neuen Autos einfach noch zu verschieben.

Da es auch Verzögerungen beim neuen V12-Motor gab, reagierten die Ingenieure, indem sie die V8-Motoren der S-Klasse W 126 mit deutlich mehr Leistung ausstatteten. Die Stärkung unter der Motorhaube kam durch ein neues Zündungssystem, doch diese Änderung wurde nicht beim SL eingeführt. Wahrscheinlich weil man wusste, dass die Lebenszeit des R 107 nunmehr fast zu Ende war. Allein die Logistik bei den Prospekten und Handbüchern hätte einen horrenden Aufwand bedeutet und wäre angesichts der gerade gültigen Verkaufszahlen in Europa wohl kaum zu rechtfertigen gewesen. Selbst in den USA übernahm man einfach die alten Zahlen, obwohl die Flaggschiffmodelle von W 126 und C 126 nun fünf Prozent mehr Leistung aufwiesen.

Mit praktisch derselben Grundausstattung und denselben Extras fällt die Unterscheidung der Modelle von außen sehr schwer. Hilfreich im Innenraum ist der rote Bereich des Drehzahlmessers: Beim 300 SL beginnt er bei 6200 U/min, bei den V8-Wagen bei 6000 U/min. Das abgebildete Auto, ein 300 SL, hat einen Airbag und eine reguläre Heizung, keine Klimaanlage. Für diese brauchte man einen zusätzlichen Kippschalter in der Mitte zwischen den beiden Rädern für die Temperatureinstellung. Die Klimatisierungsautomatik funktionierte mit einem Drucktastensystem.

Wir blicken hier auf Bedienelemente und Anzeige des »Reiserechners«, der in Deutschland als Sonderausstattung zu bekommen war. Man beachte die Lage des Drehzahlmessers im Kombiinstrument oben und die digitale Uhrenanzeige in der unteren Mitte des Tachometers.

Der Sauber-Mercedes C9 im März 1988 auf seinem Weg zum Sieg in Jerez. Zu jener Zeit wurde er von einer speziellen Version des 5,0-Liter-Motors M 117 angetrieben. Von 1989 an waren die Wagen silberfarben lackiert und signalisierten so die Rückkehr der Silberpfeile.

Serienlackierungen von Juli 1986 bis März 1987
Schwarz (040), Arktikweiß (147), Maronbraun (459), Barolorot (540), Signalrot (568), Hellelfenbein (623), Pueblobeige (651), Hellocker (690), Liasgrau (751), Achatgrün (815), Surfblau (900), Dunkelblau (904)

Serienlackierungen von März 1987 an
Schwarz (040), Arktikweiß (147), Barolorot (540), Signalrot (568), Hellelfenbein (623), Pueblobeige (651), Liasgrau (751), Achatgrün (815), Surfblau (900), Dunkelblau (904)

Metallic-Lackierungen von Juli 1986 bis September 1988
Perlmuttgrau (122), Anthrazitgrau (172), Blauschwarz (199), Nachtgrün (254), Nelkengrün (261), Diamantblau (355), Bisonbraun (432), Impala (441), Champagner (473), Pajettrot (587), Rauchsilber (702), Astralsilber (735), Petrol (877), Nautikblau (929)

Metallic-Lackierungen von September 1988 an
Perlmuttgrau (122), Anthrazitgrau (172), Blauschwarz (199), Nachtgrün (254), Nelkengrün (261), Diamantblau (355), Bisonbraun (432), Impala (441), Almandinrot (512), Pajettrot (587), Rauchsilber (702), Astralsilber (735), Petrol (877), Nautikblau (929)

Verdeckfarben
Schwarz, Dunkelblau, Dunkelbraun

Polsterung: Farben und Materialien
Mittelstreifen der Sitzflächen und der Rückenlehnen aus Stoff in Schwarz (071), Blau (072), Brasil (073), Dattel (074), Cremebeige (075), Piniengrün (076), Mittelrot (077) oder Grau (078); Mittelstreifen der Sitzflächen und der Rückenlehnen aus Leder (erste Zahl Zusatz 2) oder Kunstleder »MB-Tex« (erste Zahl Zusatz 1) in Schwarz (71), Blau (72), Brasil (73), Dattel (74), Cremebeige (75), Piniengrün (76), Mittelrot (77) oder Grau (78). Seitenteile und Rückseiten der Sitze in Leder oder »MB-Tex« in derselben oder einer ähnlichen Farbe, bei Stoffpolsterung aus passendem »MB-Tex«. Teppiche in Dunkelanthrazit, Blau, Brasil, Dattel, Creme, Dunkelolive, Hennarot oder Grau.

Dann stand plötzlich die Welt Kopf. Am 19. Oktober 1987 kam der Börsencrash des »Schwarzen Montags«, und viele Aktien verloren schneller an Wert als 1929, als die Weltwirtschaftskrise begann. Das würde sicher Auswirkungen haben auf den Verkauf von Luxuswagen. Aber zunächst konnten die Hersteller nichts anderes tun, als »Business as usual« zu betreiben und abzuwarten, was kommen würde. Deswegen wich der Vorstand von Daimler-Benz auch nicht von seiner Entscheidung ab, wieder am Rennsport teilzunehmen. Man wollte mit dem Sauber-Team an der Sportwagen-Weltmeisterschaft teilnehmen und dazu eine neue Generation von Silberpfeilen auflegen.

Im Februar 1988 lief in Sindelfingen der zehnmillionste Mercedes-Benz-Nachkriegs-Pkw vom Band. Zur selben Zeit stiegen die Preise für die Autos und die Sonderausstattungen erneut an, sodass der 500 SL nunmehr fast DM 100 000 kostete. Bei den Spezifikationen oder den Extras gab es keine Veränderungen, abgesehen von den nunmehr asbestfreien Bremsbelägen.

Im folgenden Monat enthüllte Jaguar auf dem Genfer Autosalon sein XJ-S Cabriolet. Er war schneller und preiswerter als der SL, besaß einen prestigeträchtigen V12-Motor und eine elektrisch betriebene Motorhaube. Das britische Magazin *Motor* nannte ihn das beste Cabrio der Welt. Er stellte eine weitere Bedrohung für die bereits rückläufigen Verkäufe der R-107-Modelle dar.

In den Modelljahren 1987 und 1988 wurden keine wesentlichen Veränderungen am 560 SL mehr durchgeführt. Zu einer Zeit, da die Preisspanne von Mercedes-Benz von $ 26 400 bis $ 68 000 reichte, kostete der 560 SL $ 55 300. Leider verlief die Kursentwicklung ungünstig, und die Preise mussten wiederholt nach oben angepasst werden.

Im Frühjahr 1987 war der Preis eines 560 SL bereits auf $ 57 450 gestiegen. Die einzigen Optionen damals bestanden nur in orthopädischen Rücklehnen ($ 90 pro Seite), Sitzheizung ($ 435) und einem Unterfahrschutz aus Metall ($ 140).

Zu Beginn des Modelljahres 1988 kostete der 560 SL $ 61 130. Die Verkäufe in den USA gingen im Kalenderjahr 1987 auf rund 90 000 Pkw zurück. Im darauffolgenden Jahr fielen sie wegen der Nachwehen des Börsencrashs und der ungünstigen Wechselkurse auf 83 727 Einheiten. Ein bedeutender Grund war auch, dass die Dieselmotoren wegen schärferer Abgasbestimmungen praktisch aufgegeben wurden. Auch 1989 gingen die Verkäufe weiter zurück.

Im Jahre 1988 verglich die Zeitschrift *Road & Track* fünf exotische Cabrios miteinander, nämlich den 560 SL, den Porsche 911 Cabriolet,

Der amerikanische 560 SL des Modelljahrs 1987.

Amerikanische Werbung für AMG-Teile vom Juni 1987.

Innenraum des amerikanischen Modells für das Jahr 1987. Dem Verkaufsprospekt zufolge war der 560 SL der perfekte »luxuriöse Zweisitzer«. (Foto: MB USA)

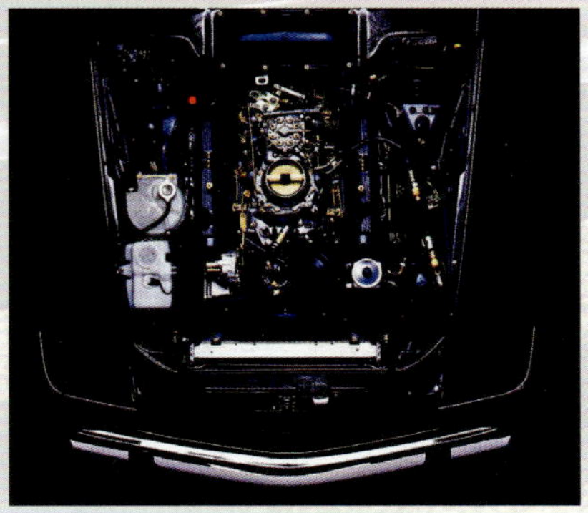

Motorraum des amerikanischen Modells von 1988. (Bild: MB USA)

den Ferrari 328 GTS, den Cadillac Allanté und die Chevrolet Corvette. Das Testteam begutachtete jedes Auto nach seinen Eigenschaften als Sportwagen sowie als Alltagsfahrzeug und kam zum Schluss, dass der Porsche klarer Sieger nach Punkten wurde. Der Ferrari kam an zweiter, der Mercedes an dritter Stelle. In der Kategorie Alltagstauglichkeit lag der SL weit vor dem Italiener, das durfte man nicht außer Acht lassen. Der SL war ein praktisches Auto, das auch Spaß machte – im Gegensatz zu einem Spaßauto, das man für den täglichen Gebrauch als ungeeignet bezeichnen musste.

Auf den Rechtslenkermärkten wies Großbritannien die größte Angebotspalette an R 107 auf. Im Modelljahr 1987 standen drei Versionen zum Verkauf: der 300 SL für £ 26085, der 420 SL für £ 30610 und der 500 SL für £ 33310. Zu Beginn des Modelljahres 1988 war dessen Preis auf £ 37740 gestiegen. Das Flaggschiff 560 SEC kostete damals happige £ 58270.

Japan und Australien verkauften weiterhin den 5,6-Liter-Wagen mit amerikanischer Spezifikation, und in dieser Zeit kostete er rund Yen 14500000. Der 190 E stand mit Yen 4300000 in der Liste, der 560 SEC mit Yen 17300000. Australien litt unter aberwitzigen Devisenkursen, und die Preise des Mercedes-Angebots reichten von AU-$ 67000 bis AU-$ 215721. Der 560 SL lag mit AU-$ 175921 nahe am oberen Ende der Preisskala und war ungefähr gleich teuer wie der

Werbefoto des 560 SL von 1988 (oben). Derselbe Wagen wurde auch für die Pressemappe 1989 verwendet, wenn auch aus einem anderen Blickwinkel aufgenommen. (Foto: MB USA)

Eine etwas andere Werbung von Ende 2002, diesmal für die bekannte Modemarke Bosch in Japan. Sie zeigt die reizende Ai Tominaga und einen modellgepflegten SL in Champagner metallic. Dies sagt dem Kenner, dass er aus der Zeit zwischen 1986 und 1988 stammen muss.

Porsche 911 Carrera Cabriolet – aber über doppelt so teuer wie der 380 SL nur zwei Jahre zuvor!

Abschluss einer Ära

Der Preisliste vom September 1988 zufolge gab es bei den Spezifikationen und der Ausstattung keine Veränderungen, wenn man vom nun serienmäßigen beheizbaren Außenspiegel auf der Beifahrerseite absah. Diese kleine Erweiterung der Grundausstattung fiel mit einer kleinen Preissteigerung zusammen. Der 560 SL kostete nun DM 98 439. Dies war dann auch die letzte Änderung, denn der der R 129 hatte 1989 sein Debüt auf dem Genfer Autosalon, der vom 9. bis 19. März stattfand.

Die Tage des R 107 waren nun wirklich gezählt. Der Wagen hatte eine ganze Generation entzückt, und mit seiner Produktionszeit von 18 Jahren war er der unumstrittene »Longseller« in der Geschichte von Mercedes-Benz. Rudolf Uhlenhaut starb am 8. Mai 1989, und damit endete im Herannahen der 1990er-Jahre eine weitere Ära der Mercedes-Geschichte.

Immerhin belegten die Sauber-Mercedes C9 – 37 Jahre nach dem einzigen Sieg von Mercedes-Benz in Le Mans – die beiden ersten Plätze in der 1989er-Ausgabe des berühmten 24-Stunden-Rennens. Später gewannen sie auch die Sportwagen-Weltmeisterschaft und schlugen dabei Jaguar, Porsche, Nissan und Toyota.

In der Zwischenzeit wurde die Daimler-Benz AG so umgebaut, dass die Mercedes-Benz AG als unabhängiges Unternehmen handeln konnte. Nicht lange danach, am 26. Juli 1989, rollte im Werk Sindelfingen der letzte R 107 vom Band, ein roter 500 SL. Der Wagen befindet sich heute in der Sammlung des Mercedes-Benz Museums, und das ist auch richtig so.

In den USA kostete der 560 SL des Modelljahrs 1989 $ 64 230. Die Extras waren die des Vorjahrs, nur etwas teurer. Der Journalist Ray Thursby schrieb dazu: »Trotz aller Verbesserungen bleibt der 560 ein wundervoller Dinosaurier, ein Relikt, das eine vornehme Herkunft mit einem Hauch Rabaukentum kombiniert. Alter gilt als gut für Weine und schlecht für Autos. Der 560 SL bildet da eine Ausnahme ... Die Karosserie ist schön proportioniert und auf eine Weise attraktiv, die sich von den jährlich wechselnden Modelaunen, denen einige Hersteller folgen, nicht beeinflussen lässt. Die Zeit war gnädig mit dem SL.«

Die letzten Wagen standen bis Ende 1989 auf der Preisliste. Dann kamen die neuen SL der Baureihe R 129, und deren Preise begannen bei $ 72 500. Von den 49 347 gebauten 560 SL gelangten nicht weni-

Umschlag der Betriebsanleitung für den 300 SL, den 420 SL und den 500 SL.

Umschlag des britischen Prospekts vom August 1988. Er sah im Wesentlichen genauso aus wie die deutsche Originalausgabe – mit Ausnahme der Typographie und der Lage des dreizackigen Sterns.

ger als 46263 Einheiten nach Amerika. Das bedeutet, dass nach dem Facelift jedes Jahr im Schnitt 11500 Einheiten in den USA abgesetzt wurden. In England galten die Preise unverändert vom Beginn des Modelljahres 1989 bis in den November 1989. Der 300 SL kostete in der Grundausstattung £ 32750, der 420 SL £ 37950 und der 500 SL £ 41700. Die letzten Importe hatten bereits im August stattgefunden, damit sich die Lager in der zweiten Jahreshälfte leeren konnten. Der Verkauf des R 129 mit einer Preisspanne von £ 42130 bis £ 58045 sollte Ende des Jahres beginnen. Insgesamt verkaufte Mercedes in Großbritannien mehr als 14500 Einheiten der Baureihe R 107.

In Japan kostete der 560 SL weiterhin Yen 14700000. Günstigere Wechselkurse gestatteten gegen Ende des Baureihenlebens eine Preissenkung auf Yen 12920000. Wie in Großbritannien stand der Wagen bis November in den Preislisten. Gegen Ende des Jahres gelangte der 500 SL R 129 in die Verkaufsräume der Händler – und kostete damals Yen 13800000.

In Australien wurde der letzte 560 SL im April 1990 verkauft. Er kostete von Anfang des Modelljahrs 1989 an AU-$ 183600. Der neue 500 SL war kurz darauf für AU-$ 254985 zu haben.

Den Erfolg der Baureihe R 107 kann man in den beiden folgenden Abschnitten, die Martin Buckley 1990 für die Aprilausgabe des Magazins *Classic & Sportscar* geschrieben hat, zusammenfassen: »Der Mercedes SL ist eines der mächtigsten Statussymbole der westlichen Welt und steht in einer Reihe mit dem beheizten Swimmingpool und der Rolex Oyster: Es ist keine Frage ihrer Exklusivität, schließlich sind sie in jeder wohlhabenden Stadt im Westen anzutreffen. Und es trifft auch nicht zu, dass das Design des SL modern oder revolutionär wäre: Der erste der Baureihe 107 erschien 1971 auf den Straßen, und sein Grundkonzept änderte sich kaum, bis er 1989 von einem ganz neuen Modell ersetzt wurde. Nun könnte man eine Menge über die Qualität der Ingenieursarbeit sagen. Aufschlussreicher aber ist vielleicht, dass es Mercedes-Benz gelungen ist, ein Auto mit einer Aura der Zeitlosigkeit zu schaffen, ein Glanzstück, das nach 18 Produktionsjahren erst noch in die Jahre kommen muss.«

Heute, wiederum zwei Jahrzehnte später, ist das alles immer noch gültig.

Eines der allerletzten Modelle der Baureihe R 107, ein im August 1989 zugelassener englischer 500 SL. Man beachte das seitliche Blinklicht am hinteren Teil des vorderen Kotflügels. Es wurde ab dem Modelljahr 1986 an den britischen Wagen montiert.

Doppelseiten aus dem letzten US-Prospekt für die Modellreihe R 107. (Foto: MB USA)

11

Der SL für die Neunziger

Die herannahenden 1990er-Jahre versprachen viel, und in der Zeit der »Luftblasen-Wirtschaft« durften Designer und Ingenieure ihre Träume verwirklichen und Fahrzeuge produzieren, die neueste technische Errungenschaften mit futuristischem Design verbanden – nicht nur, um die stets strengeren Bestimmungen zu erfüllen, sondern auch um zu zeigen, wozu sie imstande waren. Alles, so schien es, war möglich. Die Kunden standen Schlange für das Beste, was die Hersteller zu bieten hatten, und der Preis spielte kaum eine Rolle. Dann schlug die Stimmung nach dem »Schwarzen Montag« um. Der Zeitpunkt für den Start eines Luxus-Zweisitzers hätte nicht schlechter sein können.

In ihrer Ausgabe vom 19. Oktober 1985 brachte das britische Magazin *Motor* heimlich geschossene Bilder vom neuen SL. Sie stammten von einem Test in Arizona. Die Markteinführung sollte allerdings noch einige Jahre auf sich warten lassen. In der Zwischenzeit brodelte es in der Gerüchteküche. Es wurden Seiten gefüllt mit begeisterten spekulativen Berichten über Vierradantrieb, aktive Radaufhängung, Sechszylindermotoren mit 24 Ventilen, Mehrventil-V8-Motoren und selbst einen exotischen V12-Motor.

Die Baureihe R 129

Der R 129 nahm unter den wachsamen Augen des italienischen Designers Bruno Sacco Gestalt an. Er hatte Mitte der Siebziger die Leitung der Mercedes-Benz Designabteilung übernommen, nachdem Friedrich Geiger im Dezember 1973 in Ruhestand gegangen war. Obwohl der neue Wagen im Vergleich zur Baureihe 107 sehr weich und im Heckbereich ziemlich voluminös aussah, war der Einfluss der künftigen S-Klasse W 140 deutlich zu erkennen. Die schräg abfallende Front schnitt sicher besser durch den Fahrtwind, und die integrierten Stoßfänger gaben dem Wagen ein sehr viel moderneres Aussehen, wenn man sie mit den kräftigen verchromten Stoßstangen vergleicht, die der R 107 bis zum Produktionsende im Juli 1989 trug.

Der R 129 sah größer aus und hatte in der Tat einen längeren Radstand und eine größere Spurweite. Er hatte aber eine nur um einen Bruchteil größere Gesamtbreite und fiel nur eine Spur länger aus als der europäische R 107, aber kürzer als der 560 SL für den US-Markt. Ohne Zweifel war die neue Karosserie aerodynamisch überlegen und bei einem möglichen Unfall auch viel sicherer. Eingebaut war beispiels-

Der neue SL nimmt in der Designabteilung von Daimler-Benz Form an.

weise ein automatischer Überrollbügel, und eine neue Generation von Computerprogrammen hatte mitgeholfen, die Karosserie zu optimieren.

Das Innere war eine Mischung aus Merkmalen des W 126 und des W 140 mit sportlicher Note – jedenfalls weit entfernt vom traditionellen Armaturenbrett und den Türverkleidungen des 107. Trotz der elektrisch betriebenen Motorhaube, der erhöhten Steifigkeit und zahlreichen weiteren Bauteilen für Sicherheit und Komfort war der R 129 nur wenig schwerer als sein Vorgänger.

Die Antriebskraft kam vom 3-Liter-Sechszylinder-Reihenmotor mit 190 PS, den man vom letzten Modell der Baureihe R 107 übernommen und modifiziert hatte, sowie einer mit 24 Ventilen ausgestatteten Version desselben Aggregats, die 41 PS mehr leistete. Das Topmodell verfügte über einen 5,0-Liter-V8-Motor mit 32 Ventilen, der auf 326 PS kam. Vier Ventile pro Zylinder waren zwar neu für die SL-Reihe, nicht aber für Mercedes-Benz. Die Firma hatte diese Technik sogar schon vor dem Ersten Weltkrieg in Rennwagen eingesetzt. Der 6-Liter-V12-Motor war 1989 noch nicht fertig und schaffte es erst Ende 1992 in die Baureihe R 129. Er trieb dann den 600 SL mit fast 400 PS an.

Die Radaufhängung griff auf die Technik der E-Klasse jener Zeit zurück. Servolenkung war natürlich vorhanden, und die 16-Zoll-Räder

Der R 129 auf dem Genfer Salon 1989, der am 9. März eröffnet wurde.

Schnittzeichnung des neuen SL.

Ein früher R 129 bei einem Mercedes-Händler. Die zweifarbige Lackierung scheint den Wagen leichter zu machen. In einer einzigen Farbe lackiert kann er etwas massiv aussehen. Das Facelift von 1995 schuf da Abhilfe.

Die vierte Generation des SL mit offenem und geschlossenem Verdeck sowie mit dem leichten Hardtop (oben).

Heck des 500 SL mit den Leuchteneinheiten, die an die der Baureihe 107 erinnern. Aus dieser Perspektive erkennt man auch das schärfer konturierte Interieur.

waren mit mächtigen Bremsen und serienmäßig mit ABS ausgestattet. Die »aktive Federung«, von der so viel die Rede gewesen war, wurde später eingeführt.

Die Vorserienproduktion begann im Mai 1988 erstmals im Werk Bremen, was eine weitere neue Ära für den SL bedeutete. Die Serienproduktion startete im März 1989, und im selben Monat erfolgte die Markteinführung auf dem Genfer Salon.

Zwei der neuen 500 SL schmückten den Mercedes-Benz-Stand auf der britischen Earls Court Motor Show 1989. Es war der erste Auftritt des R 129 in Großbritannien. Obwohl das Modell sein Debüt schon sieben Monate zuvor gehabt hatte erfuhren britische Käufer, sie müssten mindestens noch zwei Jahre auf die Auslieferung warten. Das war sicher ein gutes Indiz für die Beliebtheit dieses Wagens, in den sich selbst Prinzessin Diana verliebte. Sie bekam im Februar 1992 ihren roten 500 SL. Damit besaß zum ersten Mal ein prominentes Mitglied der »Royal Family« einen ausländischen Wagen. Doch aufgrund öffentlichen Drucks musste Diana ihn bald wieder abgeben, und heute steht er im beeindruckenden Mercedes-Benz-Museum in Stuttgart.

Eine neue Bezeichnung

Nach vier Jahrzehnten mit der angehängten Bezeichnung SL änderte Mercedes-Benz in der Jahresmitte 1993 die Nomenklatur. Nun sollte erst die Fahrzeugklasse und dann der Hubraum des Motors genannt werde. So wurde aus dem 500 SL der SL 500. Zur selben Zeit ersetzten die neuen M-104-Motoren mit 24 Ventilen und 2,8 beziehungsweise 3,2 Liter Hubraum die existierenden Sechszylinder. Der SL 280 war nun das einzige Modell der Baureihe R 129, das man noch mit einer manuellen Schaltung bestellen konnte.

Auf der Automobilausstellung in Frankfurt 1995 zeigte Mercedes-Benz modellgepflegte Wagen mit neuen Rädern und Hardtops. Auch an der Karosserie und im Innenraum fanden kleinere Veränderungen statt. Die Automatikgetriebe und die Fahrassistenzsysteme wurden verfeinert, bevor eine weitere Modellpflege auf dem Turiner Autosalon 1998 präsentiert wurde. Dabei stellte man eine neue Gruppe von Motoren, subtile Veränderungen am Design besonders am Heck und 17-Zoll-Felgen mit entsprechenden Reifen vor. Nach über 200 000 verkauften Einheiten wurde die Baureihe R 129 schließlich im Sommer 2001 ersetzt.

Amerikanische Werbung von Anfang 1991. Abgebildet wird der 500 SL mit dem Rennwagen der Gruppe C, der in den späten Achtzigern die Legende der Silberpfeile wiederbelebte.

Der SLK

So wie der 190 SL ein jüngerer Bruder des 300 SL war – wobei die beiden kaum mehr als die Bezeichnung »Sport Leicht« gemeinsam hatten –, stieß in der Mitte seiner zwölfjährigen Bauzeit eine moderne Interpretation des W 121 zum R 129.

Dieser sogenannte SLK tauchte im April 1994 auf dem Turiner Autosalon als »Concept Car« auf und ging rechtzeitig zum Modelljahr

Das elektrisch ausfahrbare Metallverdeck des SLK ist die perfekte Lösung für europäische Cabrioliebhaber, die oft unter schlechtem Wetter zu leiden haben. Im Bild ein Modell mit Kompressor-Motor.

Der SLK R 170 mit dem Wagen, der als Inspirationsquelle diente: dem 190 SL. Das Armaturenbrett des SLK war im Vergleich zu dem des R 129 sehr traditionell.

Ein SLK mit geschlossenem Verdeck und normalem 2-Liter-Saugmotor. Dieses war das Einstiegsmodell. Im Angebot standen noch ein kompressoraufgeladener 2,3-Liter-Vierzylindermotor und für einige Märkte ein kompressoraufgeladener 2-Liter-Motor.

1997 in Produktion. Das »K« in der Bezeichnung stand für »Kurz« und meinte eine verkürzte Version des SL. Tatsächlich war der Wagen (Typ R 170) zunächst überall kleiner als seine Brüder der Baureihe R 129, nicht nur bei der Karosserie, sondern auch beim Hubraum. Es gab allerdings aufgeladene Varianten, die den Mangel an Hubraum wettzumachen versuchten.

Der Wagen bekam im Jahre 2000 ein Facelift, wobei kurz danach eine AMG-Version dazustieß. Im April 2004 wurde dieser charmante Zweisitzer mit seinem faszinierenden elektrisch ausfahrbaren Metalldach durch die Baureihe R 171 ersetzt. SL und SLK gibt es bis auf den heutigen Tag.

Eine weitere amerikanische Werbung. Sie zeigt, wie ein Modell der Baureihe R 129 ihren Platz unter den legendären SL-Ahnen findet.

Anhang I: Chronologische Modellübersicht

Dieser Anhang versammelt die Kurzspezifikationen für alle Modelle der Baureihe 107, angeordnet nach der Zeit ihrer Markteinführung und ihrer Motorisierung. In der ersten Spalte findet man die Modellbezeichnung, in der zweiten die Bezeichnung des Motors (für weitere Details siehe Anhang II) und in der dritten weitere nützliche Anmerkungen. Für jedes Modelljahr sind nur die in Serie gebauten Straßenfahrzeuge aufgeführt.

	1971	
350 SL (107.043)	M 116.982	ROW, Vorserie November 1970, Serienproduktion ab April 1971
	1972	
350 SL (107.043)	M 116.982	ROW.
350 SLC (107.023)	M 116.982	ROW, Vorserie Juni 1971, Serienproduktion ab Februar 1972
350 SL 4.5 (107.044)	M 117.982	USA, Vorserie März 1971, Serienproduktion ab Juni 1971, gilt in den USA aber als Modell des Jahres 1972
	1973	
350 SL (107.043)	M 116.982	ROW.
350 SLC (107.023)	M 116.982	ROW.
350 SL 4.5 (107.044)	M 117.982	USA, bis November 1972
350 SLC 4.5 (107.024)	M 117.982	USA, Vorserie Februar 1972, Serienproduktion von Juli 1972 bis November 1972
450 SL (107.044)	M 117.982	ROW, Vorserie Februar 1973, Serienproduktion ab April 1973
450 SLC (107.024)	M 117.982	ROW, Vorserie Februar 1973, Serienproduktion ab April 1973
450 SL (107.044)	M 117.982	USA, ab November 1972
450 SLC (107.024)	M 117.982	USA, ab November 1972
	1974	
280 SL (107.042)	M 110.982	Europa, Vorserie Mai 1974, Serienproduktion ab August 1974
280 SLC (107.022)	M 110.982	Europa, Vorserie Mai 1974, Serienproduktion ab August 1974
350 SL (107.043)	M 116.982	ROW
350 SLC (107.023)	M 116.982	ROW
450 SL (107.044)	M 117.982	alle Märkte
450 SLC (107.024)	M 117.982	alle Märkte

	1975	
280 SL (107.042)	M 110.982	Europa
280 SLC (107.022)	M 110.982	Europa
350 SL (107.043)	M 116.982	ROW
350 SLC (107.023)	M 116.982	ROW
450 SL (107.044)	M 117.982	alle Märkte
450 SLC (107.024)	M 117.982	alle Märkte
	1976	
280 SL (107.042)	M 110.982	Europa, bis September 1976
280 SLC (107.022)	M 110.982	Europa, bis September 1976
350 SL (107.043)	M 116.982	ROW, bis Februar 1976
350 SLC (107.023)	M 116.982	ROW, bis Februar 1976
350 SL (107.043)	M 116.984	ROW, ab Februar 1976
350 SLC (107.023)	M 116.984	ROW, ab Februar 1976
450 SL (107.044)	M 117.982	alle Märkte, bis November 1975
450 SLC (107.024)	M 117.982	alle Märkte, bis November 1975
450 SL (107.044)	M 117.985	alle Märkte, bis November 1975
450 SLC (107.024)	M 117.985	alle Märkte, bis November 1975
	1977	
280 SL (107.042)	M 110.986	Europa, ab September 1976
280 SLC (107.022)	M 110.986	Europa, ab September 1976
350 SL (107.043)	M 116.984	ROW
350 SLC (107.023)	M 116.984	ROW
450 SL (107.044)	M 117.985	alle Märkte
450 SLC (107.024)	M 117.985	alle Märkte
	1978	
280 SL (107.042)	M 110.986	Europa
280 SLC (107.022)	M 110.986	Europa
350 SL (107.043)	M 116.984	ROW
350 SLC (107.023)	M 116.984	ROW

450 SL (107.044)	M 117.985	alle Märkte
450 SLC (107.024)	M 117.985	alle Märkte
450 SLC 5.0 (107.026)	M 117.960	Europa, Vorserie September 1977, Serienproduktion ab Mai 1978
	1979	
280 SL (107.042)	M 110.986	Europa
280 SLC (107.022)	M 110.986	Europa
350 SL (107.043)	M 116.984	ROW
350 SLC (107.023)	M 116.984	ROW
450 SL (107.044)	M 117.985	alle Märkte
450 SLC (107.024)	M 117.985	alle Märkte
450 SLC 5.0 (107.026)	M 117.960	Europa
	1980	
280 SL (107.042)	M 110.986	Europa
280 SLC (107.022)	M 110.986	Europa
350 SL (107.043)	M 116.984	ROW, bis März 1980
350 SLC (107.023)	M 116.984	ROW, bis März 1980
380 SL (107.045)	M 116.960	ROW, Vorserie Februar 1980, Serienproduktion ab Mai 1980
380 SLC (107.025)	M 116.960	ROW, Vorserie Februar 1980, Serienproduktion ab Mai 1980
450 SL (107.044)	M 117.985	ROW, bis Februar 1980
450 SLC (107.024)	M 117.985	ROW, bis Februar 1980
450 SL (107.044)	M 117.985	USA, bis November 1980
450 SLC (107.024)	M 117.985	USA, bis Oktober 1980
450 SLC 5.0 (107.026)	M 117.960	Europa, bis März 1980
500 SL (107.046)	M 117.960	Europa, ab April 1980
500 SLC (107.026)	M 117.960	Europa, ab März 1980
	1981	
280 SL (107.042)	M 110.986	Europa, bis September 1981
280 SLC (107.022)	M 110.986	Europa, bis September 1981
380 SL (107.045)	M 116.960	ROW, bis September 1981
380 SLC (107.025)	M 116.960	ROW, bis September 1981
380 SL (107.045)	M 116.960	USA, von Oktober 1980 bis September 1981
380 SLC (107.025)	M 116.960	USA, von Oktober 1980 bis August 1981
500 SL (107.046)	M 117.960	Europa, bis September 1981
500 SLC (107.026)	M 117.960	Europa, bis September 1981
	1982	
280 SL (107.042)	M 110.990	Europa, ab September 1981
380 SL (107.045)	M 116.962	alle Märkte, ab September 1981
500 SL (107.046)	M 117.962	Europa, ab September 1981

	1983	
280 SL (107.042)	M 110.990	Europa
380 SL (107.045)	M 116.962	alle Märkte
500 SL (107.046)	M 117.962	Europa
	1984	
280 SL (107.042)	M 110.990	Europa
380 SL (107.045)	M 116.962	alle Märkte
500 SL (107.046)	M 117.962	Europa
	1985	
280 SL (107.042)	M 110.990	Europa, bis August 1985
380 SL (107.045)	M 116.962	alle Märkte, bis Oktober 1985
500 SL (107.046)	M 117.962	Europa, bis September 1985
	1986	
300 SL (107.041)	M 103.982	Europa, Vorserie Mai 1985, Serienproduktion ab September 1985
420 SL (107.047)	M 116.964	Europa, Vorserie Juli 1985, Serienproduktion ab November 1985
500 SL (107.046)	M 117.964	Europa, ab September 1985
560 SL (107.048)	M 117.967	USA, Japan und Australien, Vorserie Juni 1985, Serienproduktion ab September 1985
	1987	
300 SL (107.041)	M 103.982	Europa
420 SL (107.047)	M 116.964	Europa
500 SL (107.046)	M 117.964	Europa
560 SL (107.048)	M 117.967	USA, Japan und Australien
	1988	
300 SL (107.041)	M 103.982	Europa
420 SL (107.047)	M 116.964	Europa
500 SL (107.046)	M 117.964	Europa
560 SL (107.048)	M 117.967	USA, Japan und Australien
	1989	
300 SL (107.041)	M 103.982	Europa, bis Juli 1989
420 SL (107.047)	M 116.964	Europa, bis Juli 1989
500 SL (107.046)	M 117.964	Europa, bis Juli 1989
560 SL (107.048)	M 117.967	USA, Japan und Australien, bis Juli 1989

Hinweise: Das Kürzel »ROW« bedeutet »Rest of the World« und damit alle Märkte außerhalb der USA. Einige Modelle mit der Bemerkung »Alle Märkte« hatten unterschiedliche Motoren in den USA und in der restlichen Welt, obwohl die Motorbezeichnung dieselbe war. Zur Unterscheidung siehe Anhang II, wo alle Varianten aufgeführt sind. »Europa« bedeutet ganz Europa und nicht nur Länder der EU, da auch Nicht-EU-Länder diese Wagen offiziell importieren konnten.

Anhang II: Technische Daten

Die folgende Übersicht führt alle Motortypen auf, die in im Vorfeld beschriebene Modelle der Baureihe 107 eingebaut wurden. Es sind die wichtigsten Spezifikationen genannt. Zusätzliche Informationen finden sich in den Anmerkungen.

Typ 103.982 (M 103 E 30)

Produktion (MJ)	1986 bis 1989
Zylinder	6 in Reihe, wassergekühlt
Kurbelwellenlager	7, Graugussblock
Ventile	12, SOHC, Leichtmetall-Zylinderkopf
Bohrung x Hub	88,5 x 80,2 mm
Hubraum	2962 cm³
Verdichtung	9,2:1
Gemischaufbereitung	KE-Jetronic-Einspritzanlage
Leistung bei U/min	188 PS bei 5700
Drehmoment bei U/min	257 Nm bei 4400
Wichtigster Markt	Europa

Anmerkung: Verwendet von September 1985 bis Juli 1989. Der als Extra angebotene Kat verringerte die Leistung auf 180 PS und das Drehmoment auf 252 Nm.

Typ 110.982 (M 110 E 28)

Produktion (MJ)	1974 bis 1976
Zylinder	6 in Reihe, wassergekühlt
Kurbelwellenlager	7, Graugussblock
Ventile	12, DOHC, Leichtmetall-Zylinderkopf
Bohrung x Hub	86 x 78,8 mm
Hubraum	2746 cm³
Verdichtung	9,0:1
Gemischaufbereitung	D-Jetronic-Einspritzanlage
Leistung bei U/min	185 PS bei 6000
Drehmoment bei U/min	238 Nm bei 4500
Wichtigster Markt	Europa

Anmerkung: Verwendet von August 1974 bis September 1976.

Typ 110.986 (M 110 E 28)

Produktion (MJ)	1977 bis 1981
Zylinder	6 in Reihe, wassergekühlt
Kurbelwellenlager	7, Graugussblock
Ventile	12, DOHC, Leichtmetall-Zylinderkopf
Bohrung x Hub	86 x 78,8 mm
Hubraum	2746 cm³
Verdichtung	8,7:1
Gemischaufbereitung	K-Jetronic-Einspritzanlage
Leistung bei U/min	177 PS bei 6000
Drehmoment bei U/min	234 Nm bei 4500
Wichtigster Markt	Europa

Anmerkung: Verwendet von September 1976 bis September 1981. Das Verdichtungsverhältnis kehrte von April 1978 zum ursprünglichen Wert von 9,0:1 zurück und erlaubte eine Leistung von 185 PS bei 5800 U/min.

Typ 110.990 (M 110 E 28)

Produktion (MJ)	1982 bis 1985
Zylinder	6 in Reihe, wassergekühlt
Kurbelwellenlager	7, Graugussblock
Ventile	12, DOHC, Leichtmetall-Zylinderkopf
Bohrung x Hub	86 x 78,8 mm
Hubraum	2746 cm³
Verdichtung	9,0:1
Gemischaufbereitung	K-Jetronic-Einspritzanlage
Leistung bei U/min	185 PS bei 5800
Drehmoment bei U/min	241 Nm bei 4500
Wichtigster Markt	Europa

Anmerkung: Verwendet von September 1981 bis August 1985.

Typ 116.960 (M 116 E 38, ROW-Version)

Produktion (MJ)	1980 bis 1981
Zylinder	8 in V-Form, wassergekühlt
Kurbelwellenlager	5, Leichtmetallblock
Ventile	16, SOHC pro Zylinderbank, Leichtmetall-Zylinderköpfe
Bohrung x Hub	92 x 71,8 mm
Hubraum	3818 cm³
Verdichtung	9,0:1
Gemischaufbereitung	K-Jetronic-Einspritzanlage
Leistung bei U/min	218 PS bei 5500
Drehmoment bei U/min	358 Nm bei 4000
Wichtigster Markt	Europa

Anmerkung: Verwendet von Mai 1980 bis September 1981.

Typ 116.960 (M 116 E 38, US-Version)

Produktion (MJ)	1981
Zylinder	8 in V-Form, wassergekühlt
Kurbelwellenlager	5, Leichtmetallblock
Ventile	16, SOHC pro Zylinderbank, Leichtmetall-Zylinderköpfe
Bohrung x Hub	88 x 78,9 mm
Hubraum	3839 cm^3
Verdichtung	8,3:1
Gemischaufbereitung	K-Jetronic-Einspritzanlage
Leistung bei U/min	160 PS bei 4750
Drehmoment bei U/min	262 Nm bei 2750
Wichtigster Markt	USA, Japan, Australien

Anmerkung: Verwendet von Oktober 1980 bis September 1981.

Typ 116.962 (M 116 E 38, ROW-Version)

Produktion (MJ)	1982 bis 1985
Zylinder	8 in V-Form, wassergekühlt
Kurbelwellenlager	5, Leichtmetallblock
Ventile	16, SOHC pro Zylinderbank, Leichtmetall-Zylinderköpfe
Bohrung x Hub	88 x 78,9 mm
Hubraum	3839 cm^3
Verdichtung	9,4:1
Gemischaufbereitung	K-Jetronic-Einspritzanlage
Leistung bei U/min	204 PS bei 5250
Drehmoment bei U/min	316 Nm bei 3250
Wichtigster Markt	Europa

Anmerkung: Verwendet von September 1981 bis Oktober 1985.

Typ 116.962 (M 116 E 38, US-Version)

Produktion (MJ)	1982 bis 1985
Zylinder	8 in V-Form, wassergekühlt
Kurbelwellenlager	5, Leichtmetallblock
Ventile	16, SOHC pro Zylinderbank, Leichtmetall-Zylinderköpfe
Bohrung x Hub	88 x 78,9 mm
Hubraum	3839 cm^3
Verdichtung	8,3:1
Gemischaufbereitung	K-Jetronic-Einspritzanlage
Leistung bei U/min	160 PS bei 4750
Drehmoment bei U/min	267 Nm bei 2750
Wichtigster Markt	USA, Japan, Australien

Anmerkung: Verwendet von September 1981 bis Oktober 1985.

Typ 116.964 (M 116 E 42)

Produktion (MJ)	1986 bis 1989
Zylinder	8 in V-Form, wassergekühlt
Kurbelwellenlager	5, Leichtmetallblock
Ventile	16, SOHC pro Zylinderbank, Leichtmetall-Zylinderköpfe
Bohrung x Hub	92 x 78,9 mm
Hubraum	4196 cm^3
Verdichtung	9,0:1
Gemischaufbereitung	K-Jetronic-Einspritzanlage
Leistung bei U/min	218 PS bei 5200
Drehmoment bei U/min	324 Nm bei 3750
Wichtigster Markt	Europa

Anmerkung: Verwendet von November 1985 bis Juli 1989.

Der als Extra angebotene Kat verringerte die Leistung auf 203 PS und das Drehmoment auf 305 Nm.

Typ 116.982 (M 116 E 35)

Produktion (MJ)	1971 bis 1976
Zylinder	8 in V-Form, wassergekühlt
Kurbelwellenlager	5, Graugussblock
Ventile	16, SOHC pro Zylinderbank, Leichtmetall-Zylinderköpfe
Bohrung x Hub	92 x 65,8 mm
Hubraum	3499 cm^3
Verdichtung	9,5:1
Gemischaufbereitung	K-Jetronic-Einspritzanlage
Leistung bei U/min	200 PS bei 5800
Drehmoment bei U/min	287 Nm bei 4000
Wichtigster Markt	Europa, Japan, Australien

Anmerkung: Verwendet von April 1971 bis Februar 1976.

Typ 116.984 (M 116 E 35)

Produktion (MJ)	1976 bis 1980
Zylinder	8 in V-Form, wassergekühlt
Kurbelwellenlager	5, Graugussblock
Ventile	16, SOHC pro Zylinderbank, Leichtmetall-Zylinderköpfe
Bohrung x Hub	92 x 65,8 mm
Hubraum	3499 cm^3
Verdichtung	9,0:1
Gemischaufbereitung	K-Jetronic-Einspritzanlage
Leistung bei U/min	195 PS bei 5500
Drehmoment bei U/min	275 Nm bei 4000
Wichtigster Markt	Europa

Anmerkung: Verwendet von Februar 1976 bis März 1980.

Typ 117.960 (M 117 E 50)

Produktion (MJ)	1978 bis 1981
Zylinder	8 in V-Form, wassergekühlt
Kurbelwellenlager	5, Leichtmetallblock
Ventile	16, SOHC pro Zylinderbank, Leichtmetall-Zylinderköpfe
Bohrung x Hub	97 x 85 mm
Hubraum	5025 cm^3
Verdichtung	8,8:1
Gemischaufbereitung	K-Jetronic-Einspritzanlage
Leistung bei U/min	240 PS bei 5000
Drehmoment bei U/min	403 Nm bei 3200
Wichtigster Markt	Europa

Anmerkungen: Verwendet von Mai 1978 bis September 1981. Mitte 1979 wurde die Bohrung auf 96,5 mm und damit der Hubraum auf 4973 cm^3 verringert. Als man den Motor in der neuen Generation der 5-Liter-Wagen vom März 1980 verwendete, gab man die Leistung offiziell mit 240 PS an. Das Drehmoment blieb bei 403 Nm. Mit anderen Worten: Der geringere Hubraum beeinträchtigte nicht die Effizienz des Motors.

Typ 117.962 (M 117 E 50)

Produktion (MJ)	1982 bis 1985
Zylinder	8 in V-Form, wassergekühlt

Kurbelwellenlager	5, Leichtmetallblock
Ventile	16, SOHC pro Zylinderbank, Leichtmetall-Zylinderköpfe
Bohrung x Hub	96,5 x 85 mm
Hubraum	4973 cm^3
Verdichtung	9,2:1
Gemischaufbereitung	K-Jetronic-Einspritzanlage
Leistung bei U/min	231 PS bei 4750
Drehmoment bei U/min	405 Nm bei 3000
Wichtigster Markt	Europa

Anmerkung: Verwendet von September 1981 bis September 1985.

Typ 117.964 (M 117 E 50)

Produktion (MJ)	1986 bis 1989
Zylinder	8 in V-Form, wassergekühlt
Kurbelwellenlager	5, Leichtmetallblock
Ventile	16, SOHC pro Zylinderbank, Leichtmetall-Zylinderköpfe
Bohrung x Hub	96,5 x 85 mm
Hubraum	4973 cm^3
Verdichtung	9,0:1
Gemischaufbereitung	KE-Jetronic-Einspritzanlage
Leistung bei U/min	245 PS bei 4750
Drehmoment bei U/min	400 Nm bei 3750
Wichtigster Markt	Europa

Anmerkung: Verwendet von September 1985 bis Juli 1989. Ab dem Modelljahr 1987 war ein Kat als Extra zu bekommen. Er verringerte die Leistung auf 223 PS und das Drehmoment auf 347 Nm.

Typ 117.967 (M 117 E 56)

Produktion (MJ)	1986 bis 1989
Zylinder	8 in V-Form, wassergekühlt
Kurbelwellenlager	5, Leichtmetallblock
Ventile	16, SOHC pro Zylinderbank, Leichtmetall-Zylinderköpfe
Bohrung x Hub	96,5 x 94,8 mm
Hubraum	5547 cm^3
Verdichtung	9,0:1
Gemischaufbereitung	KE-Jetronic-Einspritzanlage
Leistung bei U/min	242 PS bei 4750
Drehmoment bei U/min	446 Nm bei 3250
Wichtigster Markt	USA, Japan, Australien

Anmerkung: Verwendet von September 1985 bis Juli 1989.

Typ 117.982 (M 117 E 45, ROW-Version)

Produktion (MJ)	1973 bis 1975
Zylinder	8 in V-Form, wassergekühlt
Kurbelwellenlager	5, Graugussblock
Ventile	16, SOHC pro Zylinderbank, Leichtmetall-Zylinderköpfe
Bohrung x Hub	92 x 85 mm
Hubraum	4520 cm^3
Verdichtung	8,8:1
Gemischaufbereitung	D-Jetronic-Einspritzanlage
Leistung bei U/min	225 PS bei 5000
Drehmoment bei U/min	378 Nm bei 3000
Wichtigster Markt	Europa, Japan, Australien

Anmerkung: Verwendet von April 1973 bis November 1975.

Typ 117.982 (M 117 E 45, US-Version)

Produktion (MJ)	1972 bis 1975
Zylinder	8 in V-Form, wassergekühlt
Kurbelwellenlager	5, Graugussblock
Ventile	16, SOHC pro Zylinderbank, Leichtmetall-Zylinderköpfe
Bohrung x Hub	92 x 85 mm
Hubraum	4520 cm^3
Verdichtung	8,0:1
Gemischaufbereitung	D-Jetronic-Einspritzanlage
Leistung bei U/min	195 PS bei 4500
Drehmoment bei U/min	352 Nm bei 3000
Wichtigster Markt	USA

Anmerkungen: Verwendet von Juni 1971 bis September 1975. Eine Kalifornien-Version (Typ 117.983) mit durch Katalysator und Abgasrückführung auf 180 PS bei 4750 U/min verringerter Leistung gab es ab Modelljahr 1975.

Typ 117.985 (M 117 E 45, ROW-Version)

Produktion (MJ)	1976 bis 1980
Zylinder	8 in V-Form, wassergekühlt
Kurbelwellenlager	5, Graugussblock
Ventile	16, SOHC pro Zylinderbank, Leichtmetall-Zylinderköpfe
Bohrung x Hub	92 x 85 mm
Hubraum	4520 cm^3
Verdichtung	8,8:1
Gemischaufbereitung	K-Jetronic-Einspritzanlage
Leistung bei U/min	217 PS bei 5000
Drehmoment bei U/min	360 Nm bei 3250
Wichtigster Markt	Europa

Anmerkung: Verwendet von November 1975 bis Februar 1980.

Typ 117.985 (M 117 E 45, US-Version)

Produktion (MJ)	1976 bis 1980
Zylinder	8 in V-Form, wassergekühlt
Kurbelwellenlager	5, Graugussblock
Ventile	16, SOHC pro Zylinderbank, Leichtmetall-Zylinderköpfe
Bohrung x Hub	92 x 85 mm
Hubraum	4520 cm^3
Verdichtung	8,0:1
Gemischaufbereitung	K-Jetronic-Einspritzanlage
Leistung bei U/min	190 PS bei 5000
Drehmoment bei U/min	299 Nm bei 3250
Wichtigster Markt	USA, Japan, Australien

Anmerkung: Verwendet von November 1975 bis November 1980. Für das MJ 1980 verringerte sich die Leistung auf 160 PS; das Drehmoment nahm um 14 Nm zu.

Hinweise: Die in den Anmerkungen aufgeführten Daten beziehen sich nur auf die Serienproduktion und berücksichtigen keine Vorserien. Für manche Märkte begann die Serienproduktion später. MJ = Modelljahr.

Anhang III: Farbtabellen und Polsterung

Bei den Bezeichnungen für die Lackfarben herrscht einige Verwirrung, mehr noch bei der Polsterung. Dort bezeichnete ein und derselbe Begriff oft verschiedene Farbtöne. Dazu kamen je nach Land oft unterschiedliche Bezeichnungen. Die folgende Liste will hier etwas Ordnung bringen.

Serienlackierungen

Nr.	Jahr	Deutsch	Englisch	Synonyme
040	1971–89	Schwarz	Black	–
050	1971–75	Weiss	White	–
124	1971–72	Arabergrau	Arabian Grey	–
131	1972–75	Pastellweiss	Pastel White	–
147	1985–89	Arktikweiss	Arctic White	–
158	1971–72	Weissgrau	White-Grey	–
173	1971–72	Anthrazitgrau	Anthracite Grey	–
181	1971–72	Hellbeige	Light Beige	–
268	1971–72	Dunkelgrün	Dark Green	–
291	1971–75	Dunkelolive	Dark Olive	Dark Olive Green
304	1971–72	Horizontblau	Horizon Blue	–
312	1982–84	Labradorblau	Labrador Blue	Biscayne Blue
350	1971–72	Mittelblau	Medium Blue	–
406	1975–79	Cayenneorange	Cayenne Orange	–
423	1971–72	Tabakbraun	Tobacco Brown	Dark Tobacco Brown
424	1975–79	Topasbraun	Topaz Brown	–
427	1982–84	Braun	Brown	Russet Brown
430	1972–75	Herbstbeige	Autumn Beige	–
444	1982–86	Sandbeige	Sand Beige	–
459	1984–87	Maronbraun	Maroon-Brown	Mocca
470	1975–79	Coloradobeige	Colorado Beige	–
476	1979–82	Goldbraun	Golden Brown	–
479	1979–81	Moorbraun	Moor Brown	Walnut Brown
482	1979–81	Apricotorange	Apricot Orange	–
501	1979–84	Orientrot	Orient Red	–
504	1975–82	Englischrot	English Red	–
514	1972–75	Karneolrot	Cornelian Red	Agate Red
516	1975–79	Mittelrot	Medium Red	–
540	1984–89	Barolorot	Barolo Red	Desert Red
542	1971–75	Dunkelrot	Dark Red	–
568	1971–89	Signalrot	Signal Red	–
576	1971–72	Rot	Red	–
585	1982–84	Altrot	Old Red	Mesa Red
606	1972–79	Ahorngelb	Maple Yellow	–
618	1975–81	Mimosengelb	Mimosa Yellow	–
623	1972–89	Hellelfenbein	Light Ivory	–
624	1972–79	Gelb	Yellow	–
651	1986–89	Pueblobeige	Pueblo Beige	–
670	1971–72	Hellelfenbein	Light Ivory	–
673	1975–84	Saharagelb	Sahara Yellow	–
680	1979–82	Heliosgelb	Sun Yellow	–
681	1979–85	Weizengelb	Wheat Yellow	Manilla Beige
684	1979–86	Taigabeige	Taiga Beige	Pastel Beige
690	1985–87	Hellocker	Light Ochre	Desert Tan
717	1971–75	Papyrusweiss	Papyrus White	–
726	1971–75	Beigegrau	Beige-Grey	–
733	1972–75	Phantomgrau	Phantom Grey	–
737	1975–85	Classicweiss	Classic White	–
740	1975–82	Pastellgrau	Pastel Grey	–
751	1982–89	Liasgrau	Lias Grey	Ascot Grey
803	1982–86	Riedgrün	Reed Green	Moss Green
815	1986–89	Achatgrün	Agate Green	–
822	1982–86	Eibengrün	Yew Green	Forest Green
825	1975–79	Tiefgrün	Deep Green	–
860	1972–75	Grün	Green	–
867	1975–79	Kaledoniengrün	Caledonia Green	–
870	1975–79	Nickelgrün	Nickel Green	–
875	1979–82	Mangogrün	Mango Green	–
880	1979–82	Agavengrün	Agave Green	Cactus Green
900	1982–89	Surfblau	Surf Blue	Deep Blue
903	1971–79	Blau	Blue	–
904	1971–89	Dunkelblau	Dark Blue	Midnight Blue
917	1972–75	Aquablau	Aqua Blue	–
920	1972–75	Tiefblau	Deep Blue	–
922	1975–79	Pastellblau	Pastel Blue	–
934	1979–82	Chinablau	China Blue	–
940	1979–82	Hansablau	Hansa Blue	Marine Blue

Metallic-Lackierungen

Nr.	Jahr	Deutsch	Englisch	Synonyme
122	1986–89	Perlmuttgrau	Mother of Pearl	Pearl Grey
172	1971–89	Anthrazitgrau	Anthracite Grey	–
180	1971–72	Silbergrau	Silver-Grey	–
199	1984–89	Blauschwarz	Blue-Black	Black Pearl
254	1986–89	Nachtgrün	Night Green	Dark Green
261	1986–89	Nelkengrün	Clove Green	Sea Foam Green
355	1984–89	Diamantblau	Diamond Blue	–
387	1971–75	Blau	Blue	–
396	1971–72	Mittelblau	Medium Blue	–
404	1975–79	Milanbraun	Milan Brown	–
419	1972–79	Ikonengold	Icon Gold	–
422	1972–75	Byzanzgold	Byzantium Gold	–
432	1986–89	Bisonbraun	Bison Brown	Havana Brown
441	1986–89	Impala	Impala	Desert Taupe
461	1971–72	Bronzebraun	Bronze-Brown	–
462	1971–75	Beige	Beige	–
467	1971–72	Sandbeige	Sand Beige	–
473	1979–88	Champagner	Champagne	–
480	1979–86	Manganbraun	Manganese Brown	–
512	1988–89	Almandinrot	Almandine Red	Garnet Red
525	1975–79	Brilliantrot	Brilliant Red	–
571	1971–75	Rot	Red	Brilliant Red
581	1979–81	Inkarot	Inca Red	–
587	1984–89	Pajettrot	Pajett Red	Cabernet Red
702	1984–89	Rauchsilber	Smoke Silver	–
728	1971–72	Beigegrau	Beige-Grey	–
735	1972–89	Astralsilber	Astral Silver	–
834	1971–72	Moosgrün	Moss Green	–
861	1972–79	Silbergrün	Silver-Green	–
862	1972–75	Piniengrün	Pine Green	–
874	1975–79	Citrusgrün	Citrus Green	–
876	1975–86	Zypressengrün	Cypress Green	–
877	1979–89	Petrol	Petrol	Blue-Green
881	1979–86	Silberdistel	Silver Thistle	Thistle Green
906	1971–79	Graublau	Grey-Blue	–
929	1984–89	Nautikblau	Nautical Blue	–
930	1979–84	Silberblau	Silver-Blue	–
931	1975–79	Magnetitblau	Magnetite Blue	–
932	1979–84	Lapisblau	Lapis Blue	–

Verdeckfarben

Nr.	Jahr	Deutsch	Englisch	Synonyme
740	1971–89	Schwarz	Black	–
743	1971–72	Pergament	Parchment	–
744	1971–89	Dunkelblau	Dark Blue	Blue
746	1971–89	Dunkelbraun	Dark Brown	Brown

Stoffpolster

Nr.	Jahr	Deutsch	Englisch	Synonyme
001	1975–79	Schwarz	Black	–
002	1975–79	Blau	Blue	–
003	1975–79	Tabak	Tobacco	–
004	1975–79	Bambus	Bamboo	–
005	1975–79	Pergament	Parchment	Mushroom
006	1975–79	Moos	Moss Green	–
031	1979–82	Schwarz	Black	–
032	1979–82	Blau	Blue	–
033	1979–82	Brasil	Brazil	–
034	1979–82	Dattel	Date	Palomino
035	1979–82	Creme	Cream	–
036	1979–82	Olive	Olive	–
037	1979–82	Siena	Sienna	–
038	1979–82	Grau	Grey	–
051	1982–84	Schwarz	Black	–
052	1982–84	Blau	Blue	–
053	1982–84	Brasil	Brazil	Dark Brown
054	1982–84	Dattel	Date	Palomino
055	1982–84	Creme	Cream	Beige
056	1982–84	Dunkelolive	Dark Olive	Dark Green
057	1982–84	Hennarot	Henna Red	–
058	1982–84	Grau	Grey	–
061	1971–75	Schwarz	Black	–
062	1971–75	Blau	Blue	–
063	1971–75	Mahagoni	Mahogany	Brown
064	1971–75	Beige	Beige	–
065	1971–75	Pergament	Parchment	–
071	1984–89	Schwarz	Black	–
072	1984–89	Blau	Blue	–
073	1984–89	Brasil	Brazil	Dark Brown
074	1984–89	Dattel	Date	Palomino
075	1984–89	Cremebeige	Cream Beige	–
076	1984–89	Piniengrün	Pine Green	Dark Green
077	1984–89	Mittelrot	Medium Red	Burgundy
078	1984–89	Grau	Grey	–

Kunstlederpolster (»MB-Tex«)

Nr.	Jahr	Deutsch	Englisch	Synonyme
101	1975–79	Schwarz	Black	–
102	1975–79	Blau	Blue	–
103	1975–79	Tabak	Tobacco	–
104	1975–79	Bambus	Bamboo	–
105	1975–79	Pergament	Parchment	Mushroom
106	1975–79	Moos	Moss Green	–
107	1975–79	Rot	Red	–
131	1979–82	Schwarz	Black	–
132	1979–82	Blau	Blue	–
133	1979–82	Brasil	Brazil	–
134	1979–82	Dattel	Date	Palomino
135	1979–82	Creme	Cream	–
136	1979–82	Olive	Olive	–
137	1979–82	Siena	Sienna	–
138	1979–82	Grau	Grey	–
151	1982–84	Schwarz	Black	–
152	1982–84	Blau	Blue	–
153	1982–84	Brasil	Brazil	Dark Brown
154	1982–84	Dattel	Date	Palomino
155	1982–84	Creme	Cream	Beige

156	1982–84	Dunkelolive	Dark Olive	Dark Green
157	1982–84	Hennarot	Henna Red	–
158	1982–84	Grau	Grey	–
161	1971–75	Dunkelgrau	Dark Grey	Black
162	1971–75	Blau	Blue	–
163	1971–75	Braun	Brown	Mahogany
164	1971–75	Braunbeige	Brown-Beige	Beige
165	1971–75	Graubeige	Grey-Beige	Parchment
166	1971–75	Dunkelolivgrün	Dark Olive Green	Olive Green
167	1971–75	Hellbraun	Light Brown	Bamboo
168	1971–75	Dunkelrot	Dark Red	Red
171	1984–89	Schwarz	Black	–
172	1984–89	Blau	Blue	–
173	1984–89	Brasil	Brazil	Dark Brown
174	1984–89	Dattel	Date	Palomino
175	1984–89	Cremebeige	Cream Beige	–
176	1984–89	Piniengrün	Pine Green	Dark Green
177	1984–89	Mittelrot	Medium Red	Burgundy
178	1984–89	Grau	Grey	–

Lederpolster

Nr.	Jahr	Deutsch	Englisch	Synonyme
201	1975–79	Schwarz	Black	–
202	1975–79	Blau	Blue	–
203	1975–79	Tabak	Tobacco	–
204	1975–79	Bambus	Bamboo	–
205	1975–79	Pergament	Parchment	Mushroom
206	1975–79	Moos	Moss Green	–
207	1975–79	Rot	Red	–
231	1979–82	Schwarz	Black	–
232	1979–82	Blau	Blue	–
233	1979–82	Brasil	Brazil	–
234	1979–82	Dattel	Date	Palomino
235	1979–82	Creme	Cream	–
236	1979–82	Olive	Olive	–
237	1979–82	Siena	Sienna	–
238	1979–82	Grau	Grey	–
251	1983–84	Schwarz	Black	–
252	1982–84	Blau	Blue	–
253	1982–84	Brasil	Brazil	Dark Brown
254	1982–84	Dattel	Date	Palomino
255	1982–84	Creme	Cream	Beige
256	1982–84	Dunkelolive	Dark Olive	Dark Green
257	1982–84	Hennarot	Henna Red	–
258	1982–84	Grau	Grey	–
261	1971–75	Dunkelgrau	Dark Grey	Black
262	1971–75	Blau	Blue	–
263	1971–75	Braun	Brown	Mahogany
264	1971–75	Braunbeige	Brown-Beige	Beige
265	1971–75	Graubeige	Grey-Beige	Parchment
266	1971–75	Dunkelolivgrün	Dark Olive Green	Olive Green
267	1971–75	Hellbraun	Light Brown	Bamboo
268	1971–75	Dunkelrot	Dark Red	Red
271	1984–89	Schwarz	Black	–
272	1984–89	Blau	Blue	–
273	1984–89	Brasil	Brazil	Dark Brown
274	1984–89	Dattel	Date	Palomino
275	1984–89	Cremebeige	Cream Beige	–
276	1984–89	Piniengrün	Pine Green	Dark Green
277	1984–89	Mittelrot	Medium Red	Burgundy
278	1984–89	Grau	Grey	–

Velourspolster

Nr.	Jahr	Deutsch	Englisch	Synonyme
901	1975–79	Anthrazit	Anthracite	Black
902	1975–79	Blau	Blue	–
903	1975–79	Tabak	Tobacco	–
904	1975–79	Bambus	Bamboo	–
905	1975–79	Pergament	Parchment	Mushroom
906	1975–79	Moos	Moss Green	–
931	1979–81	Anthrazit	Anthracite	Black
932	1979–81	Blau	Blue	–
933	1979–81	Brasil	Brazil	–
934	1979–81	Dattel	Date	Palomino
935	1979–81	Creme	Cream	–
936	1979–81	Olive	Olive	–
937	1979–81	Siena	Sienna	–
938	1979–81	Grau	Grey	–
961	1972–75	Anthrazit	Anthracite	Black
962	1972–75	Blau	Blue	–
963	1972–75	Mahagoni	Mahogany	Brown
964	1972–75	Beige	Beige	–
965	1972–75	Pergament	Parchment	–
966	1972–75	Olivgrün	Olive Green	–

Anhang IV: Fahrgestellnummern und Produktionszahlen

Frühe Karosseriebezeichnungen und Fahrgestellnummern für jedes Modell:

Modell	MJ	Karosseriebezeichnung	Fahrgestellnummer
280 SL	1974–80	R 107 E 28	107.042-**-000001
280 SLC	1974–80	C 107 E 28	107.022-**-000001
350 SL	1971–80	R 107 E 35	107.043-**-000001
350 SLC	1972–80	C 107 E 35	107.023-**-000001
350 SL 4.5/450 SL	1972–80	R 107 E 45	107.044-*2-000001
350 SLC 4.5/450 SLC	1973–80	C 107 E 45	107.024-*2-000001
450 SLC 5.0/500 SLC	1978–80	C 107 E 50	107.026-*2-000001

Hinweis: Bis zur Einführung der Fahrzeug-Identifizierungsnummer (FIN, engl. VIN) im Januar 1980 begannen die Karosseriebezeichnungen mit den oben angegebenen Zeichen zur Unterscheidung der Modelle. Dann folgten eine »1« für Linkslenker und eine »2« für Rechtslenker. »0« war der Code für Handschaltung, »2« für Automatik. Schließlich folgte eine sechsstellige fortlaufende Zahl, die auch auf das Baujahr verwies.

Die Fahrzeug-Identifizierungsnummern (FIN) mit Karosseriebezeichnungen und Fahrgestellnummern für europäische und ROW-Fahrzeuge:

Modell	MJ	Karosseriebezeichnung	Fahrgestellnummer
280 SL	1980–83	R 107 E 28	107.042-**-007484
280 SLC	1980–81	C 107 E 28	107.022-**-008065
350 SL	1980	R 107 E 35	107.043-**-015074
350 SLC	1980	C 107 E 35	107.023-**-013860
380 SL	1980–83	R 107 E 38	107.045-*2-000001
380 SLC	1980–81	C 107 E 38	107.025-*2-000001
450 SL	1980	R 107 E 45	107.044-*2-060853
450 SLC	1980	C 107 E 45	107.024-*2-029589

500 SL	1980–83	R 107 E 50	107.046-*2-000001
450 SLC 5.0/500 SLC	1980–81	C 107 E 50	107.026-*2-001492

Hinweis: Vor den oben genannten Fahrzeug-Identifizierungsnummern muss »WDB«, die Kennzeichnung für Daimler-Benz, stehen. Sie wurden bis August 1983 gebraucht. Dann änderte sich das System erneut. Die Ziffern in der Mitte der Fahrgestellnummern unterschieden wie früher zwischen Links- und Rechtslenkern und zwischen verschiedenen Getriebetypen.

Von August 1983 an sah das System wie folgt aus:

Modell	MJ	Karosseriebezeichnung	Fahrgestellnummer
280 SL	1984–85	R 107 E 28	107.042-**-00****
300 SL	1986–89	R 107 E 30	107.041-**-0*****
380 SL	1984–85	R 107 E 38	107.045-**-0*****
420 SL	1986–89	R 107 E 42	107.047-**-0*****
500 SL	1984–89	R 107 E 50	107.046-**-0*****
560 SL	1986–89	R 107 E 56	107.048-**-0*****

Hinweis: Die Fahrzeug-Identifizierungsnummern für das Modelljahr 1984 waren ähnlich wie die in der Zeit zwischen 1980 und 1983. Nur die beiden Ziffern, die für die Unterscheidung der Verkehrssysteme und Getriebetypen verwendet wurden, galten nun anderen Zwecken. Darunter befand sich auch ein Buchstabe von A bis E, der anzeigte, dass das Auto in Sindelfingen gebaut wurde. Seit dieser Zeit wurden fortlaufende Nummern ohne Unterscheidung des Modells verwendet, wobei man erneut mit der Nummer eins begann.

Für die USA und einige andere Länder beginnt die 17-stellige FIN mit »WDB« für Daimler-Benz. Die nächsten vier Stellen beschreiben das Modell (»B« für Baureihe 107, gefolgt von »A« für Benzinmotor. Darauf folgt ein Modellschlüssel wie »45« als Kurzversion von 107.045). Die achte Stelle gibt das Rückhaltesystem an, die neunte dient als Prüfnummer (von »0« bis »9« oder »X« anstelle der »10«). Die zehnte Stelle gibt Aufschluss über das Baujahr; dabei werden Buchstaben verwendet (A = 1980, B = 1981, C = 1982, D = 1983, E = 1984, F = 1985, G = 1986, H = 1987, J = 1988 und K = 1989). Die nächste Stelle bezeichnet mit einem Buchstaben von »A« bis »E« das Werk Sindelfingen. Schließlich folgt eine fortlaufende sechsstellige Fahrgestellnummer.

Produktionszahlen für jedes Modell, aufgeteilt nach Karosserieform und Motorleistung

Modell	MJ	Produktion
280 SL	1974–85	25 436
280 SLC	1974–81	10 666
300 SL	1986–89	13 742
350 SL	1971–80	15 304
350 SLC	1972–80	13 925
350 SL 4.5/450 SL	1972–80	66 298
350 SLC 4.5/450 SLC	1973–80	31 739
380 SL	1980–85	53 200
380 SLC	1980–81	3789

420 SL	1986–89	2148
450 SLC 5.0/500 SLC	1978–81	2769
500 SL	1980–89	11812
560 SL	1986–89	49347

Die Tabelle zeigt die jährliche Gesamtproduktion für die SL- und SLC-Modelle, gefolgt von deren Summe und der Gesamtproduktion über die komplette Bauzeit

Jahr	SL	SLC	Summe	Gesamtproduktion
1970	3	–	3	3
1971	6933	6	6939	6942
1972	12251	6262	18513	25455
1973	10301	9344	19645	45100
1974	6964	4125	11089	56189
1975	7421	4894	12315	68504
1976	8264	5981	14245	82749
1977	10107	7024	17131	99880
1978	9713	7266	16979	116859
1979	11273	7963	19236	136095
1980	12103	6370	18473	154568
1981	12997	3653	16650	171218
1982	14388	–	14388	185606
1983	16154	–	16154	201760
1984	16437	–	16437	218197
1985	19179	–	19179	237376
1986	20314	–	20314	257690
1987	19278	–	19278	276968
1988	15341	–	15341	292309
1989	7866	–	7866	300175

Gesamtproduktion der SL-Modelle:	**237287**
Gesamtproduktion der SLC-Modelle:	**62888**
Gesamtproduktion der Baureihe 107:	**300175**

Register

Mercedes-Benz und Daimler-Benz werden – mit ihren Tochterunternehmen und Produkten – durchgehend erwähnt.